发酵工程理论与实践

张庆芳　著

科学出版社

北京

内 容 简 介

本书是作者总结 30 余年从事发酵工程"发现、发掘、开发"相关科学研究和发酵工程实践教学的理论与实践经验著成的,意在构筑完整的发酵工程理论与实践相连接的"发现、中试、产业化"产业思想体系。本书的宗旨是让兴趣使然的发酵工程人员,通过阅读此书,不仅能够系统了解发酵工程基本知识,而且能够了解发酵工程实践及产品化过程的精神内涵,提升发酵工程实践、技术和思维水平,为实施新型生产工艺,开展现代发酵工程的发现、探索、开发提供理论、实践和技术等思维体系。

本书包括固态发酵、液态发酵、生物活性物质发酵和微生物制药 4 部分内容,各部分通过翔实的案例,解析发酵工程菌种、工艺放大、相关设备等工程实践与技术。可供兴趣爱好于发酵工程及相关事业的人员参考。

图书在版编目(CIP)数据

发酵工程理论与实践 / 张庆芳著. —北京:科学出版社,2020.9
ISBN 978-7-03-066019-0

Ⅰ. ①发… Ⅱ. ①张… Ⅲ. ①发酵工程 Ⅳ. ① TQ92

中国版本图书馆 CIP 数据核字(2020)第 167814 号

责任编辑:丛 楠 林梦阳 / 责任校对:郑金红
责任印制:赵 博 / 封面设计:蓝正设计

科 学 出 版 社 出版
北京东黄城根北街 16 号
邮政编码:100717
http://www.sciencep.com

北京凌奇印刷有限责任公司印刷
科学出版社发行 各地新华书店经销
*
2020 年 9 月第 一 版 开本:787×1092 1/16
2025 年 1 月第四次印刷 印张:12 1/2
字数:310 000
定价:88.00 元
(如有印装质量问题,我社负责调换)

前言
Foreword

　　生物产业是未来人民幸福生活的主流产业。生物工程主要包括基因工程、酶工程、蛋白质工程、发酵工程、生化工程等。虽然生物工程以基因工程为主导和核心，但最终离不开发酵工程技术手段加以实施，即产品化。因此，发酵工程技术已经成为现代生物产业技术的核心，是生物工程产品化应用领域理论联系实际、创新实践以及解决产业问题等综合实力的体现。

　　无论是巍峨的大厦，还是壮丽的大桥，任何一项宏伟工程，都要有总设计蓝图和现场施工技术，发酵工程也同样。比如，我们今天看到的蚕吃桑叶，吐出蚕丝；鸡吃米谷，生出鸡蛋。我们设想从发酵罐中捞取蚕丝和吃发酵罐中生产的不带壳的鸡蛋，就是发酵工程的总设计蓝图，而现代发酵技术与基因工程、蛋白质工程、酶工程、固定化酶等技术的有机结合就是现场施工技术。因此，人们可以按照设想的蓝图对微生物菌种进行细胞水平、分子水平等不同层次的设计和改造，构建出自然界中原来没有的、具有特殊功能的"超级菌"和"工程菌"，再通过发酵工程技术生产出新的有用物质。

　　基于发酵工程在生物产业的广泛应用，作者总结了30多年教学与科研实践经验，完善了具有代表性的发酵工程技术，意在为兴趣爱好于生物工程相关研究、生产的人员提供理论和实践指导。本书主要内容包括菌种复壮与选育、发酵工艺条件控制、产物分离与纯化、产品性能及应用等实践内容。为了便于直观、准确、全面地了解发酵工程技术的内涵，本书涵盖了生物产业领域具有代表性的生产技术：固态发酵（红曲发酵、秸秆乙醇发酵）、液态发酵（啤酒发酵、谷氨酸发酵）、生物活性物质发酵（鸡腿菇胞外多糖发酵、灵芝生物活性物质深层发酵、维生素 C 发酵）以及微生物制药（纳他霉素发酵、新型抗真菌抗生素发酵、青霉素发酵、右旋糖酐发酵）等系列的具体生产实践内容。

　　近年来生命科学发展迅速，理论与实践等日新月异，书中难免存在不足，希望广大读者提出宝贵意见，在此致以诚挚的谢意！

作　者

2019 年 5 月 17 日于大连大黑山

目录 Contents

第三篇　生物活性物质发酵

第四篇　微生物制药

第一篇　固　态　发　酵

第1章　红曲发酵

一、红曲发酵历史

红曲起源我国，古时称为丹曲。传统红曲是以大米或其他粮食作物为原料，接种红曲霉经固态发酵而成。李时珍在《本草纲目》第 25 卷记载红曲具有"消食活血、健脾燥胃"等药效。红曲霉发酵产生的醇、酸、酯、多种水解产物及多种次级代谢产物可广泛应用于食品、医药、生物催化等行业。

二、红曲发酵概述

（一）红曲霉简介

1. 分类

红曲霉（*Monascus*）是小型丝状腐生真菌，属真菌界（Fungi）、子囊菌亚门（Ascomycotina）、不整子囊菌纲（Plectomycetes）、散囊菌目（Eurotiales）、红曲霉科（Monascaceae）。1884 年法国学者 Van Tieghem 建立了红曲霉科，且仅有红曲霉一个属。

2. 形态及分布

红曲霉广泛存在于新鲜的牧草、泥土、橡胶、鱼干、河川表面沉淀物及松树根组织中。该菌具有霉菌的典型特征：菌丝多分枝，有横隔，细胞多核，幼时常含颗粒，老后出现空泡及油滴。菌丝体常出现联结现象（anastomosis），即两条菌丝碰在一起时，接触处细胞壁消失，细胞膜融合，菌丝互相沟通。

3. 繁殖方式

（1）**无性生殖**　　即分生孢子繁殖。由菌丝生出分生孢子梗，其顶部产生分生孢子，单生或以向基式生出 2~6 个链。分生孢子大多为梨形，多核，萌发后又可形成菌丝。

（2）**有性繁殖**　　即子囊孢子繁殖。繁殖时先在菌丝顶端或侧枝顶端形成一个单细胞多核的雄器（antheridium），然后在雄器下面的细胞以单轴方式又生出一个细胞，这个细胞就是原始的雌器，即产囊器（ascogonium）的前身。由于雌性器官的生长和发育，将雄器向下推压，使雄器与柄把呈一定角度。这时雌性器官的顶部又生一隔膜，分成两个细胞，顶端的细胞为受精丝，另一细胞即造囊体。当受精丝尖端与雄器接触后，接触点的细胞壁解体产生一孔。雄器内的细胞核和细胞质经受精丝进入产囊器。此时只进行质配，而细胞核则成对

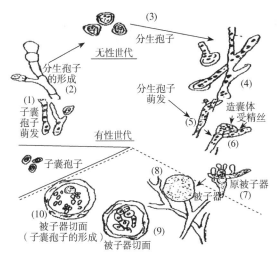

图 1-1　红曲霉生活史

排列，并不结合。在此同时，在两性器官下面的细胞生出许多菌丝将其包围，形成原被子器。被子器内产囊器膨大，并长出许多产囊丝。每个产囊丝形成许多双核细胞，核配于此时发生，经过核配的细胞即子囊母细胞。每个子囊细胞中的核经过三次分裂，形成八个子囊孢子，这时被子器已发育成熟，其中子囊壁消解，子囊把子囊孢子成堆地留在被子器内，被子器外壳破后，散出子囊孢子，子囊孢子萌发后又形成多核菌丝（图 1-1）。

4. 培养特征

该菌多用麦汁琼脂培养基培养。菌落初呈白色，毛毯状，3d 后呈灰白色，具褶皱，镜检菌丝分枝、分隔、多核，直径 3～9μm。菌丝含油滴，5d 后培养出大量被子器，呈球形，大小为 6～10μm。分生孢子犁形或圆形，单生或呈链状，大小为 5～10μm。在麦芽汁或合成液体培养基中能产生少量色素，在玉米淀粉培养基中能产生大量的红曲霉红素和红曲霉黄素。若菌丝体老熟后呈红紫色或葡萄酱紫色，菌落背面呈紫红色，则为紫红曲霉（*Monascus purpureus*）；若菌丝体老熟后变为灰黑色，菌落背面为红褐色，则为烟色红曲霉（*Monascus fuliginosus*），因种而异。

5. 红曲霉主要次级代谢产物

红曲霉能产生醇、酯、酸等多种芳香物质和淀粉酶、蛋白酶、半乳糖酶、核糖核酸酶等多种水解酶，这些均属于初级代谢产物，使发酵食品产生优质香气和甘甜味，也是绝佳酿酒菌种。另外该菌在生长过程中可产生色素、抑菌物质、monacolin 类化合物、麦角固醇、桔青霉素等多种次级代谢产物。

（1）红曲色素　　红曲色素是红曲霉在生长代谢过程中产生的天然色素，与其他天然食用色素相比，具有着色力强、色调柔和、pH 稳定等优点，具有较强的耐光、耐盐碱、耐氧化还原的特性，几乎不受金属离子的影响，尤其是耐 100～140℃高温，使其在食品烹饪、糕点焙烤时有更广泛的应用；经急慢性毒性实验及致畸、突变实验都证明其无毒，安全性高，故红曲色素已广泛应用于各种食品和化妆品中。

红曲色素是多种色素成分的混合物，以颜色不同分为红、黄、橘黄色素 3 类；以溶解性不同分为水溶性色素和脂溶性色素 2 类。

（2）Monacolin 类化合物　　Monacolin 是一组能抑制胆固醇合成的物质，其中以 monacolin K（又叫 lovastatin）的研究最清楚。其机理是竞争性地抑制羟甲基戊二酰辅酶 A（HMG-CoA）还原酶，该酶是胆固醇合成过程中关键酶。只要其浓度达到 0.001～0.005μg/ml，胆固醇合成就会受阻，因此每天摄入 10～30mg monacolin K 可使血脂中胆固醇含量明显降低。

（3）麦角固醇　　麦角固醇是维生素 D_2 的前体，当它受到紫外线照射后即转化为维生素 D_2。维生素 D_2 是一种重要的营养素，能防治婴幼儿佝偻病，促进孕妇和老年人钙磷的吸收。普通食品中维生素 D_2 的含量有限，因此，适当补充麦角固醇对人体健康很重要。

过去麦角固醇的生产仅限于酵母菌，目前研究发现红曲霉属中的许多菌株都能不同程度地产麦角固醇。所产麦角固醇主要存在于菌体内，可采用碱性甲醇回流皂化，乙醚振荡抽提。

（4）桔青霉素 我们祖先早就利用红曲霉防止食品腐败。在《天工开物》下卷中有这样记载："世间鱼肉最朽腐物，而此物薄施涂抹能固其质于炎暑之中，经历旬日，蛆蝇不敢近，色味不离初，盖奇药也。"说明红曲有杀菌和抑菌作用。1977年，人们确定了红曲代谢产物中一种抗菌活性物质，命名为monasidin A，后经质谱、核磁共振、紫外－可见分光光度计及荧光分析等结构测定和定性分析，发现monasidin A实质为桔青霉素（citrinin）。

桔青霉素是一种真菌毒素（mycotoxin），具有肾毒性，也称为肾毒素（nephrotoxin），毒性比较明显，可引起实验动物的肾脏肿大、尿量增多、肾小管扩张和上皮细胞变性、坏死等症状。红曲是我国传统发酵产品，毒理学实验已证明了红曲产品的食用安全性，并在长期的应用实践中未发现明显的毒副作用，我国红曲的生产和应用行业都在密切关注桔青霉素问题。因此，筛选低产或不产桔青霉素的红曲霉菌种，对于我国红曲及其产品的生产和应用都将具有特别重要的意义。

（5）其他代谢产物 红曲霉发酵是个比较复杂的过程，发酵基质不同则产生的代谢产物各异，红曲霉在发酵过程中除了产生酶类、有机酸、红曲色素、monacolin K、γ-氨基丁酸（GABA）等代谢产物外，还产生许多目前未知结构的化合物。随着对红曲霉研究的深入，越来越多的代谢产物将被分离和表征。

（二）红曲制作

红曲是红曲霉生长在蒸煮过的米粒上形成的发酵食品。

1. 工艺流程

大米→洗涤→浸泡→沥干→蒸煮→冷却→接种→培养→烘干→成品。

沥干：含水量25%～30%。

蒸煮：饭粒呈玉色，粒粒疏松，不结团块。蒸饭不能熟透。

冷却：30℃左右即可接种。

培养：培养温度一般为30℃，相对湿度RH≥85%，培养1w即可。

2. 培养条件对菌体生长及红曲产量影响

影响菌体生长和红曲产量的因素很多，如培养基成分、pH等。

（1）pH 最适pH为3.0～5.0，pH 3.0以下生长缓慢，pH 5.0以上不利于产生色素。

（2）碳源 葡萄糖、蔗糖、麦芽糖、半乳糖、淀粉和麦芽糖醇在内的大多数糖类都可被红曲霉利用；而乳糖、木糖、果糖和甘油等则属于较差的基质。然而，葡萄糖浓度过大也会导致菌体生长缓慢、色素和乙醇产量减少，适量的甘油则有助于色素和其他次级代谢产物的生产。

（3）氮源 红曲霉对有机氮的利用要优于无机氮。不同氮源对红曲色素产量的影响很大：以NH_4^+为氮源时，易产橘黄色素；硝酸盐、谷氨酸钠或酵母提取物作氮源时则产较多的红色素；氯化铵和蛋白胨作混合氮源时较NO_3^-更多的色素。

（4）装液量 红曲液态发酵是好氧发酵，因此溶解氧水平直接影响发酵产物尤其是次级代谢产物色素产量。250ml三角瓶装液量为100ml、125ml时，菌丝体生长量多，红曲霉生产的红曲色素的色价高；装液量为150ml时，菌丝体生长量多，红曲霉生产的红曲色素的色价较高；装液量为 175ml 时，菌丝体生长量较多，生产的红曲色素色价较高；装液量为 75ml 时，菌丝体生长量较多，生产的红曲色素色价低。

（5）含水量 发酵时起始水分含量低，红曲色素易生成，水分含量高会抑制色素生成，一般来讲含水量以 25%～30% 为宜。

3. 影响红曲发酵因素

影响红曲发酵因素很多，如菌种、原料、补水、空气相对湿度（RH）、温度、通气、蓝光等。

（1）菌种 选择生长快，适应性强，产红色素高菌株。

（2）原料 选用淀粉含量高、营养丰富且可吸收适量水分的优质大米。

（3）补水 红曲霉生长繁殖过程中，需要补充适量水分，尤其生长旺盛期补水更重要。

（4）RH RH 关系到水分的蒸发，对发酵影响也很大，一般 RH 控制在 85% 以上。

（5）温度 红曲霉适宜生长温度为 20～37℃，通常采用 30℃发酵。

（6）通气 红曲霉是一种好气性微生物，培养要注意保持良好的通气。

（7）蓝光 蓝光抑制色素的合成，控制蓝光可调控红曲色素的合成。

4. 红曲发酵

见实验部分。

（三）红曲霉应用

1. 在食品工业中的应用

因为红曲色素具有天然、营养、多功能等特点，红曲霉除用于肉制品防腐着色外，现已广泛应用于调味品、面制品、酿酒工业等食品工业中。

（1）用于食品添加剂 红曲色素具有良好的着色性能和较强的抑菌作用，可替代亚硝酸盐作为肉制品着色剂。红曲色素与亚硝酸盐的着色原理完全不同：亚硝酸盐是与肌红蛋白形成亚硝基肌红蛋白，而红曲色素是直接染色。两者都能赋予肉制品特有的"肉红色"和风味，抑制有害微生物的生长，延长保存期，但红曲色素的应用安全性更高。

德国肉类研究中心对此进行了研究和探讨，结果表明，在腌制类产品中添加少量红曲色素后，完全可以将亚硝酸盐量减少 60%，而其感官特性和可贮性不受影响，颜色稳定性也远优于原产品。王也等研究了红曲红色素在腊肉中代替亚硝酸钠发色作用的应用效果，红曲红色素可以注射形式添加到腊肉中，添加量为肉质量的 0.001%。结果显示从色泽、水分含量和质构角度分析，均能达到类似亚硝酸钠的水平，进而得出，腊肉无硝发色剂的尝试基本是可行的。

以普通食品和饮料为载体，添加具有防病抗病功能因子的功能食品已成为近年来世界食品工业新的增长点。目前，国内添加红曲的功能性食品种类繁多，如红曲酸奶、红曲面包、红曲椰果、红曲保健酒等。

（2）用于调味品 食醋、酱油生产中加入红曲霉，可抑制杂菌生长，降低食盐用量，增进色泽，提高风味；豆腐乳生产中加入红曲霉，可使成品风味显著提高。在酱油酿造中使用糖化增香曲，可使原料全氮利用率和酱油出品率明显提高，同时酱油鲜艳红润、清香明显、鲜而后甜，质量优于普通工艺酱油。

（3）用于酿酒工业 红曲霉应用于酒类生产，可改变酒的色泽和风味。丹溪红曲酒采取压滤工艺生产，保留了发酵过程中的粗蛋白、醋液、矿物质及少量的醛、酯等物质，具有香气浓郁、酒味甘醇、风味独特、营养丰富等特点。另外还有乌衣红曲黄酒，台湾红露酒，日本红曲清酒等。

（4）用于腌制蔬菜　　在传统生产中常使用酱油作为着色剂加工腌菜，使腌菜的色泽更诱人。红曲色素可以作为腌制蔬菜中外加色素，通过物理吸附作用渗入蔬菜内部。蔬菜细胞在腌制加工过程中，细胞膜变成全透性膜，蔬菜细胞就能吸附其他辅料中的色素而改变原来的颜色。

（5）用于面制品　　红曲色素在面制品生产中有广泛的应用，如红曲饼干、红曲面包、红曲糕点、红曲面条等。在面包生产中，添加红曲水浸提液时，其添加量的不同对红曲面包的色、香、味及口感影响不是很大，仅仅是随添加量的增加，其颜色有所加深变红。

2. 在医药领域的应用

《本草纲目》记载红曲霉具有消食活血，健脾壮胃，治跌打损伤、夜尿、轻微气喘和血气痛等功效。现代医学研究证明，红曲霉主要具有以下医疗功效。

（1）防治心脑血管疾病　　Monacolin K 及构造类似物都具有抑制胆固醇合成的功能，是医学界公认较理想的降低人体血液中胆固醇的药剂。目前世界上对 monacolin K 的研究很多，主要为化学修饰法。此外，已有研究证实，红曲色素苏氨酸衍生物也可以降低小鼠体内的胆固醇水平，但仅局限于血脂，不包括肝脏中的胆固醇。

Chia-Feng Kuo 等人对丛毛红曲霉（*M. pilosus*）的发酵产物进行了研究。研究表明，其发酵产物能够降低动物的脂蛋白水平，同时提高肝脏的抗氧化物酶的含量。红曲霉不仅能有效降低体内总胆固醇以及甘油三酯、低密度脂蛋白水平，而且能升高高密度脂蛋白水平，从而具有显著的降胆固醇及降血脂的作用。

（2）抗癌、抗氧化　　红曲霉产物 monacolin K 能阻止各种信号蛋白（如 Ras、Rho）添加 15 碳或 20 碳的作用，故可用来治疗蛋白质所诱导的固型瘤病变。另外，monacolin K 的闭环型会提高癌细胞内的细胞周期蛋白依赖性激酶抑制因子（cyclin-dependent kinase inhibitor, CKI）的含量，也具有抑制癌细胞生长的功效。Mee Young Hong 等人发现，与单一的 monacolin K 相比，红曲霉的发酵产物更有助于抑制癌细胞扩散，促使癌细胞凋亡。研究表明，这是 monacolin K 与红曲色素共同作用的结果。与传统的化学疗法相比，红曲霉具有无痛苦、无毒副作用、安全等特点，因此，将其应用于癌症的治疗有十分重要的意义，是未来红曲霉研究的一大热点问题。

2000 年，日本学者从安卡红曲霉（*M. anka*）中分离得到抗氧化剂，能清除 1,1- 二苯基 -2- 三硝基苯肼（1,1-diphenyl-2-picrylhydrazyl, DPPH），减轻 CCl_4 引起的肝损害，保护肝脏。红曲霉发酵产物中的二丁基羟基甲苯（BHT）和棓酸酯（gallate）等酚类物质，能清除自由基、与铁离子螯合，有很好的抗氧化、抗诱变的作用。

（3）抑制致病菌　　古籍《天工开物》中有炎夏时用红曲煮肉，十日不腐的记载，说明红曲中有抗菌物质存在。现代研究表明，红曲发酵过程产生的某些产物能抑制某些致病菌的生长，起到抗菌、抑菌的作用。抗菌活性物质包括桔青霉素、红曲色素（红曲玉红素、红斑红曲胺）和糖肽类物质。目前，日本已在鱼、肉的保鲜上大量应用红曲并取得了许多专利。

（4）其他应用　　红曲霉属中的许多菌株能不同程度地产生麦角固醇，麦角固醇是维生

素 D_2 的前体，经紫外线照射后，即转化为维生素 D_2，可防治小儿佝偻病，对促进孕妇和老年人钙、磷的吸收有明显的生理作用。红曲发酵产物 monacolin K 的酯构型弱碱化，形成它的碱金属盐、土族金属盐等，分别有预防和治疗胆结石、前列腺肥大的作用，能使胆结石形成指数下降，改善前列腺肥大程度，使排尿正常。此外，monacolin K 还具有明显的抑制肾小球系膜细胞的增生和细胞外基质分泌的作用，所以具有保护肾脏的功能。此外，红曲还具有抗炎作用，对临床治疗类风湿关节炎有十分重要的意义。

3. 生物催化作用

催化剂在现代化学工业中占有极其重要的地位，现在几乎有半数以上的化工产品，在生产过程中都采用催化剂。随着人们对环保的日益重视，寻找符合时代要求的绿色催化剂显得尤为重要。生物催化剂能够将传统的化学化工原理与现代生物技术完美地融为一体，具有条件温和、高效专一、环境友好等鲜明特征，符合"绿色化工"的要求。

红曲中含有葡萄糖淀粉酶，能将淀粉几乎百分之百地水解成葡萄糖。工业上可利用红曲这一特性代替酸水解法生产葡萄糖，具有水解率高、节约粮食、降低成本、提高产品质量等优点。此外，红曲霉某些菌种能分泌直接催化己酸和乙醇，合成己酸乙酯的胞外酶，如从烟色红曲霉中可筛选得酯化酶活性较强的酯化红曲，能有效提高大曲的糖化力、发酵力和酯化力。

最新研究发现，除红曲产生的酶之外，红曲霉也可以作为生物催化剂促进某些反应进行。此外，将红曲霉用琼脂或琼脂糖固定后，其催化效率没有明显下降，且由于固定化后的红曲霉可重复使用，因此可以认为是一种绿色催化剂。

三、红曲发酵过程

（一）红曲霉分离纯化

1. 原理

红曲霉广泛分布于自然界，可以从自然界中分离纯化，也可以直接从利用红曲生产的各种发酵食品中分离。

2. 仪器与材料

（1）仪器　高压灭菌锅、培养箱、水浴锅、24目筛、砂土管、移液管、培养皿、涌瓶、角匙、安瓿管、P_2O_5 干燥器等。

（2）材料

1）菌种：红曲霉菌种。

2）半合成培养基：葡萄糖 30g，$NaNO_3$ 3g，酵母膏 1g，K_2HPO_4 1g，$MgSO_4 \cdot 7H_2O$ 0.5g，KCl 0.5g，$FeSO_4 \cdot 7H_2O$ 0.01g，pH 5.6，定容至 1L，固体培养基添加 20g 琼脂。

3）麦汁培养基：8～12°Bx 麦汁。

4）豆芽汁培养基：200g 豆芽，加水 1000ml，温火煮沸 10min 过滤，加 5g 葡萄糖，固体培养基添加 5g 琼脂。

5）无菌水、石蜡油、麸皮、乳酸、HCl 等。

3. 步骤

（1）准备　　配制固体培养基，无菌水，移液管，培养皿，灭菌备用；实验前将培养基倒平皿，待培养基凝固后于 60～70℃培养箱中放置待用。

（2）分离纯化　　取样品少许，放入装有 100ml 无菌水三角瓶中，振荡 20min，将孢子悬液于 60℃水浴保温 30min，杀死不耐热杂菌，稀释平板法分离，30℃培养 5d，挑取单菌落，保存。

（3）菌种保藏

1）斜面保藏。取纯化后单菌落移接到斜面培养基，28～30℃培养 5d，待斜面菌体呈紫红色时 4～5℃冰箱保藏，两个月移植一次。

2）矿油保藏。将灭菌并冷却的矿物油（如石蜡油）加至培养成熟的红曲霉斜面，以淹没斜面为宜。

3）曲粉保藏。称麸皮或米粉 2g，加 1% 乳酸 2ml，制成曲粉，0.1MPa，121℃，灭菌 30min，冷却后接种，30℃培养 7d，用无菌角匙挑取约 0.5g 培养物于灭菌安瓿管，再放入 P_2O_5 干燥器中干燥（或抽真空），封口于室温保存。

4）沙土管保藏。取 24 目筛过筛细沙，用 10% HCl 加热处理，去除其中有机质，水洗去酸，烘干，分装安瓿管，装量约 1cm 高。无菌水制成红曲霉的孢子悬浮液，加至砂土管，每管 5 滴，同上法干燥，封口保藏。

5）制曲保藏。大米制成红曲，干燥保存。

（二）红曲霉形态观察

1. 原理

霉菌菌丝粗大，细胞容易收缩变形，孢子很容易向四周飞散，制作标本时常用乳酸石炭酸棉蓝染色。红曲霉在通常情况下只是营养生长和无性繁殖，只有在营养条件恶劣的情况下才能观察到有性孢子。本实验只观察营养菌丝及无性孢子形态特征。

2. 仪器与材料

（1）仪器　　高压灭菌锅、培养箱、显微镜、载玻片、盖玻片、培养皿、镊子、解剖针、滤纸等。

（2）材料　　乳酸石炭酸棉蓝染色液、马铃薯、葡萄糖、蛋白胨、酵母膏、KH_2PO_4、硫酸镁、琼脂等。

3. 步骤

（1）直接制片观察法

1）配马铃薯培养基，灭菌倒平板，冷却，用点种法接种红曲霉，每皿接种 3 点，30℃培养 3d。

2）取一滴乳酸石炭酸棉蓝染色液于载玻片中央。

3）用镊子在红曲霉菌落边缘处挑取少量带孢子菌丝于染液，用解剖针将菌丝挑开。

4）用镊子取一块干净盖玻片，倾斜慢慢盖在上面，不要产生气泡。

5）置显微镜下观察。

（2）载玻片培养观察法

1）培养小室灭菌。在直径 9cm 培养皿底部铺一张圆形滤纸，其上放一 U 形玻璃棒，玻璃棒上放一块干净载玻片和两块盖玻片（如图 1-2），盖上皿盖，包扎，于 0.1MPa，121℃，灭菌 20min，烘干备用。

2）琼脂块制作。将灭菌马铃薯琼脂培养基（6～7ml）用无菌操作方式倒入灭菌的培养皿中，凝固后，用无菌刀片切取比盖玻片略小琼脂块，并将其移至①中载玻片上。

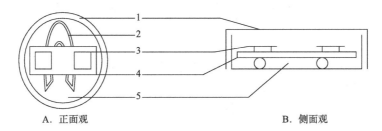

A. 正面观   B. 侧面观

图 1-2　载玻片培养观察法示意图

1. 培养皿；2. U 形玻璃棒；3. 盖玻片；4. 载玻片；5. 滤纸

3）接种。用接种针挑取少许红曲霉孢子（可用无菌水适当稀释），接种于琼脂块边缘，用无菌镊子将盖玻片覆盖在琼脂块上。

4）培养。在培养皿的滤纸上加 3～5ml 灭菌的 20% 甘油，以保持培养皿内湿度，30℃培养。

5）镜检。在不同时间取出载玻片于显微镜下观察，记下红曲霉生长过程。

（三）红曲霉扩大培养

1. 原理

红曲发酵虽然是纯种发酵，但采用的是固态自然发酵方式，并不是严格意义无菌操作。为了尽可能不被杂菌污染，必须接入大量种子。种子的扩大应逐级放大，从斜面菌种到三角瓶米粒曲种，再到浅盘固体培养曲种。本实验在三角瓶中制备纯种米粒曲种。

三角瓶米粒曲种制备虽然比较麻烦，但曲种含水量与固态发酵时培养基含水量比较接近，若用它作为种子，则发酵时杂菌污染可能性相对较小。

2. 仪器与材料

（1）仪器　电饭锅、高压灭菌锅、培养箱、恒温恒湿箱、恒温箱、三角瓶、棉塞、接种环等。

（2）材料　籼米、食醋（或食用乳酸）等。

3. 步骤

（1）浸米　称取精白优质籼米 600g，浸于 1000ml 水中，加食醋或食用乳酸 5ml，摇匀。浸米时间夏季 2～4h，冬季 6～8h，使米吸水 25% 左右。

（2）蒸煮　将浸过的米用清水冲洗至无米浆流出，沥干（无滴水），在 500ml 三角瓶内装 60～70g 大米，塞好棉塞，包扎，0.1MPa，121℃，灭菌 30min，冷却，接种。

（3）接种　用接种环从斜面挑取红曲霉菌体，接入三角瓶，充分拌匀，每支斜面菌种接 3 个三角瓶。接种时，为了提高菌体与米粒的接触面，红曲霉菌丝体越碎越好。

（4）保温培养　将三角瓶中的米粒摇匀，30℃培养，24～30h 后再将米粒摇动一次，每天摇瓶 2～3 次，经 6～9d 培养，米粒呈紫红色，即完成种曲制作。

保温培养最好在恒温恒湿箱中进行，若无此条件，应随时观察曲料的干湿情况，必要时可加入无菌水（每天2ml），以补充蒸发掉的水分。成熟曲种外观色泽鲜红，有红曲香气，无杂菌污染。

（5）干燥 将培养成熟的红曲米从三角瓶中取出，风干，40～45℃恒温箱中烘干或太阳晒干，塑料袋密封、储存。储存红曲水分8%～10%。

（四）红曲液体菌种制备

1. 原理

红曲霉是一种好氧性微生物，除能进行固体浅盘培养，还可以用液体摇瓶培养。

2. 仪器与材料

（1）仪器 电炉、高压灭菌锅、超净工作台、恒温摇床、冰箱等。

（2）材料 豆芽、红曲斜面、葡萄糖等。

3. 步骤

1）制备豆芽汁培养基。200g豆芽，加水1000ml，小火煮沸10min过滤，加5g葡萄糖。

2）500ml三角瓶装豆芽汁150ml，包扎，0.1MPa，121℃，灭菌20min。

3）每瓶豆芽汁接入1/2支红曲斜面菌苔。

4）30℃、200r/min培养5d，至培养液深红色。

5）置于4℃冰箱备用。

（五）红曲发酵期

1. 原理

红曲具有喜湿和耐湿、耐酸特性。

2. 仪器与材料

（1）仪器 蒸锅、浅盘等。

（2）材料 米醋、籼米等。

3. 步骤

（1）种子（红曲醪）制备 称1000ml 30℃左右冷开水于洗干净的坛内。加入粉状红曲种0.5kg，浸曲1h左右，加入米醋，调节至pH 5～6，搅拌均匀。

也可直接用摇瓶发酵红曲霉种作为种子。

（2）红曲发酵

1）将优质籼米25℃以上浸米5～8h，使米吸水28%～30%。

2）蒸饭。将浸好的米用清水淋去米浆水，沥干，蒸饭。上汽火力要强，待全部圆气以后蒸料3～5min，出饭率在135%，饭粒呈玉色，粒粒疏松，不结团块。蒸饭不能熟透。

3）接种。将蒸熟米料置于干净地方，迅速打碎，摊平冷却至30～32℃。然后每50kg米接种红曲醪0.5kg（1%），再充分翻拌2～3次，堆料。操作要迅速，以减少杂菌污染。

4）堆料。当菌种移植于新的培养基时，需要一段时间才能适应新环境，在室温25～30℃时，经15～18h，品温可升到43～45℃，此时从中心取出米粒有白色斑点，伴有微微清香气，即可进行发酵。

5）发酵。将曲料摊在曲池上，厚度约50cm。开始升温较快，2h上升到40℃即可开耙，耙后品温下降 2～3℃。由于菌种繁殖力加快，需将堆料厚度降至 26cm 左右，再经过 1h，品温上升至 37～38℃，再开耙，继续降低厚度至 13～17cm，维持品温 35～36℃，养花。再经 8h 左右，饭粒表层呈白色斑点。

6）吃水与培育。花齐以后，将曲堆厚度调为 33～50cm，品温维持在 32～33℃，使菌丝大量繁殖。每隔 1～2h 拌曲一次，经 27h 左右，待饭粒表面菌体增厚、曲粒表面略有干皮、少数曲粒略有微红斑点现象即可吃水，目的使曲粒吸收一定水分，使菌丝逐渐向内生长。

吃水方法：边拌曲边向曲池中喷洒无菌水（凉开水），使曲粒表面润湿微有发胀。将曲摊成 17～23cm 厚，待品温上升至 36～37℃，再将曲逐步摊成 13～17cm 厚，每隔 0.5～1h 拌曲一次，控制品温，使曲粒疏松、发育均匀。吃水 6h 后，品温控制在 32～33℃，每隔 1～2h 拌曲一次，经 24h，曲粒大部分呈淡红斑点状，表层略有干皮，这时二次吃水。再将曲粒摊 5～7cm 厚，每隔 0.5～1h 拌曲一次，品温维持 30～32℃，曲粒菌丝向内生长，曲粒由淡红逐步转向深红，表面略有干燥。经 24h 即可第三次吃水。品温维持 30～32℃，厚度减至 3.3cm 左右。每隔 1～2h 拌曲一次，此时菌丝已生长到曲粒的 2/3，内部色泽由深红转紫红，再经 12h 即可出房。如果曲室中有温度与湿度调节器，可减少大量手工劳动。

出房后，曲粒摊平风干，5～6d 后即可晒曲。晒曲不得曝晒，应在每天上午 8～9 点时晒曲 2h，分三次晒干。晒曲和其他工序同等重要，因此必须引起注意，否则将降低曲的酶活力和繁殖力，曲粒也易变质。

7）成品质量检查。外观检查：曲粒表层光滑紫红，曲粒中心呈玉色，不得有空心和红心。曲粒断面菌丝均匀，具有红曲种特有曲香，不得有酸气等不正常气味。生物与理化检查：水分 12% 以下，容量（100ml）44.5～46.5g，淀粉含量 59%～62%，无细菌和其他霉菌污染。

8）贮藏。将晒好摊凉的红曲，按质量等级，分批贮藏在封闭容器内，严防受潮变质和虫蛀，并从中挑选最优红曲种作为今后生产曲种，单独贮藏，不得混杂。贮藏地点必须干燥、阴凉，注意清洁卫生，要经常进行检查，特别是在多雨季节，空气湿度大，易导致红曲回潮变质，影响正常生产。

（六）红曲代谢产物浓缩

1. 原理

大米经红曲发酵产生一系列代谢产物，但这些产物量非常少，大米仍占发酵产物绝大部分体积，为了降低运输成本，常常要对红曲代谢产物进行浓缩。红曲代谢产物既有水溶性组分，也有脂溶性组分，因此可用 80% 丙酮（丙酮：水＝80:20）抽提；用 HCl 或 NaOH 可以将其中酸溶性、碱溶性和中性组分分开。

2. 仪器与材料

（1）仪器　旋转蒸发仪、分液漏斗、植物粉碎机、三角瓶等。

（2）材料　乙酸乙酯（EtOAc）、发酵红曲、HCl、NaOH、Na_2CO_3、Na_2SO_4、丙酮等。

3. 步骤

1）取 200g 发酵红曲，用植物粉碎机将其粉碎。

2）将红曲粉放于 500ml 三角瓶中，加入提取液（丙酮∶水＝80∶20）300ml。

3）室温浸提 1d，每隔 2～3h 摇动一次，过滤。

4）沉淀用提取液洗涤 2 次，每次 100ml，合并滤液。

5）滤液在旋转蒸发仪中减压蒸去丙酮（尚有水分）。

6）1mol/L HCl 调残留液（约 100ml）pH 至 3.0，置分液漏斗中。

7）150ml 乙酸乙酯分次抽提。

8）以 1）～6）步同样方法按图 1-3 分离碱溶性组分、中性组分和酸溶性组分，观察各组分的颜色。

9）将各分离到的组分在旋转减压蒸发仪中蒸去溶剂，低温保存。

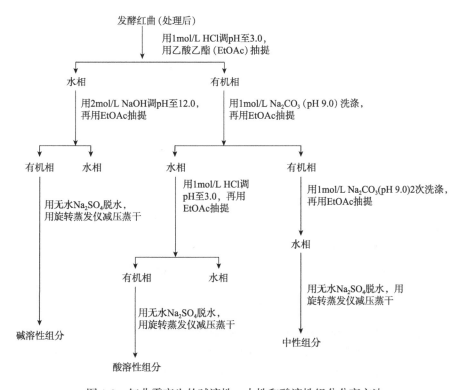

图 1-3　红曲霉产生的碱溶性、中性和酸溶性组分分离方法

（七）红曲色素分离纯化

1. 原理

红曲色素易溶于乙醇、丙二醇、乙酸、氯仿等有机溶剂，但几乎不溶于水和油。红曲色素随流动相经过固定相时，由于分子大小不同，在两种溶剂中分配系数不同，保留时间也各不相同，因此可以达到分离纯化的效果。

红曲霉产生的色素主要有下列 6 种。

黄色色素 2 种：

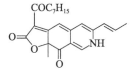

赤红曲黄素（ankaflavin，$C_{23}H_{30}O_5$）　　　红曲素（monascin，$C_{21}H_{26}O_5$）

红色色素 2 种：

红斑素（rubropunctatin，$C_{21}H_{22}O_5$）　　　红曲红素（monascorubrin，$C_{23}H_{26}O_5$）

紫色色素 2 种：

红斑胺（rubropunctamine，$C_{21}H_{23}NO_4$）　　　红曲红胺（monascorubramine，$C_{23}H_{27}NO_4$）

2. 仪器与材料

（1）仪器　　层析柱、旋转蒸发仪、高效液相色谱仪等。

（2）材料　　硅胶、己烷（hexane）、乙酸乙酯（EtOAc）、甲醇（MeOH）等。

3. 步骤

1）选取分离的红色最深的组分，称重。

2）称取样品质量 50～100 倍硅胶，用 75% hexane，25% EtOAc 装柱。

3）样品加至硅胶层析柱上部，注意尽可能平整。

4）加三倍硅胶体积的流动相（75% hexane/25% EtOAc），开始层析，待红色部分流出时，用收集管收集。

5）若硅胶中仍有红色，可依次用 50% hexane/50% EtOAc，25% hexane/75% EtOAc，25% EtOAc/75% MeOH 层析，层析液体积大致为硅胶体积三倍，收集红色流出液。

6）将各收集液减压蒸发后得到红色素样品。

7）若要进一步纯化，可用硅胶柱层析（流动相为氯仿／甲醇）、LH-20 柱层析、中压液相色谱、制备型高效液相色谱等方法单独分离，用分析型高效液相色谱法（HPLC）检验纯度（260nm 吸收）。

（八）红曲色素色价测定

1. 原理

红曲色素能溶于 70% 乙醇，通过萃取可从发酵的米粒中提取出来，红曲色素在 505nm

处有最大吸收峰，可用分光光度计测定。

2. 仪器与材料

（1）仪器　　水浴锅、量筒、普通定性滤纸、分光光度计等。

（2）材料　　红曲样品、70% 乙醇等。

3. 步骤

1）称取红曲样品 0.5g，放入 10ml 刻度具塞试管中。

2）加入 70% 乙醇 8ml，摇匀，60℃水浴萃取 0.5h。

3）冷却，用普通定性滤纸过滤到 10ml 量筒中，用 70% 乙醇洗涤残渣 2 次，合并滤液，再用 70% 乙醇定容至 10ml。

4）70% 乙醇作对照，在 505nm 波长下，用 1cm 比色皿测定样品吸光度。

5）计算。

$$红曲色素色价（以 1g 样品计）＝A_{505nm}×10×2。$$

（九）抗氧化能力定性测定

1. 原理

生物机体代谢产生的自由基能氧化体内大分子物质，从而引起机体损伤，因此自由基清除物质又被称抗氧化物质。1,1- 二苯基 -2- 三硝基苯肼（1,1-diphenyl-2-picrylhydrazyl，DPPH）作为自由基，是一种紫色溶液，当它被还原后，紫色褪去，可以根据颜色变化的程度来判断红曲提取物的抗氧化能力。

自由基清除剂　　　　DPPH（紫色）　　　　　1,1-diphenyl-2-picrylhydrazine（无色）

同样，靛酚（indophenol）为蓝色溶液，它被抗氧化物质还原后成无色，根据褪色情况可以判断抗氧化能力。

2. 仪器与材料

（1）仪器　　硅胶薄层层析板、层析缸等。

（2）材料　　己烷（hexane）、乙酸乙酯（EtOAc）、1,1- 二苯基 -2- 三硝基苯肼、靛酚等。

3. 步骤

1）将三种分离物点在两块硅胶薄层层析板基部，选取合适的流动相（如 75% hexane/25% EtOAc），进行硅胶薄层层析。

2）析液上升到硅胶板 90%，取出硅胶板，风干。

3）在 260nm 或 370nm 紫外灯下，观察硅胶板各组分分离情况。

4）在一块硅胶板喷上红色 1,1- 二苯基 -2- 三硝基苯肼溶液，观察褪色情况，褪色者表示其有抗氧化能力。

5）另一硅胶板喷上蓝色靛酚溶液，观察褪色情况，褪色者表示其有抗氧化能力。

（十）红曲粗提物自由基清除活性测定

1. 原理

维生素 E 和维生素 C 是两种公认效果比较好的自由基清除物质，其他自由基清除物质的评价常用与维生素 E 和维生素 C 的相对活性来表示。

2. 仪器与材料

（1）仪器　水浴锅或恒温箱、分光光度计等。

（2）材料　无水乙醇（EtOH）、维生素 E、维生素 C、乙酸等。

3. 步骤

1）称取一定量三个红曲样品，用无水乙醇溶解，浓度约 500g/ml。

2）配置对照 TOC 溶液（即维生素 E，860g/ml，用 EtOH 配制）。

3）配置对照乙酰水杨酸溶液（即维生素 C，350g/ml，用 pH 5.5 的 0.1mol/L 乙酸缓冲液配制）。

4）按表 1-1 加入各类物质后，30℃反应 30min，于 517nm 处测吸光度。

5）比较它们的自由基清除能力。

$$自由基清除活性 = \frac{1 - 样品\, A_{517nm}}{对照\, A_{517nm}}。$$

表 1-1　自由基捕捉活性的定量测定

0.1mol/L 乙酸缓冲液 /ml	EtOH/ml	0.5mmol/L DPPH/ml	维生素 C/ml	维生素 E/ml	样品 /ml	A_{517nm}
2.0	2.000	1.0				
1.9	2.000	1.0	0.1			
2.0	1.900	1.0		0.1		
2.0	1.975	1.0			0.025	
2.0	1.950	1.0			0.050	
2.0	1.900	1.0			0.100	
2.0	1.800	1.0			0.200	

第 2 章　秸秆乙醇发酵

一、前言

乙醇是一种重要的工业原料，广泛应用于食品、化工、医药等领域，而且可部分或全部替代汽油，具有安全、清洁、可再生等优点。秸秆是一种丰富的可再生资源，主要由纤维素、半纤维素、木质素组成，经过预处理、水解、发酵可生产乙醇。据资料表明，植物每年通过光合作用可产生 5×10^{10}t 干物质，这些能量相当于目前为止世界能耗总量的 10 倍，它们主要来源于农业废弃物，如麦草、玉米秸秆、甘蔗渣等；工业废弃物，如制浆和造纸厂的纤维渣、锯末等；林业废弃物；城市废弃物，如废纸、包装纸等。这些资源中有大部分以纤维素、半纤维素形式存在，因此研发纤维素转化技术，将秸秆、甘蔗渣、废纸、垃圾纤维等纤维素类物质高效转化为糖，进一步发酵成乙醇，对开发新能源，保护环境，具有重要的现实意义。

二、秸秆乙醇发酵概述

（一）纤维素发酵生产乙醇现状

经济社会的发展以能源为重要动力，经济越发展，能源消耗越多。因此，寻找开发新能源尤为重要。乙醇作为可再生绿色能源燃料有诸多优点：产能效率高；燃烧期间不产生有毒气体（CO），污染程度远低于其他燃料；可通过微生物发酵大规模生产，成本相对降低。

在纤维质转化为燃料乙醇的研究、生产和应用方面，巴西和美国走在世界前列。在美国，政府积极鼓励燃料乙醇的生产和使用。在政府的大力倡导下，1979 年乙醇燃料在美国燃料市场上的份额已达到 8%。1996 年，美国国家可再生资源实验室（NREL）研究开发出利用纤维素废料生产乙醇技术，由美国哈斯科尔工业集团公司建立的一个 1MW 稻壳发电示范工程，年处理稻壳 1.2×10^4t，年发电量 800×10^4kW，年产乙醇 2500t。2002 年，美国能源部和诺维信公司合作，资助 1480 万美元，研究把纤维素和半纤维素酶解成可发酵糖，再发酵生产乙醇。经过 3 年努力，其关键技术纤维素酶有了突破，生产 1gal（1gal 为 3.785L）燃料乙醇所需纤维素酶成本从 5 美元降至 50 美分。除此之外，加利福尼亚和纽约用城市垃圾生产乙醇的建厂计划亦在进行中。在巴西，乙醇工业是国民经济的支柱，他们利用榨汁后的蔗渣发酵燃料乙醇。到 2015 年，巴西所产汽车 90% 采用燃料乙醇发动机，全国一半多的交通工具使用的是燃料乙醇。日本的研究者对纤维素的乙醇发酵也做了大量的研究，日本工业技术研究院微生物工业研究所从 1979 年起，开始进行稻草、废木材能源化的研究，目的是降低成本，进行工业化生产，至今乙醇发酵技术已基本完善。英、法、印度等国也都在计划生产燃料乙醇。综上所述，在国外，以纤维质为原料生产燃料乙醇正逐步走向一个技术成熟的阶段。

与美国等国家相比，我国的燃料乙醇生产起步较晚。目前，我国推广使用车用乙醇汽油工作已取得阶段性成果。但对以纤维素为原料生产乙醇的工艺条件的研究还不成熟。虽然中国科学院早在 1980 年就在广州召开了"全国纤维素化学学术会议",把开发利用纤维素资源作为动力燃料提到议事日程上来,但目前为止仍没有取得重大突破,天然纤维素转化为乙醇的新型开发技术在工业上尚未大规模实施,其工艺技术的改进和基础理论的研究仍在进行之中。在我国,以纤维素废物为原料生产乙醇仍需深入研究。

(二)秸秆概述

秸秆由纤维质原料构成,主要包括纤维素(37%～40%)、半纤维素(30%～35%)和木质素等成分。

纤维素分子是由葡萄糖苷通过 β-1,4 糖苷键连接的链状聚合体。纤维素结构式为 $(C_6H_{12}O_5)_nH_2O$,其分子量、聚合度据种类及测定方法不同而有较大差别。植物纤维素结构复杂,基本上是由原纤维构成的微纤维束而成。原纤维是由 15～40 根结晶部和非结晶部构成的纤维分子长链。在结晶部,葡萄糖分子没有游离羟基存在,羟基在分子内部或与分子外部氢离子相结合,所以纤维素分子具有牢固的结晶构造,酶分子及水分子难侵入。

半纤维素是植物纤维原料另一主要组分,半纤维素是一类结构不同的多聚糖的统称。在细胞壁中,它位于许多纤维素之间,易被水解。但因半纤维素和纤维素交杂在一起,只有当纤维素被水解,半纤维素才可能完全水解。

木质素是植物界中仅次于纤维素最丰富、最重要的有机高聚物,是一类由苯丙烷单元通过醚键和碳－碳键连接的无定型物。它与半纤维素作为细胞间质填充在细胞壁的微细纤维之间,加固木化组织细胞壁;它也存在于细胞间层,把相邻细胞粘结在一起。木质素和半纤维素形成牢固结合层,紧紧地包围着纤维素,阻碍酶与纤维素接触。因此,要提高糖化速度,必须除去木质素、半纤维素的结合层,使纤维素孔隙增大,提高纤维素与酶接触比表面积。

(三)纤维素发酵生产乙醇工艺流程

1. 原料预处理

由木质纤维素的组成和结构可知,影响纤维素糖化分解的主要因素有木质素和半纤维素的保护作用,纤维素的结晶度、聚合度、有效比表面积、内部孔隙大小及分布等,要直接对纤维素进行糖化水解或生物转化是相当困难的。因此,无论采取何种工艺分解利用纤维素,都必须首先对纤维素原料进行预处理,其目的是降低纤维素的聚合度、结晶度,破坏木质素、半纤维素的结合层,脱去木质素,增加有效比表面积。常用的预处理方法可分为物理法、化学法、物理化学结合法和生物法四大类。

(1)物理法   通常有微粉碎处理,蒸煮、蒸汽爆破处理,微波处理,高能辐射处理等。

1)微粉碎处理。微粉碎处理是指用球磨、碾磨将纤维素物质粉碎。粉碎后的纤维素粉末没有膨润性、体积小,有利于提高基质浓度,得到较高浓度糖化液。但粉碎法耗能大,耗能占糖化过程总耗能 50%～60%,且此法并不适合所有材料处理。

2)蒸煮、蒸汽爆破处理。蒸煮处理是用 150～200℃的饱和水蒸气处理原料 10～20min。高温高压下饱和水蒸气使木质素的 X-丙烯基乙醚及部分 β-丙烯基乙醚裂开,破坏木质素、半纤维素结合层。

爆破处理是在几十个大气压下，将原料在 220~240℃ 饱和水蒸气中经几十秒至几分钟瞬间处理，立即降至常压，使纤维素爆裂成像豆腐渣一样，孔隙增大。

3）微波处理。微波是指 300M~300GHz 范围电磁波。微波处理时间短、操作简单、糖化效果明显。要提高糖化率，微波处理温度必须在 160~180℃ 以上，这一温度和半纤维素及木质素热软化温度是相一致的（分别为 167~181℃，127~193℃）。

4）高能辐射处理。高能辐射（射线、电子辐射等）可使纤维素物料可溶性增加。这是因为照射后纤维素聚合度降低、结晶减少、吸湿性增加，有利于纤维素酶水解。辐射处理的成本高达 138~156 美元/t，目前很难大规模生产。

（2）化学法　这是目前研究最多的手段。主要采用稀酸、碱或氨、次氯酸钠、氧化剂等化学试剂单独或互相结合进行预处理。

1）酸处理。纤维素水解试剂有强酸和弱酸。纤维素水解按温度分为低温水解和高温水解。低温水解温度范围是 50~140℃，大多数高温水解范围是 160~240℃。水解方法有多相和均相两种方式。

2）碱处理。碱处理可使木质素的结构裂解、半纤维素部分溶解、纤维素因水化作用而膨胀，结晶度也有所降低。据报道，用 1% 的 NaOH 在 120℃ 处理纤维质原料 1h，能脱去 80% 以上木质素；用 2% 的 NaOH 在 30℃ 处理 6h、50℃ 处理 1h 或 70℃ 处理 20min 都能得到明显效果。NaOH 虽有较强脱木质素和降低结晶度的能力，但在脱木质素同时，半纤维素也被分解，致使损失太多，还存在试剂回收、中和、洗涤等问题。

3）氧化剂处理。氧化剂处理主要用过氧化氢进行氧化反应脱木质素，从而破坏天然植物纤维的物理结构。pH 是影响反应的重要条件，在碱性条件下。可在 80~90℃ 低温下反应，但在酸性条件下，要达到同样的氧化裂解木质素的效果，就需在 130~160℃ 条件下。Gould 等以 H_2O_2 为氧化剂，控制 pH 在 11.2~11.8，可部分脱除木质素，并降低纤维素的结晶度，过程中产生的抑制酶解过程的毒素较少。Kazuhiro 等以 H_2O_2 为氧化剂，Fe^{2+} 为催化剂的两步氧化法来处理木质纤维，获得有机酸等化学物质。通过第一步非催化氧化，一部分木质素转化为甲酸等小分子有机酸，纯纤维素回收率约为 22%；第二步催化氧化，小分子有机酸达到纤维原料的 33%。为了加强预处理的效果，一些研究者将氧化剂与其他化学试剂结合使用。Jun 等用氨和 H_2O_2 配合预处理两种不同的软木质纤维废料，研究表明，单独氨处理（ARP），氨与 H_2O_2 混合（ARP-H），H_2O_2 和氨按先后顺序处理，均有脱木质素的作用。但 ARP 工艺处理后，纤维底物的酶解率仅提高了 5%。ARP-H 工艺，H_2O_2 虽然有助于木质素的脱除，但酶解效果也没有明显改善。先 H_2O_2，后氨处理工艺，产物的酶解率从 41% 上升到 75%，但纤维素的保留率有所下降。其他氧化剂还有过乙酸、臭氧、硝酸、次氯酸钠等。

（3）物理化学结合法　这一方法中的物理法主要指蒸汽爆破处理。蒸汽爆破是将木质纤维原料先用高温水蒸气处理适当时间，然后连同水蒸气一起从反应釜中急速放出而爆破，由于木质素、半纤维素结合层被破坏，并造成纤维素晶体和纤维束的爆裂，使得纤维素易于被降解利用。但蒸汽爆破处理后可能会提高纤维素的结晶指数。蒸汽爆破与酸结合，分两步预处理软木质纤维，糖的回收率可大大提高，并可降低后续酶解过程的酶用量。蒸汽爆破杨木时加入 NaOH，随碱浓度的增加，木质素脱除率可提高到 90%。蒸汽爆破的处理效果不仅与使用的化学试剂有关，而且与纤维材料的粒度大小有关。采用较大的粒度（8~12mm）

不仅可节约能耗，而且可采用较剧烈的操作条件，具有较高的纤维素保留度，较少的半纤维素水解糖类损失，提高纤维素酶的酶解率。

（4）生物法　虽然有很多微生物能产生木质素分解酶，但酶活性低，难以得到应用。木腐菌是能分解木质素的微生物，通常分为三种：白腐菌、褐腐菌、软腐菌。其中软腐菌木质素分解能力很低；褐腐菌只能改变木质素性质，而不能分解木质素；白腐菌具有较强分解木质素能力。瑞典等北欧国家利用无纤维素酶担子菌突变株对纤维素材料进行脱木质素处理，取得了显著效果。微生物处理方法有节约化工原料、能源和减轻环境污染等优点，缺点是处理周期长。

2. 脱毒方法

木质素水解过程中碳水化合物解聚溶解转化成可发酵糖的同时，还会产生一些低分子发酵抑制物质，这些抑制物质严重影响了微生物对水解产物的发酵活性，因此在水解前要进行玉米秸秆的脱毒工序。

（1）中和法　利用 $Ca(OH)_2$ 将玉米秸秆水解液 pH 调到 5.5，静置 1h 后过滤。

（2）饱和生石灰法　采用饱和生石灰乳液与玉米秸秆水解液快速搅拌混合，首先将 pH 调到 10.0，静置 1h 后过滤，然后用浓 H_2SO_4 酸化到 pH 5.5，静置过滤。

（3）Na_2SO_4 法　将处理好的水解液加入 Na_2SO_4 溶液（3g/L），静置 1h 后过滤。

3. 水解工艺

纤维素水解糖化需要在催化剂作用下进行。常用催化剂是无机酸和酶，由此分别形成酸水解工艺和酶水解工艺，水解主要是破坏纤维素、半纤维素的氢键，使之转化为单糖。

（1）酸解法　常用无机酸有盐酸和硫酸。无机酸催化纤维素分解机理是：酸在水中解离并产生氢离子，当纤维素链上 β-1,4 糖苷键和水合氢离子接触时，后者将一个氢离子交给 β-1,4 糖苷键上的氧，这个氧变得不稳定。当氧键断裂时，与水反应生成两个羟基，并重新释放氢离子，后者可再次参与催化水解反应。在一定酸浓度范围内，纤维素水解反应速度与酸浓度呈正比。温度增加，酸解反应速度也加快，一般认为，温度增加 10℃，水解速度提高 1.2 倍。

纤维素在浓酸（如 41%～42% HCl，65%～70% H_2SO_4 或 80%～85% H_3PO_4）中水解是均相水解。纤维素晶体结构在酸中润胀或溶解，形成酸复合物，再水解成低聚糖和葡萄糖。其过程如下：纤维素→酸复合物→低聚糖→葡萄糖。

葡萄糖回聚是纤维素水解逆过程，溶液中单糖和酸浓度越大，回聚程度越大。葡萄糖回聚可生成二糖或三聚糖。因此为了提高葡萄糖得率，水解末期，必须将溶液稀释和加热，使回聚低聚糖再水解。

稀酸水解属多相水解，水解发生在固相纤维素和稀酸溶液之间。高温高压下，稀酸可将纤维素完全水解成葡萄糖。其过程如下：纤维素→水解纤维素→可溶性多糖→葡萄糖。

酸解法已有近一百年历史，发展至今，仍存在许多问题，如酸回收、设备腐蚀、工程造价等，因此有逐渐被酶解法所代替的趋势。

（2）酶解法　纤维素酶是多组分复合酶，包括内切型葡聚糖酶［C_x 酶、羧甲基纤维素（CMC）酶］、外切型葡聚糖酶（C_1 酶、微晶纤维素酶）和纤维二糖酶（β-葡糖苷酶）三种主要组分。纤维素酶水解机理仍未研究清楚，但普遍认为将天然纤维素水解成葡萄糖，必须依靠三种组分协同作用才能完成。纤维素分子在 C_1 酶和 C_x 酶作用下逐步降解成纤维二糖，纤维二糖酶将纤维二糖水解成葡萄糖。关于 C_1 酶和 C_x 酶作用基质虽有几种不同说法，但有两点是一致的。①结晶纤维素在 C_1 酶和 C_x 酶共同作用下分解；②C_1 酶是从纤维素长链非还原性末端，以纤维二糖为单位，切割 β-1,4 糖苷键的外切酶。

C_x 酶是切断纤维素长链糖苷键的内切酶，为 C_1 酶提供更多非还原性末端。C_1 和 C_x 酶单独使用时活性较低，两者混合后活性明显提高。纤维素酶分解纤维素过程如下。

$$纤维素 \xrightarrow{\quad C_1、C_x 酶\quad} 纤维二糖 \xrightarrow{\quad β\text{-}葡糖苷酶\quad} 葡萄糖$$

4. 发酵工艺

利用微生物发酵纤维素生产乙醇的工艺大致分为以下几类。

（1）直接法　　直接法是指用同一微生物完成纤维素糖化水解和乙醇发酵过程。常用微生物是热纤梭菌，它能分解纤维素，并利用产生的纤维二糖、葡萄糖、果糖等。这种发酵工艺设备简单，成本低廉，但乙醇产率不高，易产生有机酸等副产物。其难点在于很难找到高效的乙醇发酵菌株。

为解决乙醇产量低、易产生有机酸等副产物的问题，可以采用混合菌发酵。例如，热纤梭菌能分解纤维素，乙醇产率较低（约50%），热硫化氢梭菌不能利用纤维素，但乙醇产率高，两者混合发酵，产率可达70%，提高乙醇与乙酸比值10倍以上。

（2）间接法　　间接法是指先用一种微生物水解纤维素，收集酶解后糖液，再利用酵母发酵产生乙醇。此法中常用木霉产生纤维素酶水解纤维素，产生糖液再进行发酵，其乙醇产量可达 97g/L。但这种方法纤维素需先用 NaOH 处理，成本较高。

乙醇形成受末端产物抑制，所以必须不断地将其从发酵罐中移出，采取的方法有：减压发酵；快速发酵；细胞循环使用，提高细胞浓度；筛选能利用高糖的突变株，使菌体分阶段逐步适应高基质浓度来克服基质浓度抑制。

（3）同步糖化发酵　　同步糖化发酵是指纤维素的酶水解和发酵产生乙醇在同一装置内连续进行的过程，这样酶水解产物葡萄糖因菌体的不断发酵而被利用，消除了因浓度较高而对纤维素酶的反馈抑制作用。

纤维素酶的最适温度为50℃，酵母发酵温度在37～40℃，终产物乙醇对纤维素酶和微生物的活性、中间产物木糖对水解过程都有抑制作用。解决方法是选用耐热酵母或耐热酵母与普通酵母混合发酵，以解决最适温度差异问题；通过基因工程在乙醇发酵菌中引入利用木糖的基因，减弱木糖的抑制作用；采用非等温同步糖化发酵法（NSSF法），使两个阶段保持各自的最适温度，提高乙醇产率。

（4）固定化细胞发酵　　固定化细胞发酵具有提高发酵器内细胞浓度，细胞可连续使用，最终发酵液乙醇浓度高等优点。研究较多的是酵母和运动发酵单胞菌固定化。常用载体有海藻酸钠、卡拉胶、多孔玻璃等。研究表明，固定化运动发酵单胞菌比酵母更具优越性。最近又有将微生物固定在气液接口上进行发酵的研究报道，其微生物活性比固定在固体介质上高。固定化细胞发酵新动向是混合固定化细胞发酵，如酵母与纤维二糖一起固定化细胞发酵，将纤维二糖基质转换成乙醇，被认为是纤维素原料生产乙醇的重要阶梯。

三、秸秆乙醇发酵过程

（一）秸秆组分测定

1. 原理

蒽酮比色是一种快速、简便测糖方法。蒽酮与游离己糖或多糖中的己糖基、戊糖基及己糖醛酸起反应，反应后溶液呈蓝绿色，620nm 处有最大吸收。采用蒽酮比色法测糖，同时测出半纤维素含量。

2. 仪器与材料

（1）仪器　水浴锅、回流冷凝器、烘箱、光电天平、粉碎机、723 型分光光度计、电炉、三角瓶、刻度吸管、布氏漏斗、量筒、烧杯等。

（2）材料　蒽酮、H_2SO_4、85% 乙醇、2mol/L 盐酸、95% 乙醇、葡萄糖、甲基橙、纯 HNO_3 等。

3. 步骤

（1）蒽酮比色法定糖

1）试剂配制：蒽酮试剂：取 2g 蒽酮溶解到 80% H_2SO_4 中，以 80% H_2SO_4 定容至 1000ml，现配现用。标准葡萄糖溶液（0.1mg/ml）：取 100mg 葡萄糖溶解到蒸馏水，定容到 1000ml 备用。

2）标准曲线绘制。取 7 支干燥洁净试管，按表 2-1 顺序加入试剂，进行测定。以吸光度值为纵坐标，各标准葡萄糖溶液浓度（mg/ml）为横坐标绘制标准曲线。

表 2-1　蒽酮比色法定糖——标准曲线绘制

管号	0	1	2	3	4	5	6
标准葡萄糖溶液 /ml	0	0.1	0.2	0.3	0.4	0.6	0.8
蒸馏水 /ml	1.0	0.9	0.8	0.7	0.6	0.4	0.2
冰浴 5min							
蒽酮试剂 /ml	4.0	4.0	4.0	4.0	4.0	4.0	4.0
煮沸 10min，取出用流水冷却，室温放 10min，620nm 处比色							
葡萄糖浓度 /（mg/ml）							
A_{620nm}							

3）样品液制作。精确取烘干秸秆粉 0.1g 于三角瓶→加 30ml 沸水→沸水浴 30min（不时摇动）→取出，3000r/min 离心 10min（或过滤）→用 85% 乙醇洗涤残渣 2 次→合并滤液→冷却至室温→定容到 50ml 容量瓶→从中取 1ml，定容到 10ml 容量瓶。

4）样品液测定。

a. 取 4 支试管，按照表 2-2 加样（加蒽酮试剂时需冰水浴冷却 5min）。

表 2-2　蒽酮比色法测糖——样品测定　　　　　　　（单位：ml）

试管号	1	2	3	4
样品液	0	1.0	1.0	1.0
蒸馏水	1.0	0	0	0
蒽酮试剂	4.0	4.0	4.0	4.0
A_{620nm}				

b. 加蒽酮试剂后煮沸 10min，流水冷却 10min，620nm 处测各管吸光度。

c. 以 1 号为对照，2、3、4 号管吸光度取平均值后从标准曲线上查出样品液含糖量。

d. 结果计算。

$$w = \frac{C \times V}{m} \times 100\%。$$

式中，w：糖浓度（%）；C：从标准曲线中查出糖质量分数（mg/ml）；V：样品稀释后的体积（ml）；m：样品质量（mg）。

（2）纤维素总量测定　　方法一：取 1.0g 烘干秸秆粉，用 85% 乙醇洗涤提取，再用 10ml 2mol/L HCl 在沸水浴中保温水解 45min，过滤水解液，620nm 处比色，测出糖含量，乘以 0.9 即为纤维素量。

方法二：样品经水、丙酮洗涤，置于三角瓶（250ml），加 25ml 硝酸乙醇混合液（取 200ml 纯硝酸，缓慢加入 800ml 95% 乙醇中。棕色试剂瓶保存，现配现用），装回流冷凝器，沸水浴加热 1h，加热过程中，随时摇荡三角瓶，直至纤维变白；用 10ml 硝酸乙醇混合液洗涤残渣，将残渣于 105℃烘干移入布氏漏斗，热水洗涤，洗至滤液对甲基橙不呈酸性反应，乙醇洗涤数次；吸干洗液，取出漏斗，用蒸馏水把外面冲洗干净，滤渣放入烧杯，移入烘箱于 105℃烘干至恒重，减去原烧杯重量，为纤维素总量。

（3）灰分测定　　将所得纤维素样品称重，置坩埚中，500～550℃灼烧 0.5h，105℃烘干至恒重。称重，用样品重量减去恒重量，为灰分量。

（4）木质素测定　　取 1.0g 秸秆加入 15ml 75% H_2SO_4 中，室温放置 2.5h，加 325ml 水使浓度为 3%，煮沸回流 4h，布氏漏斗抽滤，滤渣水洗至中性（以 1% 甲基橙指示），烘干称重，减去灰分含量，即为木质素含量。

（二）秸秆原料处理

纤维素是由 β-1,4 糖苷键结合而成的大分子，纤维素糖链通过氢键形成紧密结晶构造，有很高聚合度。

影响纤维素酶解糖化的因素主要有两个，木质素和半纤维素空间障碍效应和纤维素本身结晶度及聚合度。这两个因素的综合结果使得纤维素酶分子和纤维素分子间亲合性降低，影响纤维素酶水解作用。由于木质素、半纤维素对纤维素保护作用以及纤维素本身的结晶结构，天然木质纤维素直接水解程度很低，一般为 10%～20%。因此，用纤维素类物质作原料发酵乙醇，必须对原料进行预处理。该实验在秸秆揉切粉碎基础上，选取酸、碱及蒸汽爆破三种处理方法，研究秸秆纤维质转化效果。考虑到酸、碱对设备腐蚀以及生产安全性，通常选用稀酸、稀碱处理。

1. 酸处理

（1）原理　　秸秆是含有大量木质纤维素的生物质，酸性物质可以改变木质纤维素的结晶结构，从而提高秸秆发酵速率和效率。

纤维素酸处理转化为糖，常用莱因-埃农氏法测糖：费林试剂由甲、乙液组成，甲液为硫酸铜溶液，乙液为氢氧化钠与酒石酸钾钠溶液。甲、乙液分别贮存，测定时等体积混合。其反应机理如下：硫酸铜与氢氧化钠反应，生成氢氧化铜；氢氧化铜与酒石酸钾钠反应，生成酒石酸钾钠铜络合物；酒石酸钾钠铜络合物中二价铜是氧化剂，能使还原糖氧化，二价铜被还原成一价红色氧化亚铜（反应终点）。本实验使用改良莱因-埃农氏法，在费林试剂乙液中预先加入亚铁氰化钾，使红色氧化亚铜与亚铁氰化钾生成可溶性复盐，反应终点由红色转为浅黄色，更易观察。

（2）仪器与材料

1）仪器：粉碎机、试管、烧杯、减压抽滤装置、容量瓶、三角瓶等。

2）材料：玉米秸秆、硫酸、0.1%甲基橙、乙酸-乙酸钠缓冲液、甲苯、$CuSO_4 \cdot 5H_2O$、亚甲蓝、酒石酸钾钠、NaOH、亚铁氰化钾、葡萄糖、纤维素酶、HCl等。

（3）步骤

1）取秸秆10g，加4%硫酸50ml，固：液=1:5，煮沸回流3h可以达到除杂效果，减压抽虑装置抽滤，水洗滤液至中性（0.1%甲基橙为指示剂），测定抽提液含糖量。滤渣烘干取0.5g，加0.2ml纤维素酶溶液（0.5g纤维素酶溶解于5ml pH 4.8 0.2mol/L乙酸-乙酸钠缓冲溶液）和14.8ml pH 4.8的乙酸-乙酸钠缓冲液，加入两滴甲苯，50℃静置保温24h后煮沸灭活。

2）还原性糖测定。

a. 费林试剂配制。甲液：取35g $CuSO_4 \cdot 5H_2O$，0.05g亚甲蓝，加水溶解至1000ml。乙液：取117g酒石酸钾钠，126.4g NaOH，9.4g亚铁氰化钾，加水溶解至1000ml。

b. 0.1%标准葡萄糖溶液配制。取1g葡萄糖（95～105℃烘干），加少量水溶解，移入1000ml容量瓶，加5ml HCl，加水至刻度，摇匀。

c. 费林试剂标定。取费林试剂甲、乙液各5ml，置入三角瓶（150ml），加水10ml，摇匀，加热至沸，在沸腾状态下以每2s 1滴速度加入标准葡萄糖液（滴定管中预先加入约20ml 0.1%的标准葡萄糖溶液，用量控制在1ml内），至蓝色刚好消失为终点，记录前后共消耗标准葡萄糖液体积。同法平行操作3份，取两次体积接近的平均值V_0。

取费林试剂甲、乙液各5ml，置入三角瓶（150ml），加V_1试样稀释液（葡萄糖含量为5～15mg）及适量0.1%标准葡萄糖液，摇匀，加热煮沸，沸腾下以每2s 1滴速度滴入标准葡萄糖液，至蓝色刚好消失为终点。记录消耗标准葡萄糖液体积V_2。

d. 计算。

$$还原糖（以葡萄糖计，g/100ml）=\frac{(V_0-V_2)\times C\times 1}{V_1\times N\times 100}$$

式中，V_0：标定费林溶液各5ml消耗标准葡萄糖溶液体积（ml）；V_2：正式滴定消耗标准葡萄糖溶液体积（ml）；C：标准葡萄糖溶液浓度（g/ml）；V_1：测定时加入试样稀释液体积（ml）；N：试样稀释倍数。

$$转化率（\%）=\frac{S_1\times 0.9}{m\times c}\times 100\%$$

式中，S_1：预处理本身产生还原糖量（g）；m：预处理物干重（g）；c：秸秆纤维素含量。

$$酶解转化率（\%）=\frac{S_2 \times 0.9}{m \times c} \times 100\%$$

式中，S_2：酶解液还原糖量（g）；m：预处理物干重（g）；c：秸秆纤维素含量。

2. 碱处理

（1）原理　　碱性物质也可以改变秸秆中木质纤维素的结晶结构，从而提高秸秆发酵速率和效率。

（2）仪器与材料

1）仪器：粉碎机、烘箱、水浴锅、布氏漏斗、滴管等。

2）材料：玉米秸秆、NaOH、酚酞、硫酸、乙酸‐乙酸钠缓冲液、甲苯等。

（3）步骤　　取秸秆 10g，加 1.5% NaOH 50ml，室温放置 2h，抽滤预处理样品，水洗滤液至中性（以酚酞为指示剂），测定抽提液含糖量。烘干滤渣，取 0.5g，加入 0.2ml 纤维素酶溶液和 14.8ml pH 4.8 的乙酸‐乙酸钠缓冲液，加入两滴甲苯，50℃静置保温 24h 后煮沸灭活，莱因‐埃农氏法测定还原糖。计算方法与酸处理相同。

3. 蒸汽爆破处理

（1）原理　　蒸汽爆破技术是原料在高温条件下的热降解半纤维素自催化降解等过程，提高秸秆发酵速率和效率。

（2）仪器与材料

1）仪器：爆破装置、布氏漏斗、容量瓶等。

2）材料：玉米秸秆、硫酸、纤维素酶等。

（3）步骤

1）将秸秆倒入爆破装置的反应器中，通入 3.0MPa 饱和水蒸气，升压到小于所需压力约 0.2MPa 时计时，反应 90s，反应结束放下阀门，反应器中秸秆自动回收到接收器；将接收器中秸秆进行抽滤，定容滤液，烘干滤渣，加入纤维素酶酶解滤渣，待测定还原糖，计算总转化率。

2）还原糖测定（同上）。

3）计算。

$$总转化率（\%）=\frac{S}{m \times c} \times 100\%$$

式中，S：总糖含量（g）；m：爆破物干重（g）；c：秸秆纤维素含量。

（三）酶活力测定

1. 原理

纤维素酶是多组分复合酶，目前酶活力测定方法尚未标准化，主要测定羧甲基纤维素（CMC）糖化力、滤纸糖化力。CMC 糖化力是指外切型葡聚糖酶活力和内切型葡聚糖酶活力总和；滤纸糖化力是指纤维素酶的内切型葡聚糖酶、外切型葡聚糖酶和葡糖苷酶的总酶活。DNS（3,5-二硝基水杨酸）法测定的是酶的 CMC 糖化力和滤纸糖化力。其水解产物纤维二糖、葡萄糖是还原糖，能将 DNS 还原为棕红色氨基化合物，一定浓度范围内，还原糖量与该物质溶液颜色深浅成正比，用分光光度计测定。

2. 仪器与材料

（1）仪器　　电子天平、爆破装置、离心机、空气浴振荡器、霉菌培养箱、培养箱、灭菌锅、1000W 电炉、722 型分光光度计、水浴锅、显微镜、血细胞计数器、布氏漏斗、容量瓶等。

（2）材料　　玉米秸秆粉、麸皮、乙酸－乙酸钠缓冲液、DNS 试剂、2mg/ml 标准葡萄糖溶液、1% CMC 缓冲液（溶于 pH 4.8 乙酸－乙酸钠缓冲液）、硫酸、脱脂棉等。

3. 步骤

（1）葡萄糖标准曲线绘制

1）取大试管 7 支，分别编号。按表 2-3 用刻度吸管准确吸取标准葡萄糖溶液与蒸馏水混合均匀，即为各种不同浓度标准葡萄糖溶液。

表 2-3　标准葡萄糖溶液制备

编号	标准葡萄糖溶液浓度 /（mg/ml）	2mg/ml 标准葡萄糖溶液量 /ml	蒸馏水量 /ml
0	0	0	10.0
1	0.1	0.5	9.5
2	0.2	1.0	9.0
3	0.3	1.5	8.5
4	0.4	2.0	8.0
5	0.5	2.5	7.5
6	0.6	3.0	7.0

2）另取 7 支试管编号，用吸管分别吸取上述各种浓度标准葡萄糖溶液，对号加入各试管（0 号管加 2.5ml 蒸馏水），各试管中加入 DNS 试剂 2.5ml，摇匀，煮沸 5min，冷却，以 0 号管做对照，520nm 处比色（1cm 比色皿），测吸光度（A_{520nm}），以 A_{520nm} 为横坐标，以标准葡萄糖溶液中葡萄糖含量为纵坐标，绘制标准曲线。

（2）培养基配制

1）斜面培养基（保藏培养基）：取麸皮 10g 加水适量，煮沸 30min，过滤取汁，定容至 100ml，加琼脂 2g，分装，灭菌，搁置斜面。

2）固体产酶培养基：加 10g 秸秆粉、10g 麸皮（秸秆粉 : 麸皮 = 1 : 1），1.6g 硫酸铵（添加量为 2%），适量水（约 60ml，固 : 液 = 1 : 3），混合均匀，灭菌。

（3）孢子悬液制备　　从活化的斜面刮几环康氏木霉 TR 孢子转接入带玻璃珠无菌水中，振荡，分散孢子。用血细胞计数器测定孢子浓度，要求达 $10^6 \sim 10^8$ 个 /ml。

（4）粗酶液制备　　固体产酶培养基接种量 5%，30℃培养 84h 左右。按固体曲干重 10 倍加蒸馏水，搅拌，40℃水浴保温 45min，脱脂棉过滤，3000r/min 离心 10min，取上清液。

（5）滤纸糖化力酶活测定　　取稀释酶液 1ml，加 1ml pH 4.8 乙酸－乙酸钠缓冲液，摇匀，放 1 张滤纸（50mg），50℃保温 30min，加 2.5ml DNS 试剂，煮沸 5min，冷却，加 9ml 蒸馏水，摇匀，520nm 处比色，测 A_{520nm}，据标准曲线求出溶液中葡萄糖含量。

（6）CMC 糖化力酶活测定　　取稀释酶液 1ml，加 1ml 1% CMC 缓冲液，混匀，50℃恒温水浴 30min，加 2.5ml DNS 试剂，煮沸 5min，冷却，加 9ml 蒸馏水，520nm 处比色，测 A_{520nm}，据标准曲线求出溶液中葡萄糖含量。

酶活力单位规定：以 1min 水解生成 1μmol 葡萄糖的酶量为 1 个国际单位（IU）。

$$酶活 = \frac{还原糖浓度 \times 稀释倍数 \times 10}{作用时间 \times 1}$$

式中，还原糖浓度（mg/ml）：据 A_{520nm} 查得；稀释倍数：测定酶活时酶液稀释倍数。

（四）原生质体融合选育耐高温发酵菌株

1. 原理

原生质体融合是将两个亲株细胞壁通过酶解作用剥除，使其在高渗环境中释放出原生质体。电融合的原理是先将两种原生质体以适当的比例混合成悬浮液，将其滴入电融合小室中，给小室两极以交变电流，使原生质体沿电场方向排列成串珠状，接着给以瞬间高强度的电脉冲，使原生质体膜产生局部破损而导致融合。

出发菌株：①酿酒酵母：该酵母耐高温能力强，45℃生长很好，但此温度发酵乙醇能力较差。② Sbl 酵母：该酵母耐高温能力较差，30℃生长很好，产乙醇能力强。通过原生质体融合技术，以现有出发菌株获得耐高温酵母，解决纤维素糖化过程中纤维素酶分解温度同酵母发酵温度不同的问题。

在纤维素同步发酵转化乙醇过程中，大多数纤维素酶最适温度是 40～60℃，而酵母发酵控制温度是 25～30℃。选用耐高温酵母菌株便是解决纤维素同步发酵中这两个温度不协调的有效方法。

酵母呼吸缺陷型突变菌株，是由于线粒体中缺少细胞色素 a、a_1、a_3 和 b，因而丧失呼吸能力，培养基上形成菌落较野生型小。溴化乙锭（EB）等可诱发酵母呼吸缺陷型突变。野生型酵母菌能还原氯化三苯基四氮唑（TTC）变成红色，呼吸缺陷型菌株因无此能力，菌落为白色，利用这一特性可检出呼吸缺陷型酵母。呼吸缺陷型突变株不能在以甘油为唯一碳源的培养基上生长，由此也可鉴定呼吸缺陷型菌株。

实践中采用其他方法代替和补偿呼吸缺陷型突变菌株选择中存在的不足。灭活原生质体融合作为一项重要的生物工程技术，能够为育种工作摆脱遗传标记提供可能。

2. 仪器与材料

（1）仪器　　波美比重计、高压灭菌锅、电子天平、烧杯、量筒、培养箱、显微镜、接种环、紫外灯、血细胞计数器、培养皿、试管、超净工作台、离心机、摇床、微量加样器、三角瓶、烧杯、细胞破碎仪等。

（2）材料　　酿酒酵母、Sbl 酵母、大麦或小麦、鸡蛋清、溴化乙锭（EB）、蛋白胨、葡萄糖、酵母浸粉、酵母膏、琼脂、氯化钾、甘油、氯化钠、氯化钙、磷酸二氢钾、硫酸铵、硫酸镁、3.5% 蜗牛酶液［用柠檬酸 - 磷酸氢二钠缓冲液（CPB）配制，0.45mm 无菌过滤器过滤］、脱壁预处理剂（DWPG）、脉冲缓冲液、高渗磷酸盐缓冲液（高渗 PB）、乙醇、纱布等。

3. 步骤

（1）培养基配制

1）麦芽汁固体培养基：

a. 将洗净人大麦或小麦，浸泡 6～12h，15℃阴凉处发芽，上盖纱布，每日早、中、晚淋水一次，待麦芽生长至麦粒 2 倍时，停止发芽，晒干或烘干，研磨成麦芽粉，贮存备用。

b. 取 1 份麦芽粉加 4 份水，于 65℃水浴锅中保温 3～4h，使其自行糖化，直至糖化完全（取 0.5ml 糖化液，加 2 滴碘液，如无蓝色出现，即糖化完全）。

c. 糖化液用 4～6 层纱布过滤，滤液如仍混浊，用鸡蛋清澄清（一个鸡蛋清，加水 20ml，调匀至生泡沫，倒入糖化中，搅拌煮沸，过滤）。

d. 用波美比重计检测糖浓度，将滤液稀释到 10～15 波林，调 pH 6.4。如当地有啤酒厂，可用未经发酵，未加酒花的新鲜麦芽汁，加水稀释到 10～15 波林后使用。

e. 加 2% 琼脂。

f. 分装、加塞、包扎。

g. 0.1MPa，121℃，灭菌 20min。灭菌后加溴化乙锭（EB），浓度 1mg/L。

2）甘油培养基：取 2ml 甘油，2g 蛋白胨，1g 酵母浸粉，2g 琼脂，加水定容至 100ml。

3）YEPD 液体培养基：2g 蛋白胨，2g 葡萄糖，1g 酵母膏，加水定容至 100ml，调 pH 5.8。

4）高渗 YEPD：在 YEPD 液体培养基中加 2% 琼脂，KCl 终浓度为 0.6mol。

5）完全培养基（YEPD 固体培养基）：在 YEPD 液体培养基中加入 2% 琼脂。

6）甘油鉴别培养基：甘油 3g，$MgSO_4 \cdot 7H_2O$ 0.05g，$(NH_4)_2SO_4$ 0.5g，酵母膏 0.01g，NaCl 0.01g，$CaCl_2$ 0.01g，KH_2PO_4 0.1g，pH 5.0，蒸馏水 100ml。

7）乙醇发酵培养基：3.5% 蜗牛酶液，溴化乙锭溶液（EB 母溶液），柠檬酸－磷酸氢二钠缓冲液（CPB），脱壁预处理剂（DWPG），脉冲缓冲液，高渗磷酸盐缓冲液（高渗 PB）。

（2）酿酒酵母呼吸缺陷型突变体筛选

1）取斜面酵母菌种 1 环（培养 24h），转接入装有 10ml 无菌水试管，充分摇匀，计数。据计数结果，稀释至 10^3～10^4 个 /ml。

2）取 0.1ml 稀释液于无菌培养皿，倒入冷却至 45℃ 左右含 1mg/L EB 麦芽汁固体培养基约 15ml。轻轻摇匀，冷却凝固，30℃ 培养 2～3d。

3）熔化含有 1% 葡萄糖和 1% 琼脂的麦芽汁固体培养基，稍待冷却，向其中加入 1ml 终浓度为 0.05% TTC，摇匀，迅速倒入已长出菌落的麦芽汁固体培养基平板 10～13ml，将全部菌落覆盖住。注意千万不要摇动培养基平板，以免菌体流动引起混乱，待培养基冷凝，30℃ 培养 2～3h。

4）熔化麦芽汁固体培养基和甘油培养基，各倒 1 个平板，平板背面用玻璃记号笔划区分格备用。

5）用牙签挑取白色菌落依次点种于麦芽汁平板方格内，30℃ 培养 36h，将菌落影印于甘油培养基平板，30℃ 培养 2～3d。麦芽汁平板有菌落生长，而在甘油平板相对位置没有菌落生长者即为呼吸缺陷型菌株，将此菌落移至麦芽汁斜面保藏。

（3）酵母 Sbl 遗传缺陷型标记选择　取 Sbl 原生质体悬液（浓度为 5×10^7 个 /ml）5ml 倾入培养皿，20W 紫外灯下（保持 30cm 的垂直距离）照射 5min，10min，15min，20min，25min，30min，每隔 5min 摇动 1 次。照射完毕，取样镜检原生质体是否破裂或裂解。同时在照射前后取原生质体悬液涂布高渗 YEPD 平板，30℃ 培养 3d，观察存活情况。注意在重复操作中必须保证 Sbl 原生质体悬液浓度基本一致。在 YEPD 平板上存活下来的即为酵母 Sbl 遗传缺陷型菌株。

（4）原生质体制备与再生

1）制备和再生方法。活化已添加的酿酒酵母和 Sbl 酵母菌株，转接于 5ml YEPD 液体试管，30℃ 120r/min 培养 24h，按 5% 接种量转接入装有 20ml YEPD 液体三角瓶摇床培养

（120r/min）16～18h；培养液经破壁处理，各取 5ml，3000r/min 离心 5min，无菌水洗两次，CPB 洗 1 次，各加 DWPG 1ml，30℃处理 20min，4000r/min 离心 4min，弃上清液，加入 30℃预温蜗牛酶液，30℃摇床振荡（100r/min）培养 0.5～1h；镜检，当 90% 以上细胞变为原生质体后，3000r/min 离心 8min，CPB 洗两次，加 4ml 高渗 PB 制得原生质体悬液（浓度为 5×10^4 个 /ml 左右），适当稀释并涂布高渗 YEPD。

2）制备和再生指标确定。取上述两种菌株酶解前后的悬液作同样梯度稀释，涂布 YEPD 和高渗 YEPD 平板，于适宜温度下培养 3d，用血细胞计数器、平板菌落计数法计数。结合公式计算各个菌株原生质体形成率和再生率。

$$原生质体形成率 = \frac{A-C}{A} \times 100\%,$$

$$原生质体再生率 = \frac{B-C}{A-C} \times 100\%$$

式中，A：破壁前菌落数；B：破壁后高渗液适当稀释涂布高渗平板菌落数；C：破壁后无菌水稀释 20 倍，静置 20min，在 YEPD 上生长菌落数。

（5）原生质体融合

1）电极处理：为防止胶粘剂中化学成分对原生质体产生毒性，电极在使用前用 0.1mol/L HCl 及 NaOH 分别于室温浸泡 4h 以上，蒸馏水冲洗，同时用 75% 乙醇浸泡消毒 30min，紫外线杀菌 20min。

2）融合步骤：

a. 各取 1ml 两种原生质体悬液（5×10^7 个 /ml）1:1 混合，10 000r/min 离心 10min，弃上清液，用 0.4mol/L CaCl$_2$ 溶液洗涤 1 次（洗涤时要轻，以免沉淀重新悬浮）。

b. 向沉淀中加 1ml 电极缓冲液，轻轻摇匀得悬液。

c. 取 50ml 悬液注入融合小室，注意无气泡。

d. 将融合小室放于倒置显微镜下观察。接通低压交变电场，脉冲强度、宽度、次数分别为 11kV/cm、10ms、2 次。此条件下融合，可得几株融合子。

e. 电脉冲结束后，让融合小室静置 15min，取融合原生质体悬液用 1.2mol/L 山梨醇溶液适当稀释，涂布高渗 YEPD 和甘油鉴别培养基平板，45℃培养 6d，对再生菌落进行计数，计算融合频率，挑取融合子。

（6）融合子鉴定

1）发酵液醇化及乙醇定量测定：

a. 从斜面上取 Sbl、酿酒酵母和融合子菌株原始菌泥各一份，转接入盛有 5ml YEPD 液体试管，30℃ 120r/min 培养 16～18h，按 5% 接种量接种于装有 20ml YEPD 三角瓶中，30℃ 120r/min 摇床培养 16～18h。

b. 把上述培养液按 5% 接种量接种于装有 150ml 乙醇发酵培养基三角瓶中，混匀，Sbl 于 30℃而酿酒酵母和融合子于 45℃摇床培养 6d。

c. 量取 100ml 发酵后发酵液加入蒸馏烧瓶，将烧瓶连接蒸馏装置，馏出液补足 100ml。

d. 取 1ml 蒸馏液于 50ml 容量瓶，加 15ml 重铬酸钾溶液，加水至刻度，混匀，610nm 处测吸光度值，据标准曲线求出蒸馏液中乙醇含量（%）。

2）遗传稳定性检验。将融合子转接入装有 5ml YEPD 试管，45℃ 120r/min 培养 24h，按

5% 接种量接入另一装有 5ml YEPD 试管中，如此操作 15 次。适当稀释并涂布 YEPD 平板，挑单菌落，分别用牙签点种于甘油培养基和 YEPD 平板培养，观察培养生长情况。如在两种平板上均生长良好，则为融合子，否则为异核体。

3）致死温度测定和耐高温选育。液态培养的微生物在某温度下 10min 被杀死，此温度为该微生物致死温度。酵母菌于 YEPD 中培养 24h，于 50℃，55℃，60℃，65℃，70℃下分别保温 10min，立即用冷水冷却至室温，移至 30℃培养箱培养。每天观察各酵母发酵情况，观察 1w，在某种温度下不繁殖，即为致死温度。

4）细胞大小检测及其体积计算。微生物细胞大小，是微生物的形态特征、分类鉴定依据之一。大小测定一般是在显微镜下接目镜测微计来测量。目镜测微计是一块圆形玻片，中央刻有 1.8mm 长等分格，共 180 分格，每一格实际长度 0.01mm。

$$每格测量长度（mm）= \frac{0.01}{A}$$

式中，A：放大倍数。

测定 10～20 个细胞长轴长度 a 和短轴长度 b，求出平均值，按以下公式求其体积。

$$v = \frac{4}{3} \times \pi \times \frac{a}{2} \times (\frac{b}{2})^2$$

（五）菌落计数和乙醇含量测定

1. 原理

采用血细胞计数器法对菌落计数。采用重铬酸钾比色法测定乙醇含量。乙醇与重铬酸钾反应生成绿色硫酸铬（见反应方程式）。色泽深浅在一定范围内与乙醇浓度成正比，因而通过测定醪液吸光度即可在标准曲线上查出乙醇浓度，即醪液中乙醇含量。

$$2K_2Cr_2O_7 + 3C_2H_5OH + 8H_2SO_4 \longrightarrow 3CH_3COOH + 2K_2SO_4 + 2Cr_2(SO_4)_3 + 11H_2O。$$

2. 仪器与材料

（1）仪器　显微镜、血细胞计数器、容量瓶、分光光度计等。

（2）材料　重铬酸钾、纱布等。

3. 步骤

（1）菌落记数　取清洁血细胞计数器，在计数室上加一厚盖玻片。

1）将酵母菌液预先稀释到一定程度，使每小格有 4～5 个菌体为宜，如太浓再稀释。

2）将酵母菌液摇匀，用无菌滴管吸取少许，从盖玻片边缘滴一小滴（不宜过多），让菌液自行渗入，计数室内不得有气泡。静置约 5min，在低倍镜下找到小方格网，换高倍镜观察并计数。计数如使用 16×25 血细胞计数器，按对角线方位，数左上左下，右上右下的四个大格（即 100 小格）的酵母菌数。如是 25×16 血细胞计数器，除数上述四大格外，还需数中央一大格的酵母菌数（即 80 小格）。

3）位于网格线上的酵母菌一般只计此格上方及右方压线菌体。

4）凡酵母菌的芽体达到母细胞大小一半时，作为两个菌体计数。每个样品重复计数 2～3 次（每次数值不应相差过大，否则应重新操作），取其平均值，按下述公式计算出每毫升菌液所含酵母细胞数。

16×25 血细胞计数器：

$$酵母细胞数 /ml = \frac{100小格内酵母细胞数}{100} \times 400 \times 10\,000 \times 稀释倍数。$$

25×16 血细胞计数器：

$$酵母细胞数 /ml = \frac{80小格内酵母细胞数}{80} \times 400 \times 10\,000 \times 稀释倍数。$$

（2）乙醇发酵液分析：重铬酸钾比色法 在酸性溶液中，被蒸出的乙醇与过量重铬酸钾作用，被氧化为乙酸。据反应生成三价铬颜色深浅进行比色测定，求得试样中乙醇含量。

1）标准曲线绘制。吸取 1ml 无水乙醇于 100ml 容量瓶，稀释至刻度，混匀。分别吸取此稀释乙醇溶液 1ml，2ml，3ml，4ml，5ml，6ml，7ml 于 50ml 容量瓶，各加 15ml 重铬酸钾，加水至刻度，混匀。此标准系列相当于试样中含有 0、1%、2%、3%、4%、5%、6%、7% 乙醇。以空白为对照，610nm 处比色（1cm 比色皿），测定吸光度。用吸光度对乙醇浓度作图，绘制曲线。

2）乙醇产率测定。在 500ml 蒸馏瓶中，加 100g（100ml）试样，蒸馏，加水补足 100ml。吸取 1ml 蒸馏液于 50ml 容量瓶，加 15ml 重铬酸钾，加水至刻度，混匀。610nm 处测其吸光度，据乙醇标准曲线查得蒸馏液中乙醇含量（%），即为原试样中乙醇含量。

（六）同步糖化发酵

1. 原理

同步糖化发酵（simultaneous saccharification and fermentation，SSF）是产纤维素酶的微生物和酵母在同一容器中纤维素糖化和发酵同时进行的过程。纤维素水解产生葡萄糖被不断用于发酵，消除了葡萄糖对纤维素酶反馈抑制，有利于酶水解进行，从而提高了糖化效率和发酵效率。采用一步糖化法，简化工艺，减少设备投资，降低能耗，因此受到人们重视。

2. 仪器与材料

（1）仪器 显微镜、722 型分光光度计、电子天平（万分之一）、蒸馏装置、滴定装置、血细胞计数器、计数器、凯氏烧瓶（50ml）等。

（2）材料 酵母融准株（麦芽汁斜面培养基保藏）、秸秆粉、麸皮、葡萄糖、蛋白胨、酵母膏、重铬酸钾、硝酸、$MgSO_4 \cdot 7H_2O$、KH_2PO_4、3,5- 二硝基水杨酸（DNS）、NaOH、酒石酸钾钠、$NaHSO_3$、$(NH_4)_2SO_4$、5% 康氏木霉 TR6 孢子悬液等。

3. 步骤

（1）秸秆同步糖化发酵

1）纤维素酶曲制备：三角瓶中加 5g 秸秆粉、5g 麸皮（秸秆粉：麸皮=1：1），0.8g 硫酸铵（添加量为 2%），30ml 水（固：液=1：3），混匀，灭菌。接种 2ml 5% 康氏木霉 TR6 孢子悬液（$10^6 \sim 10^7$ 个 /ml），30℃培养。

2）秸秆同步糖化发酵乙醇工艺流程（图 2-1）：取 10g 预处理秸秆粉（干重计），加 20g 培养 84h 纤维素酶曲，加水 60ml，接种酵母 4.5g，厌氧发酵 24h，乙醇产率 7.2%（秸秆干重计）。

图 2-1　秸秆同步糖化发酵乙醇工艺流程

（2）常规指标测定

1）乙醇含量测定：重铬酸钾比色法。

$$乙醇产率（\%）=\frac{发酵醪液乙醇量（g）}{反应秸秆干重（g）}\times100。$$

2）水分测定：常压快速干燥法。

3）还原糖测定：DNS法。3,5-二硝基水杨酸（DNS）进行显色反应，分光光度计测吸光度，据标准曲线查出还原糖量。

a. DNS试剂配制：甲液：6.9g 结晶酚溶解于 15.2ml 10% NaOH 溶液，稀释至 69ml，加 6.9g NaHSO$_3$；乙液：取 255g 酒石酸钾钠，加到 300ml 10% NaOH 溶液中，再加入 880ml 1% 的 DNS 溶液；混合甲、乙液于棕色瓶，常温放置 7～10d 后使用。

b. 葡萄糖标准溶液配制：将葡萄糖（分析纯）在 105℃下烘干 2h，直至恒重。精确称取 100mg 葡萄糖定容至 100ml，每 1ml 含 1mg。

c. 标准曲线绘制：在 25ml 具塞刻度试管中分别用刻度吸管加 0ml，0.2ml，0.4ml，0.6ml，0.8ml，1.0ml，1.2ml，1.4ml，1.6ml 葡萄糖标准液，再分别加 2ml，1.8ml，1.6ml，1.4ml，1.2ml，1.0ml，0.8ml，0.6ml，0.4ml 蒸馏水，向上述管中加 1.5ml 的 DNS 试剂，煮沸 5min，冷却，加水至刻度线。520nm 处测其吸光度，制作标准曲线。

d. 测定：取 1ml 糖液于大试管，加 1ml 蒸馏水和 1.5ml DNS 试剂，沸水浴 5min，冷却，加 6.5ml 蒸馏水，混匀。520nm 处测定吸光度。据标准曲线查出含糖量。

$$还原糖（\%）=\frac{葡萄糖（mg/ml）\times还原糖液（ml）}{样品重（g）\times（1-含水量）\times1000}\times100。$$

（3）粗蛋白测定：凯氏定氮法

1）所需试剂配制：

a. 硫酸铜、硫酸钾混合剂：取硫酸铜 1g，硫酸钾 10g，研钵混匀、研细，备用。

b. 混合指示剂：取 0.1% 甲基红乙醇溶液 2ml，0.1% 溴甲酚绿乙醇溶液 3ml，临用时混合。

c. 2% 硼酸溶液：取硼酸 2g，混合指示剂 2ml，乙醇 20ml 于三角瓶中，加水稀释至 100ml，混匀，备用。

d. 40% NaOH 溶液：取 NaOH 40g，加水溶解并稀释至 100ml。

e. 稀硫酸：取浓硫酸 5.7ml，加到蒸馏水中定容至 100ml。

2）0.1mol/L 盐酸标准溶液配制与标定。配制：量取浓盐酸溶液 9ml，加到蒸馏水中，终体积为 1000ml。摇匀备用。标定：精密称取无水碳酸钠（干燥至恒重）0.15g，置于三角瓶（150ml）中，加水 50ml，使其溶解，加混合指示剂 10 滴，用盐酸溶液滴定至溶液由绿色转变为紫红色时，煮沸 2min，冷却至室温，滴定至溶液由绿色变为暗紫色为终点。计算公式如下。

$$N=\frac{M}{V\times 5.618}$$

式中，N：盐酸溶液浓度（mol/L）；V：滴定消耗盐酸溶液量（ml）；M：无水碳酸钠质量（g）；5.618：与 1.00ml 盐酸标准滴定溶液相当的碳酸钠毫克数。

　　3）操作步骤：

　　a. 消化：取发酵液试样 1g，放入凯氏烧瓶（50ml），加硫酸铜、硫酸钾混合剂 1～5g，再沿瓶壁缓缓加 6ml 浓硫酸，充分混合。瓶口放一漏斗，烧瓶成 45°斜置，用小火缓缓加热，保持柱沸，待沸腾停止，逐步加大火力，沸腾至溶液成澄清绿色，继续加热 30min，冷却，备用。

　　b. 蒸馏：取 2% 硼酸溶液 10ml，置于 100ml 三角瓶中，加混合指示剂 2 滴和少量稀硫酸。将冷凝管尖端浸入液面下，将凯氏烧瓶内溶液由漏斗移入蒸馏瓶，用蒸馏水冲洗凯氏烧瓶及漏斗数次，加 40%NaOH 溶液 25ml，用蒸馏水洗漏斗，关夹，加热进行蒸汽蒸馏。当硼酸溶液由酒红色变为蓝绿色时，继续蒸 10min。将冷凝管尖端提出液面，继续通蒸汽 1min，用少量蒸馏水冲洗尖端，停止蒸馏。

　　c. 滴定：将吸收液用以 0.1mol/L 盐酸标准溶液滴定至由蓝绿色变为灰紫色为终点，并用空白实验验证。计算公式如下。

$$粗蛋白（\%）=\frac{(V_1-V_2)\times N\times 0.014\times 36.5}{M\times D}\times 6.25\times 100$$

式中，V_1：样品消耗 0.01mol/L 盐酸标准溶液的体积（ml）；V_2：空白实验消耗 0.01mol/L 盐酸标准溶液的体积（ml）；N：盐酸标准溶液浓度（mol/L）；0.014：1.00ml 盐酸标准溶液相当于氮的克数；M：样品质量（g）；D：样品稀释倍数；6.25：氮换算为蛋白质系数。

4. 发酵过程及相应管理

（1）发酵前期指标及管理　　发酵前期温度一般控制在 29～30℃，达到酵母的最佳生长温度，迅速扩培。糖度控制在 7～12°Bx 为宜，以免产生高渗压抑制性。发酵醪液的 pH 也应控制在适宜的范围内。偏高易使杂菌侵入而污染；偏低虽能抑制杂菌生长，但影响酵母的生长。因此前期 pH 保持在 4.2 左右比较适宜。其次控制发酵醪中的乙醇含量也是必要的，一般乙醇含量不可超过 6%（容量），过高会产生反馈阻遏。前期时间为 4～10h，在此期间，一定要严格管理，此时期酵母为相对弱势菌系，杂菌易侵入，甚至可造成酸罐、倒罐停产。

（2）主发酵期指标及管理　　主发酵期温度应控制在 31～35℃。温度过高，酵母酒化酶失活很快，酵母过早衰老。一般来说，为了避免上述现象，主发酵期的发酵温度控制在 32～34℃为好。其次发酵醪液的糖度、pH 等都应控制在适当的范围内。主发酵时间平均为 8～12h。

（3）发酵后期指标及管理　　发酵后期平均持续 24～40h。发酵后期醪液温度也有所下降。由于此时期酵母还存留着较弱的发酵能力，也就是说还有部分产物乙醇要在此时期积累，为了保证原料利用率，并提高乙醇产率，温度控制也是必不可少的重要环节。一般以保持在 30～32℃为宜。

第二篇 液态发酵

第3章 啤酒发酵

一、前言

啤酒是目前最为流行的含乙醇饮料，受到全世界范围内广大消费者的青睐。啤酒发酵是典型的纯种液态深层发酵，对于啤酒发酵的生物学机制等相关内容的学习，必将在很大程度上加深大家对液态发酵的系统性理解。

二、啤酒发酵概述

（一）啤酒工业发展历史

啤酒工业的发展与人类的文化和生活有着密切关系，具有悠久的历史。啤酒大约起源于古巴比伦和亚述地区并传入欧美及东亚。人们常将大麦和小麦做成的面包浸入水中，经自然发酵后配加香料并趁热饮用；也有人将发芽大麦加水贮存在敞口罐内，自然发酵后沥出液体，再配加各种香料趁热饮用。到了13世纪，德国开始用酒花作为啤酒香料，并把这种含少量乙醇的饮料称为啤酒。

古代的啤酒生产属家庭作坊式，它是微生物工业起源之一。著名的科学家路易·巴斯德（Louis Pasteur）和汉森（Hansen）都长期从事过啤酒生产的实践工作，尤其路易·巴斯德发明了灭菌技术，为啤酒生产技术工业化奠定了基础。1878年汉森确立了酵母的纯粹培养和分离技术，对控制啤酒生产的质量和保证工业化生产做出了极大贡献。

18世纪后期，因欧洲资产阶级的兴起和产业革命的影响，科学技术得到了迅速发展，啤酒工业从手工业生产方式跨进了大规模机械化生产的轨道。

我国古代的原始啤酒可能也有4000～5000年的历史，但是市场消费的啤酒是到19世纪末随着帝国主义的经济侵略而进入的，在中国最早建立的啤酒厂是1900年由沙皇俄国在哈尔滨八王子建立的乌卢布列夫斯基啤酒厂，即现在的哈尔滨啤酒有限公司的前身；此后五年时间里，俄国、德国、捷克分别在哈尔滨建立另外三家啤酒厂；1903年英国和德国商人在青岛开办英德酿酒有限公司，生产能力为2000t，就是现在青岛啤酒有限公司的前身；1904年在哈尔滨出现了中国人自己开办的啤酒厂——东北三省啤酒厂；1910年在上海建立了啤酒生产厂，即上海啤酒厂的前身；1914年在哈尔滨建立了五洲啤酒汽水厂；同年又在北京建立了双合盛五星啤酒厂；1920年在山东烟台建立了胶东醴泉啤酒工厂（烟台啤酒厂的前身），同年，上海建立奈维亚啤酒厂；1934 年广州建立了五羊啤酒厂（广州啤酒厂的前身）；1935 年，日本在沈阳建厂，即现在沈阳华润雪花啤酒有限公司的前身；1941 年在北京建立了北京啤酒厂。

新中国成立前夕，不论是外国人开办的啤酒厂，还是中国人自己经营的啤酒厂总数不过十几家，产量小，品种少，全球产量仅有 7000t。20 世纪 90 年代，中国啤酒工业进入飞跃发展的阶段。啤酒产量持续增长，2002 年啤酒产量达到 2386 万吨，首次超过美国成为世界第一啤酒生产大国。2003 年中国啤酒业虽然受到"非典疫情"影响，但中国啤酒产业发展依然强劲，2003 年产量超越 2540 万吨，比 2002 年增长了 6.45%，啤酒工业总产值达 561.6 亿元，比 2002 年增长 8%，实现利润 26 亿元。2004 年 1～10 月，啤酒产量 2580 万吨，比前 30 年同期增长 304 万吨，增幅 13.45%，已超过去年全年啤酒产量。在 2004 年前，我国近几年啤酒出口一直徘徊在 6 万～7 万吨，仅列世界第 14 位，在国际啤酒进出口贸易中所占份额尚不及 1%，而且酿制啤酒主要原料——大麦有 69% 靠进口。自 2009 年开始，进口啤酒量增长，表现出消费者对高端产品和个性化产品的需求逐步增加，高端啤酒的市场份额日益扩大。2010 年，啤酒企业 203 家，生产啤酒的工厂 472 家，在市场竞争加剧的情况下，形成了以外资、股份制、民营为主体的格局。据统计，2010 年啤酒产品销售收入 1059 亿元。2011 年，由于百威英博集团合并，使得啤酒企业数和生产工厂分别减少 37 家和 14 家。2012 年全国啤酒产量达到 490.2 万吨，工业总产值 1598.6 亿元，比 2011 年增长 9.3%。2013 年，我国啤酒行业兼并整合速度放缓，全年累计产量 5061.5 万吨，与去年同期增长 4.4%，累计利润总额 125.8 亿，比 2012 年增长 17.7%。同年，进出口有了较大上升，其中出口啤酒 24.9 万吨，同比增长 10.5%，出口金额 16 302.4 万美元；同期进口啤酒 18.2 万吨，同比上升 65.5%，进口金额 23 165.9 万美元。截至目前，中国啤酒产量已连续 13 年位居全球首位，并拉动全球总产量连续 29 年刷新最高纪录。

保守估计，中国 14 亿人口中，有 50% 是啤酒的潜在消费者。中国人均啤酒占有量虽略高于世界平均水平，但与一些经济发达国家和消费大国相比，还有很大差距。在国内，经济发达地区与欠发达地区，城镇与农村间的消费差距也很大，今后随着惠民政策的不断落实以及城镇化进程的继续，啤酒消费量会相应提高。

（二）啤酒发酵生理学

啤酒发酵包括麦汁制造、啤酒酵母扩大培养、啤酒主发酵、啤酒后发酵等阶段。

1. 啤酒化学组成

啤酒中所含成分较多，除水外，还有近 600 种其他成分，其营养成分都处于溶解状态，包括乙醇、糖类、糊精、蛋白质、氨基酸、维生素、无机盐、二氧化碳、醇类、醛类、酯类、有机酸等。

（1）乙醇　　我国习惯以质量分数表示乙醇含量。各种啤酒的乙醇含量不同，主要取决于原麦芽汁浓度和啤酒发酵度。一般 10～12°P 啤酒的乙醇质量分数为 2.9%～4.1%，微量乙醇可使人兴奋并略有醉意，同时乙醇又是啤酒热值的主要来源。

（2）浸出物　　指啤酒中以胶体形式存在的一组物质，残留在啤酒中的浸出物，也就是生产原料麦芽汁的浓度，称真正浓度，由原麦芽汁浓度和啤酒发酵度决定。

1）碳水化合物。啤酒热值重要来源，包括 0.8%～1.2% 的可发酵性糖，以及 2% 左右的非发酵性糖（1.6%～2% 的低聚糖和糊精、0.03%～0.13% 的 β-葡聚糖、0.03% 的戊聚糖等）。低聚糖含量高，会使啤酒口味厚重，可发酵性糖残留过高，对啤酒稳定性不利，会引起啤酒冷混浊。

2）含氮物质。麦汁发酵后，一部分低分子含氮物质被酵母同化，大部分蛋白质因沉降而析出；同时，酵母菌在代谢过程中也会分泌一些含氮物质。啤酒中的含氮物质为 300～800mg/L（以氮计），相当于麦汁含氮量的 55%～65%。

3）维生素和无机矿物质元素。啤酒中含有较多的维生素 B（维生素 B_1 0.02～0.06mg/L、维生素 B_2 0.21～1.3mg/L）和维生素 C（10～20mg/L）及 0.1%～0.2% 的无机离子。其中铁、钴、镍的盐类能促进啤酒起泡，钴盐具有防止喷涌的作用，但铁、铜是氧化反应的催化剂，会使香味劣化，并引起啤酒混浊。镁盐、钠盐使啤酒有涩味。

4）苦味质和多元酚。在酿造过程中，酒花啤酒有苦味和香味，其中 α-酸是啤酒苦味的主要来源，啤酒的苦味质一般为 15～40BU。花色苷等多酚物质 100～200mg/L，花色苷过高会破坏啤酒的胶体稳定性及香味稳定性。此外啤酒的浸出物中还含有微量脂类（中性脂肪 0.5mg/L）、色素物质（类黑精、还原酮及焦糖）和有机酸（乙酸 60～140mg/L、脂肪酸 10mg/L 左右）。

（3）二氧化碳　　啤酒中的二氧化碳是发酵过程中产生并溶解于啤酒中的，也有人工补充的。二氧化碳含量在 0.35%～0.6%，有利于啤酒起泡，饮后给人以舒服刺激感，即啤酒的杀口力。如啤酒缺乏二氧化碳，只是乏味的苦水，就不能称为啤酒。

（4）挥发性成分　　除乙醇外，啤酒中还有高级醇、醛、酮、脂肪酸、有机酸、酯类、硫化物等。微量的挥发性物质是构成啤酒的风味成分。但如双乙酰含量高则表示啤酒不成熟，含量超过 0.2mg/L 时，会使啤酒带馊饭味，给人不愉快的感觉。

2. 啤酒发酵代谢过程

酵母是一种兼性厌氧微生物，有氧时进行呼吸作用，糖的消耗缓慢，乙醇的产量很低，这种呼吸抑制发酵的现象，称为巴斯德效应。但在有氧条件下，如果糖含量过多（葡萄糖浓度超过 4g/L 时）又会使呼吸受到抑制，从而促使发酵的进行，这种现象称为克拉勃脱效应，又称反巴斯德效应。

啤酒发酵过程中，酵母主要通过糖酵解途径（EMP）进行乙醇发酵，生成大量乙醇和微量乳酸，但也有少量糖（占 4%～6%）通过戊糖磷酸途径（HMP），合成 NADPH 及戊糖原料。有关反应已在生物化学及微生物学课程中介绍，这里仅介绍一些重要代谢副产物形成途径。

1）高级醇。发酵中后期，糖代谢和氨基酸脱氨形成的 α-酮酸积累，这些 α-酮酸经脱羧酶和醇脱氢酶催化，生成相应的高级醇，其反应过程如下。

$$RCOCOOH \xrightarrow[]{\quad CO_2 \quad} RCOH \underset{NADH_2}{\overset{NAD^+}{\longrightarrow}} RCH_2OH$$

发酵期间形成的几种高级醇或杂醇中，正丙醇、异丁醇和异戊醇（2-甲基和 3-甲基丁醇）对啤酒风味的影响最为显著。在分批发酵过程中某一时间细胞生长停滞、浓度最低时，高级醇达到最高浓度。高级醇形成发生于合成代谢和分解代谢途径。高级醇的最终浓度取决于相应氨基酸的吸收效率和糖利用率。每种生物合成途径对高级醇的贡献受麦汁氨基酸浓度、发酵过程和酵母菌株的影响。另外，一些高级醇可能源于麦汁中醛和酮的还原。

高级醇是各种酒类的主要香味和口味物质之一，它能促进酒类具有丰满的香味和口味，并增加酒的协调性。高级醇过量存在也是酒主要异杂味的来源之一。过量戊醇有汗臭味和腐败味；异戊醇和异丁醇混合物如超量是酒杂醇油臭的典型物质，也使酒具有不愉快的苦味；酪醇、色醇均有强烈的不愉快苦味；β-苯乙醇有玫瑰花香味，并不特别令人讨厌，但德国式啤酒认为由 β- 苯乙醇产生的花香味和酒花的香味不协调，也是不愉快的香味。

2）醛类。啤酒中被检出的醛类物质已经有 20 余种，包括甲醛、乙醛、丙醛、异丁醛、正丁醛、异戊醛、正庚醛、正辛醛、糠醛等。它们来自于麦汁煮沸中美拉德（Maillard）反应，或发酵中醇类的还原。对啤酒风味影响较大的是乙醛和糠醛。乙醛主要来自于丙酮酸，它在丙酮酸脱羧酶作用下，不可逆形成乙醛和 CO_2。大部分乙醛受酵母乙醇脱氢酶作用还原成乙醇。在正常发酵中，乙醛在发酵啤酒中只有很低的积累量（3.5～15.5mg/L）。

乙醛在啤酒中含量如>10mg/L 有不成熟口感，腐败性气味和类似麦皮不愉快苦味；>25mg/L，有强烈的刺激性辛辣感（在上颚近咽部感受到），也有郁闷性口感；>50mg/L 有无法下咽的刺激感。成熟的优质啤酒乙醛含量一般在 3～8mg/L 或以下。

3）含硫化合物。啤酒中的含硫化合物分为挥发性和非挥发性，前者占啤酒中含硫化合物的 1%，后者则包括无机硫化物和含硫氨基酸，作为挥发性含硫化合物的前体物质，它们主要来自麦芽、辅料、酒花、酿造水及酵母的硫代谢。

麦芽干燥、麦汁煮沸时，含硫氨基酸的斯特雷克反应和美拉德反应产生大量硫化氢，麦汁煮沸时挥发掉大部分硫化氢。啤酒中硫化氢绝大部分由酵母代谢产生的，主要是胱氨酸、半胱氨酸在脱巯基酶作用下产生的。硫化氢生成量受酵母特性、麦汁中含硫氨基酸和发酵程度的影响。

二甲基硫（DMS）对啤酒的风味有重要影响。DMS 为陈贮啤酒风味的特色组分，标准含量为 20～70mg/L，过量则有令人不快的腐烂蔬菜味道。啤酒中游离的二甲基硫主要来自麦汁及发酵和贮藏时酵母代谢产生，其含量多少与酵母种属有关。大麦发芽产生的惰性前体物 S-甲基甲硫氨酸经两条途径生成 DMS。一条途径是麦芽烘干、麦汁煮沸时，经热分解产生活性前体物二甲基巯基丙酸（DMSP）和游离的 DMS，DMSP 经酵母同化为 DMS，DMS 随煮沸蒸汽挥发掉，但在回旋槽中热解产生的 DMS 不能充分排出而保留在最终啤酒中。第二途径是在煮沸锅中 S-甲基甲硫氨酸氧化为氧化型二甲基亚砜（DMSO），进入麦汁带入发酵液中，经酵母还原为 DMS。

4）双乙酰。双乙酰（丁二酮）及 2,3-戊二酮都是连二酮类化合物，特别是双乙酰的口味阈值较低，对啤酒的风味影响极大。葡萄糖经 EMP 途径生成的丙酮酸和活性乙醛在 α-乙酰乳酸合成酶的催化下形成 α-乙酰乳酸，它是酵母生物合成缬氨酸时的中间产物。其中一小部分被排泄出酵母体外，通过非酶氧化脱羧而形成双乙酰。而后双乙酰又可被酵母吸收，在细胞内通过双乙酰还原酶的还原作用形成乙偶姻，进一步还原为 2,3-丁二醇。其反应过程如图 3-1 所示。

5）酯。啤酒发酵中产生的酯种类较多，由于酵母细胞内乙醇与乙酰 CoA 含量最高，所以啤酒的酯类以乙酸乙酯为主。酵母芳香活性酯的合成非常重要，因为芳香活性酯是一大组风味活性化合物，它赋予啤酒水果-花香味。啤酒发酵中产生的酯可分为两类。第一类由乙

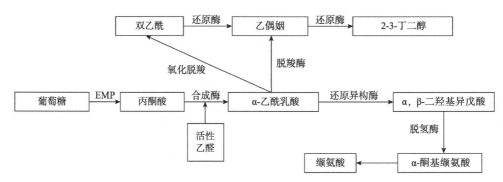

图 3-1　啤酒发酵过程中双乙酰生物合成

酸酯组成，如乙酸乙酯、乙酸异戊酯和乙酸苯乙酯；第二类酯称为乙酯或中链脂肪酸酯，如己酸乙酯和辛酸乙酯。风味活性酯是酵母酰基转移酶催化乙酰 -CoA 与高级醇或乙醇缩合反应的产物。几种不同的酶参与酯形成，大多数酶属于醇乙酰基转移酶，酯酶也可能影响最终啤酒酯的水平。

（三）啤酒发酵原料

啤酒发酵的主要原料是麦汁，是由麦芽经粉碎后兑水糖化而成。为了降低成本，大多数厂家都会适当添加一些辅料。另外，为了保证啤酒的品质和口味，麦汁中必须添加一定浓度的酒花。

1. 水

啤酒中水的含量占 90% 以上，因此水对啤酒口味影响极大。国内外的著名啤酒之所以质量较好，其酿造用水的水质合适是原因之一，同时水也要用于洗涤、冷却、消防和生活等各个方面，因此，啤酒厂必须要有充足的水源。

啤酒生产用水包括酿造用水（直接进入产品中的水，如糖化用水、洗糟用水、啤酒稀释用水）和洗涤、冷却用水及锅炉用水。成品啤酒中水的含量最大，俗称啤酒的"血液"，水质的好坏将直接影响啤酒的质量，因此酿造优质的啤酒必须有优质的水源。酿造用水的水质好坏主要取决于水中溶解盐的种类与含量、水的生物学纯净度及气味，这些因素将对啤酒酿造、啤酒风味和稳定性产生很大影响，因此必须重视酿造用水的质量。对冷却用水，只要求干净、硬度低、金属离子含量少，一般自来水即可达要求。

2. 麦芽

啤酒生产普遍使用大麦作为主要原料。适于酿酒的大麦品种很多，按籽粒形态可以分为六棱、四棱和两棱大麦，其中六棱大麦籽粒较小，蛋白质含量相对较高，淀粉含量相对较低；二棱大麦籽粒较大，淀粉含量相对较高，蛋白质含量相对较低。国外多采用二棱春大麦，其优良品种有维拉（Villa）、卡雷拉（Carina）、坎诺娃（Canova）、希尔德（Hilde）、阿拉米尔（Aramir）、阿道拉（Adorra）等。大麦主要由胚、胚乳和谷皮 3 部分组成，其化学成分一般为：水分 11%～20%，淀粉 58%～65%，纤维素 3.5%～7.0%，半纤维素和麦胶 10%～11%，蛋白质 9%～12%。

麦芽是以啤酒大麦为原料，经浸麦、发芽、烘干、焙焦而成。麦芽是啤酒生产的主要原料，是"啤酒的灵魂"。麦芽按其色度可分为淡色、浓色、黑色三种，因此应根据啤酒的品种和特性来选择麦芽种类。优质麦芽应具备如下条件。

1）浸出物多。淡色麦芽的浸出物应达 79%～82%（浸出物浓度表示 100kg 原料糖化后，麦汁中溶解性物质的质量百分数）。

2）麦芽溶解度适当。制麦过程中麦芽的溶解包括细胞组织的降解和蛋白质的水解，这些生化反应使麦芽变得松软，并使麦汁中氨基氮含量适中。

3）酶活力强。酶在大麦发芽时生成，糖化就是利用麦芽含有的酶进行水解的过程。当使用谷物辅料时，选择酶活力强的麦芽更为重要。

4）质量均匀。由于加工自动化水平的提高，判断麦芽质量的一个重要标准就是其均匀性，只有质量均匀，酿造过程才能顺利进行。

我国对啤酒麦芽的感官要求为：淡色麦芽淡黄色、有光泽、具有麦芽香味、无异味、无霉粒；浓色、黑色麦芽具有麦芽香味及焦香味、无异味、无霉粒。

3. 辅料

英国食品标准协会将啤酒酿造辅料定义为"除发芽大麦外任何能产生麦汁糖的碳水化合物来源"。随着各种啤酒原料价格的不断上涨，特别是进口麦芽、大米价格的直线上扬，直接导致了啤酒生产成本的大幅上升。为维持企业的生存和发展，各啤酒厂家都在积极应对此项问题，通过技术创新和提高辅料比来消化成本上升的压力。而在啤酒酿造过程中使用 50%以上的辅料，可有效改善啤酒口味，降低色度、总多酚，延长啤酒保质期，但同时也会产生许多负面影响，如氮源不足、过滤困难、非生物稳定性降低等。在啤酒酿造中，应根据各地区的资源和价格，采用富含淀粉的谷类、糖类或糖浆作为辅助原料。目前国内大多数啤酒厂选用大米作辅料，其比例控制在 30% 左右，其他常用的辅料有玉米、大麦、糖、糖浆等。适当使用辅料的好处有，以价格相对麦芽要低得多的谷物作为辅料，可以提高麦汁的收得率，达到降低成本的目的；在麦芽价格和质量波动的情况下，通过合理调整麦芽与辅料的比例，可将麦汁和啤酒的质量保持在恒定的水平；使用糖类或糖浆作为辅料，可提高设备利用率，调节麦汁中糖与非糖的比例，可降低啤酒色度，提高啤酒的发酵度；使用含糖、蛋白质高的辅料（如小麦），有利于改进啤酒的泡沫性能。

在使用辅料比提高的情况下，注意生产中易出现的问题。添加辅料的品种和数量，应根据麦芽的具体情况和所生产啤酒的类型来确定，如麦芽酶活力不足，须适当补充合适的酶制剂；麦芽可同化氮低，须补加中性蛋白酶。补加辅料有利于提高啤酒质量，不应给啤酒带来异味或影响啤酒泡沫和色泽。

4. 酒花

酒花是酿造啤酒的特殊原料，一般在麦汁煮沸过程中加入。酒花用量不大（约 1.4kg/t啤酒），但它可赋予啤酒特有的酒花香气和苦味，增加啤酒的防腐作用，提高啤酒的非生物稳定性，促进泡沫形成并提高泡沫持久性。

（四）麦汁制造

麦汁制造俗称糖化，是酿造啤酒的关键步骤之一，包括麦芽及辅料粉碎，糖化制成麦汁，麦汁过滤，麦汁煮沸并添加酒花，麦汁冷却等阶段。麦汁制成后即可泵入发酵工序。

1. 麦芽及辅料粉碎

麦芽及辅料必须在糖化前进行粉碎，粉碎的程度对糖化快慢、麦汁的组成及原料利用率有很大的影响，故应经常观察粉碎粒的均匀度，以此来判断粉碎效果。粉粒应粗细均匀，并尽可能使麦皮完整。

2. 麦汁制造设备

（1）糊化锅　　用于加热煮沸大米或其他辅料粉（包括部分麦芽粉），使淀粉糊化和液化。

（2）糖化锅　　用于麦芽淀粉及蛋白质的分解，并使辅料醪液进行糖化，以制备麦汁。

（3）过滤槽　　用于糖化后麦糟的过滤，使麦汁与麦糟分开，得到清亮的麦汁。

（4）麦汁煮沸锅　　用于过滤后麦汁的煮沸并使酒花成分溶入，使麦汁达到一定浓度。

3. 糖化

糖化是利用麦芽所含的酶使原料中的大分子物质如淀粉、蛋白质等逐步降解，使可溶性物质如糖类、糊精、氨基酸、肽类等溶出的过程。由此制备的溶液称为麦汁。

（1）糖化时酶的作用及其最适条件　　糖化过程中的酶主要来自麦芽（有时可外加酶制剂）。各种酶的作用及其最适条件见表3-1。

表 3-1　糖化时酶的作用及其最适条件

酶	最适 pH	最适温度 /℃	失活温度 /℃	作用基质	作用方式
α-淀粉酶	5.6～5.8	70～75	80	淀粉	内切 α-1,4 键
β-淀粉酶	5.4～5.6	60～65	70	淀粉	非还原端 α-1,4 键
脱支酶	5.1	55～60	65	极限糊精	α-1,6 键
异淀粉酶	5.2	40	70	支链淀粉，极限糊精	非末端 α-1,6 键
麦芽糖酶	6.0	35～40	40	麦芽糖	麦芽糖内键
蔗糖酶	5.5	50	55	蔗糖	蔗糖内键
内肽酶	5.0	45～50	60	蛋白质，多肽	内部肽键
羧肽酶	5.2	50	70	蛋白质，多肽	羧基末端肽键
氨肽酶	7.0	45	55	蛋白质，多肽	氨基末端肽键
二肽酶	8.8	45	50	二肽	二肽中的肽键
β-1,4-葡聚糖酶	4.5～4.8	40～45	55	高分子葡聚糖	β-1,4 键
β-1,3-葡聚糖酶	4.6～5.5	60	70	高分子葡聚糖	β-1,3 键
β-葡聚糖酶溶解酶	6.6～7.0	62	72	蛋白葡聚糖结合物	酯键
磷酸盐酶	5.0	52	60	有机磷酸盐	酯键

（2）糖化阶段　　指麦芽及辅料中所含的淀粉在麦芽淀粉酶的作用下逐渐分解的过程。糖化的好坏将直接影响到糖化收得率、过滤时间、麦汁澄清度、发酵进程、双乙酰还原速度、啤酒澄清状况等，因此是关系到啤酒质量的一个重要工艺。

糖化一般分阶段进行。先将糖化醪调至 35℃，使麦芽中的酶最大限度地溶出。在麦芽酶类中，α-淀粉酶和 β-淀粉酶是两种关键的酶，它们的最适 pH 均在 5.6 左右。α-淀粉酶在

50℃以上活性逐渐增强，最适作用温度70℃左右，至80℃时失活。其作用方式为不规则地切断淀粉的α-1,4糖苷键，产物大部分为糊精，也生成少量麦芽糖、异麦芽糖及葡萄糖；β-淀粉酶的最适温度为60~65℃，能从淀粉及糊精的非还原末端依次切下麦芽糖，同时发生瓦尔登翻转，将α构型转变为β构型。

糖化方法主要有下列三种形式。

1）煮出糖化法。糖化过程中对部分醪液进行煮沸的方法。根据煮沸的次数，分为一次、二次、三次煮出法。其特点是取部分醪液加热到沸点，然后与未煮沸的醪液混合，使醪液温度分次升高到不同酶分解的最适温度，以达到糖化完全的目的。

2）浸出糖化法。糖化过程仅靠酶的作用进行溶解的方法。其特点是将糖化醪逐渐升温至酶作用最适温度，没有醪液煮沸过程。此法要求麦芽有良好的溶解性。

3）双醪煮出糖化法。国内大多数厂用此法糖化。辅料、麦芽分别投料入糊化锅、糖化锅内，辅料在糊化锅内糊化、煮沸后兑入糖化锅，逐次达到所需要的糖化温度，根据糖化锅兑醪的次数，分为一次、二次或三次糖化法。三次糖化法如图3-2所示。

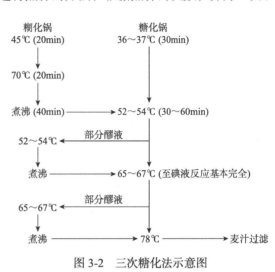

图3-2 三次糖化法示意图

4. 麦汁过滤

糖化结束后，意味着麦汁已经形成。为了获得清亮的麦汁和较高的麦汁收得率，应采用过滤方法尽快将麦汁和麦糟分离。麦汁过滤分为过滤和洗糟两个操作过程。过滤是麦汁通过麦糟层和过滤介质（滤布或筛板）组成的过滤层而得到澄清液体的过程，滤液称为头号麦汁或过滤麦汁。洗糟是利用热水（称洗糟水）洗出残留于麦糟中的浸出物的过程，洗出的麦汁称为第二次麦汁或洗涤麦汁。过滤的好坏，对麦汁的产量和质量有重要影响，因此要求过滤速度正常，洗糟后残糟含糖量适当，麦汁吸氧量低，色香味正常。

5. 麦汁煮沸并添加酒花

糖化后的麦汁必须经过煮沸，并加入酒花制品，才能成为符合啤酒质量要求的定型麦汁。煮沸要达到如下目的：蒸发多余水分，使混合麦汁通过煮沸、蒸发、浓缩到规定的浓度；破坏全部酶的活性，防止残余的α-淀粉酶继续作用，稳定麦汁的组成成分；消灭麦汁中存在的各种有害微生物，保证最终产品的质量；浸出酒花中的有效成分（软树脂、单宁物质、芳香成分等），赋予麦汁独特的苦味和香味，提高麦汁的生物和非生物稳定性；使高分子蛋白质变性和凝固析出，提高啤酒的非生物稳定性；降低麦汁的pH，麦汁煮沸时，水中钙离子和麦芽中的磷酸盐反应，使麦芽汁的pH降低，利于球蛋白的析出和成品啤酒pH的降低，对啤酒的生物和非生物稳定性的提高有利；形成还原物质，在煮沸过程中，麦汁色泽逐步加深，形成了一些成分复杂的还原物质，如类黑素等，对啤酒的泡沫性能以及啤酒的风味稳定性和非生物稳定性的提高有利；挥发出不良气味，把具有不良气味的碳氢化合物，如香叶烯等随水蒸气的挥发而逸出，提高麦汁质量。

6. 麦汁冷却

麦汁煮沸定型后，在进入发酵以前还需要进行一系列处理，包括热凝固物的分离、冷凝固物的分离、麦汁的冷却与充氧等。由于发酵技术不同，成品啤酒质量要求不同，处理方法也有较大差异。

煮沸定型后的麦汁必须立即冷却，其目的是：降低麦汁温度，使之达到适合酵母发酵的温度；使麦汁吸收一定量的氧气，以利于酵母的生长增殖；析出和分离麦汁中的冷、热凝固物，改善发酵条件和提高啤酒质量。麦汁冷却要求冷却时间短，温度保持一致，避免微生物污染，防止混浊沉淀进入麦汁，保证麦汁足够的溶解氧。

国内多采用回旋沉淀槽和薄板冷却器组成的冷却系统，并在管路上装置充氧器。图3-3是常用的麦汁二段冷却工艺流程。麦汁冷却时冷却时间应尽量短，沉淀完全，且损失尽可能少，此外还要防止杂菌污染。冷却完毕应对麦汁进行化验，优质麦汁的理化及生物学指标如表3-2所示。

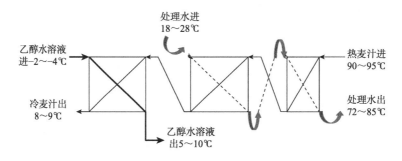

图3-3　麦汁二段冷却工艺流程示意图
▬为乙醇水溶液；—为麦汁；--为处理水

表3-2　优质麦汁的理化及生物学指标

项目	10%淡色	12%淡色	13%浓色	作用与说明
麦汁浓度 /%	10±0.3	12±0.3	13±0.3	控制成品的原麦汁浓度
总酸 /%	<1.7	<1.7	<1.7	太低不利于发酵，太高影响风味
氨基氮 /%	180±20	180±20	180±20	太低影响酵母繁殖，太高影响泡沫
色度 /EBC	5~11	5.0~9.5	15~40	控制成品色度
麦芽糖 /%	8.8~9.2	9~9.5	9.2~10	保证发酵旺盛
外观最终发酵度 /%	75~82	78~85	63~74	控制成品发酵度
苦味质 /BU	30~55	30~55	30~55	控制成品苦味
pH	5.2~5.5	5.2~5.5	502~505	影响发酵，冷凝物析出
细菌总数 /（cfu/ml）	<30	<30	<30	防止染菌
大肠菌群 /（×10⁻²cfu/ml）	<10	<10	<10	控制成品卫生
总氮 /（mg/L）	600~800	600~1000	600~800	太低醇厚性差，太高稳定性差
凝固性氮 /（mg/L）	<3	<2	<3	控制成品稳定性
含氧量 /%	6~8	6~10	6~8	太高产生氧化味，太低不利酵母繁殖

（五）啤酒酵母扩大培养

酵母扩大培养是啤酒厂微生物工作的核心，目的是提供优良、强壮的酵母，以保证生产的正常进行和良好的啤酒质量。优良啤酒酵母应具备的特点：①能从麦汁中有效地摄取生长和代谢所需的营养物质；②酵母繁殖速度快，双乙酰峰值低、还原速度快；③代谢的产物能赋予啤酒良好的风味；④发酵结束后能顺利地从发酵液中分离出来。

啤酒酵母扩大培养是指从斜面种子到生产所用的种子的培养过程。酵母扩培的目的是及时向生产中提供足够量的优良、强壮的酵母菌种，以保证正常生产的进行和获得良好的啤酒质量。一般把酵母扩大培养过程分为两个阶段：实验室扩大培养阶段（由斜面试管逐步扩大到卡氏罐菌种）和生产现场扩大培养阶段（由卡氏罐逐步扩大到酵母繁殖罐中的零代酵母）。扩培过程中要求严格无菌操作，避免污染杂菌，接种量适当。

实验室扩大培养阶段：扩大倍数 10～20 倍，培养温度 20～25℃，逐级降低，如图 3-4 所示。

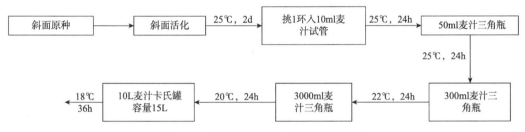

图 3-4　啤酒酵母实验室扩大培养示意图

发酵车间现场扩大培养阶段：扩大倍数 5～10 倍，培养温度 10～18℃，如图 3-5 所示。

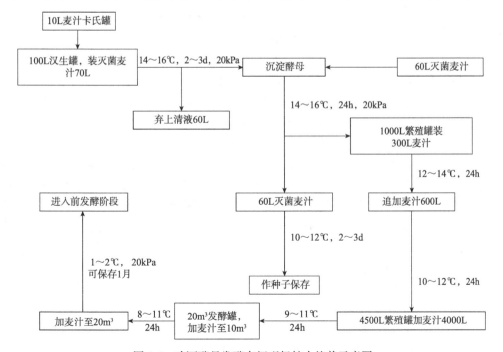

图 3-5　啤酒酵母发酵车间现场扩大培养示意图

（六）啤酒发酵工艺

冷麦汁接种啤酒酵母后，发酵即开始进行。啤酒发酵是在啤酒酵母体内所含的一系列酶类的作用下，以麦汁所含的可发酵性营养物质为底物而进行的一系列生物化学反应。通过新陈代谢最终得到一定量的酵母菌体和乙醇、CO_2以及少量的代谢副产物如高级醇、酯类、连二酮类、醛类、酸类和含硫化合物等发酵产物。这些发酵产物影响啤酒的风味、泡沫性能、色泽、非生物稳定性等理化指标，并形成了啤酒的典型性。啤酒发酵分前发酵（又称主发酵或旺盛发酵）和后发酵（又称后熟或贮酒）两个阶段。在主发酵阶段，进行酵母的适当繁殖和大部分可发酵性糖的分解，同时形成主要的代谢产物乙醇和高级醇、醛类、双乙酰及其前驱物质等代谢副产物。后发酵阶段主要进行双乙酰的还原使酒成熟、完成残糖的继续发酵和CO_2的饱和，使啤酒口味清爽，并促进了啤酒的澄清。

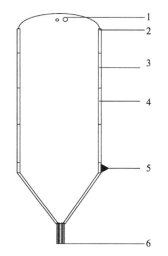

图 3-6　柱形露天锥形发酵罐
1. 二氧化碳排出孔及洗涤剂加入孔；
2. 人孔；3. 夹套；4. 保温层；
5. 取样口；6. 各种管路

冷却麦汁充氧后流入发酵槽中，加啤酒酵母进行前发酵，发酵液品温一般控制在 9～10℃，发酵 7～10d 即成嫩啤酒（green beer，指带有生青味，没有成熟的啤酒）；嫩啤酒输到贮酒室内的贮酒罐中进行后发酵，一般在 0～3℃下贮酒 42～90d，以达到啤酒成熟、二氧化碳饱和和啤酒澄清的目的。

由于酵母类型的不同，发酵的条件和产品要求、风味不同，发酵的方式也不相同。根据酵母发酵类型不同可把啤酒分成上面发酵啤酒和下面发酵啤酒。一般可以把啤酒发酵技术分为传统发酵技术和现代发酵技术。现代发酵主要有柱形露天锥形发酵罐发酵、连续发酵和高浓稀释发酵等，目前主要采用柱形露天锥形发酵罐发酵（图 3-6）。

锥形罐发酵工艺主要有两类，一罐法是麦汁在锥形罐完成全部发酵过程的工艺；二罐法是麦汁在锥形罐进行主发酵和双乙酰还原，然后转入另一锥形罐或贮酒罐中贮酒的工艺。

锥形罐发酵法的特点：①底部为锥形便于生产过程中随时排放酵母，要求采用凝聚性酵母。②罐本身具有冷却装置，便于发酵温度的控制。生产容易控制，发酵周期缩短，染菌机会少，啤酒质量稳定。③罐体外设有保温装置，可将罐体置于室外，减少建筑投资，节省占地面积，便于扩建。④采用密闭罐，便于 CO_2 洗涤和 CO_2 回收，发酵也可在一定压力下进行。既可作发酵罐，也可作贮酒罐，亦可将发酵和贮酒合二为一，称为一罐发酵法。⑤罐内发酵液由于液体高度而产生 CO_2 梯度（即形成密度梯度）。通过冷却控制，可使发酵液进行自然对流，罐体越高对流越强。由于强烈对流的存在，酵母发酵能力提高，发酵速度加快，发酵周期缩短。⑥发酵罐可采用仪表或微机控制，操作、管理方便。⑦锥形罐既适用于下面发酵，也适用于上面发酵。⑧ 可采用原位清洗（clean in place，CIP）自动清洗装置，清洗方便。⑨锥形罐加工方便（可在现场就地加工），实用性强。⑩设备容量可根据生产需要灵活调整，容量可从 20～600m³ 不等，最高可达 1500m³。

锥形罐啤酒发酵的发酵温度容易控制，双乙酰还原速度快，酿制出的啤酒淡雅、清爽，具有投资省、见效快、产量高和发酵时间短（21～28d）的优点。

啤酒主发酵是利用酵母将麦汁发酵形成嫩啤酒的过程。常采用低温发酵工艺，在清洁卫生的条件下进行。主发酵过程分为酵母增殖期、起泡期、高泡期、落泡期及泡盖形成期等五个时期，各时期的特点列于表 3-3 中。

表 3-3　啤酒主发酵各时期及其特点

发酵阶段	特点
酵母增殖期	麦汁添加酵母后 8～16h，液面形成白色泡沫，继续繁殖至 20h，发酵液中酵母数达 1×10^7 个 /ml，可换槽
起泡期	换槽后 4～5h 表面逐渐出现泡沫经历 1～2d，品温上升 0.5～0.8℃ /d，降糖 0.3～0.5°Bx/d
高泡期	发酵第三天后，泡沫大量产生，可高达 20～35cm。由于蛋白质和酒花树脂氧化析出，使泡沫表面呈棕黄色。此时发酵旺盛，需用冷却水控制温度。此期 2～3d，降糖 1.5～2°Bx/d
落泡期	发酵 5d 后，发酵力逐渐减弱，泡沫逐渐变成棕褐色。此期 2d 左右，要控制品温的下降，一般降温 0.5℃ /d，降糖 0.5～0.8°Bx/d
泡盖形成期	发酵 7～8d 后，酵母大部分沉淀，泡沫回缩，表面形成褐色的泡盖，厚 2～4cm，降糖 0.2～0.5°Bx/d，降温 0.5℃ /d

啤酒后发酵又称后熟或贮酒，是将主发酵结束后除去大量沉淀酵母的嫩啤酒，平缓地输送至贮酒罐中，在低温下贮存的过程。其目的是：对嫩啤酒中的残糖进行进一步发酵，以达到一定的发酵度；排除氧气，增加酒液里二氧化碳溶解量；促进发酵液成熟，双乙酰还原，改善口味；使啤酒澄清，具有良好的稳定性。因此应集中进酒和出酒，采用先高后低的贮酒温度和较长的贮酒时间。对嫩啤酒和成熟啤酒的要求如表 3-4 和表 3-5 所示。

表 3-4　嫩啤酒和成熟啤酒应达到的理化标准

理化指标	12°P 嫩啤酒		12°P 成熟啤酒		作用与说明
	优级	一级	优级	一级	
原麦汁浓度 /%	12±0.3	12±0.3	12±0.3	12±0.3	
乙醇含量 /%	>3.3	>3.4	>3.7	>3.5	
总酸 /%	<2.1	<1.8	<2.6	<2.6	>2.3 可能染菌
双乙酰 / (mg/L)	<0.20	<0.25	<0.13	<0.15	含量高，有馊饭味
残糖 /°Bx	2～2.5	1.8～2.3			用于后发酵
色度 /EBC	5～9.5	5～11	5～9.5	5～11	
CO₂/%	0.25	0.25	>0.40	>0.38	
香气			酒花香	酒花香	
口味			爽口	较爽口	

表 3-5　嫩啤酒和成熟啤酒应达到的卫生学标准

卫生指标	细菌总数 / (cfu/ml)	大肠菌群 / (×10^{-2}cfu/ml)	麦汁培养试验	发酵液保存试验
嫩啤酒	<50	<20	不浑浊，不产膜	酵母沉淀，上层啤酒澄清
成熟啤酒	不得检出	不得检出		

（七）啤酒过滤和包装

1. 过滤目的及要求

发酵结束的成熟啤酒，虽然大部分蛋白质和酵母已经沉淀，但仍有少量物质悬浮于酒中，必须经过澄清处理才能进行包装。

啤酒过滤的目的是：①除去酒中的悬浮物，改善啤酒外观，使啤酒澄清透明，富有光泽；②除去或减少使啤酒出现浑浊沉淀的物质（多酚物质和蛋白质等），提高啤酒的胶体稳定性（非生物稳定性）；③除去酵母或细菌等微生物，提高啤酒的生物稳定性。

啤酒澄清的要求是：产量大、透明度高、酒损小、CO_2 损失少、不易污染、不吸氧、不影响啤酒风味等。

2. 过滤方法

啤酒的过滤方法可分为过滤法和离心分离法。过滤法包括棉饼过滤法、硅藻土过滤法（具体可分为板框式硅藻土过滤法、水平叶片式和垂直叶片式硅藻土过滤法、烛式或环式硅藻土过滤法）、板式过滤法（精滤机法）和膜过滤法（微孔薄膜过滤法等错流过滤法）。其中最常用的是硅藻土过滤法。

常用啤酒过滤的组合形式如下。

（1）常规式　　由硅藻土过滤机和精滤机（板式过滤机）组成，是啤酒生产中最常用的过滤组合方式。有些企业在生产旺季，仅采用硅藻土过滤机进行一次过滤，难保证过滤效果。

（2）复合式　　由啤酒离心澄清机、硅藻土过滤机和精滤机组成，有的还在硅藻土过滤机与精滤机之间或在清酒罐与灌装机之间加一个袋式过滤机（防止硅藻土或纤维进入啤酒）。

（3）无菌过滤式　　由啤酒离心澄清机、硅藻土过滤机、带式过滤机、精滤机和微孔膜过滤机组成。主要用于生产纯生啤酒，罐装或桶装生啤酒，以及瓶装生啤酒。

3. 啤酒过滤后的变化

啤酒经过过滤介质的截留、深度效应和吸附等作用，发生有规律的变化：稍清亮→清亮→很清亮→清亮→稍清亮→失光或阻塞。啤酒的有效过滤量是指在保证啤酒达到一定清亮程度（用浊度单位表示）的条件下，单位过滤介质可过滤的啤酒数量。啤酒经过过滤会发生以下变化。

（1）色度降低　　一般降低 0.5～1.0EBC 单位，降低原因为酒中的一部分色素、多酚类物质等被过滤介质吸附而使色度下降。

（2）苦味质减少　　苦味物质减少 0.5～1.5BU，造成的原因是过滤介质对苦味物质的吸附作用。

（3）蛋白质含量下降　　用硅藻土过滤后的啤酒蛋白质含量下降 4% 左右，此外添加硅胶也会吸附部分高分子含氮物质。

（4）二氧化碳含量下降　　过滤后 CO_2 含量降低 0.02%，主要是由于压力、温度的改变和管路、过滤介质的阻力作用。

（5）含氧量增加和啤酒浓度变化　　酒的泵送、走水或用压缩空气作清酒罐背压会增加啤酒中氧的含量。同时由于走水、顶水以及并酒过滤等会造成啤酒浓度改变。

4. 啤酒包装的基本原则

啤酒包装是啤酒生产过程中比较繁琐的过程，是啤酒生产最后一个环节，包装质量的好坏对成品啤酒的质量和产品销售有较大影响。过滤好的啤酒从清酒罐分别装入瓶、罐或桶中，经过压盖、生物稳定处理、贴标、装箱成为成品啤酒或直接作为成品啤酒出售。一般把经过巴氏灭菌处理的啤酒称为熟啤酒，把未经巴氏灭菌的啤酒称为鲜啤酒。若不经过巴氏灭菌，但经过无菌过滤、无菌灌装等处理的啤酒则称为纯生啤酒（或生啤酒）。

啤酒包装过程中必须遵守以下基本原则：①包装过程中必须尽可能减少接触氧，啤酒吸入极少量的氧也会对啤酒质量带来很大影响，包装过程中吸氧量不要超过 0.02～0.04mg/L；②尽量减少酒中二氧化碳的损失，以保证啤酒较好的杀口力和泡沫性能；③严格无菌操作，防止啤酒污染，确保啤酒符合卫生要求。

对包装容器的质量要求：①能承受一定的压力。包装熟啤酒的容器应承受 1.76MPa 以上的压力，包装生啤酒的容器应承受 0.294MPa 以上的压力；②便于密封；③能耐一定的酸度，不能含有与啤酒发生反应的碱性物质；④一般具有较强的遮光性，避免光对啤酒质量的影响，一般选择绿色、棕色玻璃瓶或塑料容器，或采用金属容器。若采用四氢异构化酒花浸膏代替全酒花或颗粒酒花，也可使用无色玻璃瓶包装。

三、啤酒发酵过程

（一）协定法糖化实验

1. 原理

利用麦芽所含的各种酶类将麦芽中的淀粉分解为可发酵性糖类，蛋白质分解为氨基酸。

2. 仪器与材料

（1）仪器

1）糖化器。该仪器有一水浴，水浴本身有电热器加热和机械搅拌装置。水浴上有 4～8 个孔，每个孔内可放一糖化杯，糖化杯由紫铜或不锈钢制成，每一杯内都带有搅拌器，转速为 80～100r/min，搅拌器的螺旋桨直径略小于糖化杯直径，但又不碰杯壁，它离杯底距离只有 1～2mm。

2）欧洲啤酒协会（EBC）植物粉碎机、500ml 烧杯、白色滴板或瓷板、玻棒、滤纸、漏斗、电炉等。

（2）材料　0.02mol/L 碘溶液（2.5g 碘和 5g 碘化钾溶于水中，定容到 1000ml）、麦芽等。

3. 步骤

（1）协定法糖化麦汁制备

1）取 70g 麦芽，用植物粉碎机将其粉碎。

2）于糖化杯（500～600ml 烧杯或专用金属杯）中，放入 50g 麦芽粉，加 46～47℃水 200ml，不断搅拌，于 45℃水浴保温 30min。

3）醪液以每分钟升温 1℃的速度，25min 内升至 70℃。杯内加入 70℃水 100ml。

4）70℃保温 1h，10～15min 急速冷却到室温。

5）冲洗搅拌器。擦干糖化杯外壁，加水使其内容物准确称量为 450g。

6）用玻璃棒搅动糖化醪，于漏斗中过滤，漏斗内装有直径 20cm 的折叠滤纸，滤纸的边沿不得超出漏斗上沿。

7）收集约 100ml 滤液返回重滤。30min 后，为加速过滤可用一玻璃棒稍稍搅碎麦糟层。将滤液收集于干烧杯中。进行各项试验前，需将滤液搅匀。

（2）糖化时间测定

1）协定法糖化过程中，糖化醪温度达 70℃时记录时间，5min 后用玻璃棒取麦汁 1 滴，置于白滴板（或瓷板）上，加碘液 1 滴，混合，观察颜色。

2）每隔 5min 重复上述操作，直至碘液呈黄色（不变色）为止，记录此时间。由糖化醪温度达到 70℃开始至糖化完全无淀粉反应时止，所需时间为糖化时间。报告以每 5min 计算，如<10min，10～15min，15～20min 等。正常范围值：浅色麦芽<15min，深色麦芽<35min。

（3）过滤速度测定   以麦汁返回重滤开始至全部麦汁滤完为止所需的时间来计算，以快、正常和慢等来表示，1h 内完成过滤为"正常"，过滤时间超过 1h 为"慢"。

（4）气味检查   糖化过程中注意糖化醪的气味。具有相应麦芽类型的气味为"正常"，深色麦芽若有芳香味，应为"正常"；若样品缺乏此味，则为"不正常"，其他异味亦应注明。

（5）透明度检查   麦汁透明度用透明、微雾、雾状和混浊表示。《啤酒》国家标准为：清亮透明，无明显悬浮物和沉淀物。

（6）蛋白质凝固检查   麦汁煮沸 5min，观察蛋白质凝固情况。透亮麦汁中凝结有大块絮状蛋白质沉淀，为"好"；若蛋白质凝结细粒状，但麦汁仍透明清亮，为"细小"；若虽有沉淀，但麦汁不清，为"不完全"；若没有蛋白质凝固，则为"无"。

4. 注意事项

粉碎用 EBC 粉碎机，用 1 号筛粉碎，细粉约占 90%；用 2 号筛粉碎，细粉约占 25%。溶解度好的麦芽用 2 号筛，因为细粉太多影响过滤。

一般要求粗粒与细粒（包括细粉）比例达 1：2.5 以上。麦皮在麦汁过滤时形成自然过滤层，因而要求破而不碎。麦皮粉碎过细，会造成麦汁过滤困难，而且麦皮中的多酚、色素等溶出量增加，会影响啤酒的色泽和口味。但麦皮粉碎过粗，难以形成致密的过滤层，会影响麦汁浊度和得率。麦芽胚乳是浸出物的主要部分，应粉碎细些。为了使麦皮破而不碎，最好稍加回潮后进行粉碎。

（二）啤酒酵母纯种分离

1. 原理

纯种分离，在基础微生物学实验中学过稀释分离法和划线分离法，这两种方法虽然简单，但并不能保证分离所得菌种纯度。单细胞分离法可用显微镜直接检查，其纯度能得到保证。

林德奈单细胞分离法，即小滴培养法，是将酵母菌液充分稀释至每一小滴约含一个酵母细胞，然后在显微镜下确认，培养后，扩大保存。

2. 仪器与材料

（1）仪器   显微镜、凹载玻片、计数板、盖玻片等。

（2）材料   酵母培养液等。

3. 步骤

1）取 2 块盖玻片，用分析天平称重（精确至 0.1mg），在一块盖玻片上用毛细滴管滴 10 滴酵母培养基，合上另一盖玻片，再称重，计算每滴培养基的质量。

2）用计数板计数酵母菌，将培养基稀释至每滴培养基中大致含一个酵母菌。

3）在已灭菌的盖玻片上滴酵母稀释液（每个盖玻片可滴9滴），放于凹载玻片上，镜下观察，找到只含一个酵母菌的小滴，标记。

4）30℃温室培养，移走标记酵母菌，进行扩培和菌种保藏。

（二）啤酒酵母质量检查

1. 原理

酵母质量直接关系到啤酒好坏。酵母活力强，发酵就旺盛；若酵母被污染或发生变异，啤酒就会变味。因此，不论酵母扩大培养还是发酵，必须对酵母质量跟踪调查，以防不正常的发酵现象，必要时对酵母纯种分离，对分离到的单菌落进行发酵性能的检查。

死亡率检查：酵母细胞用0.025%亚甲蓝水溶液染色后，由于活细胞具有脱氢酶活力，可将蓝色的亚甲蓝还原成无色，因此活细胞染不上颜色，而死细胞则被染上蓝色。

凝集性实验：对下面发酵来说，凝集性的好坏牵涉到发酵成败。若凝集性太强，酵母沉降过快，发酵度就太低；若凝集性太弱，发酵液中悬浮有过多的酵母菌，对后期的过滤会造成很大的困难，啤酒中也可能会有酵母味。

死灭温度检测：死灭温度可以作为酵母菌种鉴别的一个重要指标。一般说来，培养酵母的死灭温度在52～53℃，而野生酵母或变异酵母的死灭温度往往较高。

子囊孢子产生实验：子囊孢子产生试验也是酵母菌种鉴别的重要指标。一般说来，培养酵母不能形成子囊孢子，而野生酵母较易形成子囊孢子。

发酵性能测定：酵母的发酵度反映酵母对各种糖类的发酵情况，有些酵母不能发酵麦芽三糖，发酵度就低，有些酵母甚至能发酵麦芽四糖或异麦芽糖，发酵度就高。

2. 仪器与材料

（1）仪器　　显微镜、恒温水浴、恒温箱、高压灭菌锅、刻度锥形离心管等。

（2）材料　　0.025%亚甲蓝水溶液、pH 4.5乙酸缓冲液（0.51g硫酸钙、0.68g硫酸钠、0.405g冰醋酸溶于100ml水中）、乙酸钾培养基（0.06%葡萄糖、0.25%蛋白胨、0.5%乙酸钾、2%琼脂，pH 7.0）、酵母培养物、酵母粉等。

3. 步骤

（1）显微形态检查　　载玻片上放一小滴蒸馏水，挑取酵母培养物少许，盖上盖玻片，高倍镜下观察。优良健壮的酵母菌，应形态整齐均匀，表面平滑，细胞质透明均一。

（2）死亡率检查　　方法同上，可用水浸片法，也可用血细胞计数器法。一般新培养酵母的死亡率应在1%以下，生产上使用的酵母死亡率在3%以下。

（3）凝集性实验　　将1g酵母湿菌体与10ml pH 4.5乙酸缓冲液混合，20℃平衡20min，加至刻度锥形离心管内，连续20min，每隔1min记录沉淀酵母容量。实验后，检查pH是否保持稳定。一般规定10min时的沉淀酵母量在1.0ml以上者为强凝集性，0.5ml以下者为弱凝集性。

（4）死灭温度检测　　温度试验范围一般为48～56℃，温度间隔为1℃或2℃，在已灭菌的麦汁试管中（内装5ml 12%麦汁）接入培养24h的发酵液0.1ml，放于恒温水浴内，每一样品做3个平行实验，并在另一试管中放入温度计，待达到所需温度，保持10min后，置冷水中冷却，25℃培养5～7d，不能发酵的温度即为死灭温度。

（5）子囊孢子产生实验　　将酵母菌体接种于乙酸钾培养基，25℃培养48h，显微镜检查子囊孢子产生情况。

（6）发酵性能测定　　将150ml麦汁盛放于250ml三角烧瓶中，灭菌，冷却后加入泥状酵母（酵母粉加水至泥状）1g，25℃发酵3～4d，每隔8h摇动一次。发酵结束后，滤去酵母，蒸出乙醇，添加蒸馏水至原体积，测比重。

$$外观发酵度 = \frac{p-m}{p} \times 100\%$$

式中，p：发酵前麦汁浓度；m：发酵液外观浓度（不排除乙醇）。

$$实际发酵度 = \frac{p-n}{p} \times 100\%$$

式中，n：发酵液的实际浓度（排除乙醇后）。

一般外观发酵度应为66%～80%，实际发酵度为55%～70%。

（四）啤酒酵母扩大培养

1. 原理

在进行啤酒发酵之前，必须准备好足够量菌种。在啤酒发酵中，接种量一般应为麦汁量的10%（使发酵液中的酵母量达1×10^7个/ml），因此，要进行大规模发酵，必须进行酵母菌种的扩大培养。扩大培养的目的一方面是获得足量的酵母，另一方面是使酵母由最适生长温度（28℃）逐步适应为发酵温度（10℃）。

2. 仪器与材料

（1）仪器　　恒温培养箱、生化培养箱、显微镜、培养皿、试管、三角瓶等。

（2）材料　　麦汁、麦汁斜面菌种等。

3. 步骤

本实验拟用60L麦汁，应制备6000ml含酵母数为1×10^8个/ml的菌种，以每班10个组计算，每个组应制备约600ml菌种。

（1）培养基制备　　取协定法糖化麦汁滤液（约400ml），加水定容至600ml，取50ml装入250ml三角瓶中，另550ml至1000ml三角瓶中，包上瓶口布后，0.05MPa，112℃，灭菌30min。

（2）菌种扩大培养　　麦汁斜面菌种→麦汁平板（28℃，2d）→镜检，挑单菌落3个，接种50ml麦汁试管（或三角瓶）→20℃，2d（每天摇动3次）→550ml麦汁三角瓶→15℃，2d（每天摇动3次）→计数备用。注意无菌操作。

4. 注意事项

灭菌后的培养基会有沉淀，这不影响酵母菌繁殖。若要减少沉淀，可在灭菌前将培养基充分煮沸并过滤。

（五）麦芽制备

1. 原理

将原料大麦制成麦芽（malt），习惯上称为制麦，目的在于使大麦发芽产生多种水解酶类，并使胚乳达到适度溶解，便于糖化，使大分子淀粉、蛋白质等得以分解溶出，并且绿麦芽经过烘干产生特有的色、香、味。制麦全过程分原料清洗分级、浸麦、发芽、干燥、除根和贮存等。

2. 仪器与材料

（1）仪器　　圆筒式精选机、培养箱、干燥箱等。

（2）材料　　大麦、Na_2CO_3、$NaOH$、KOH、甲醛、赤霉酸等。

3. 步骤

（1）原料清洗　　将 500g 大麦用清水清洗 3～5 遍，除去各种杂质。

（2）大麦的分级　　洗净的大麦放入圆筒式精选机中，按腹径大小的不同分成三个等级。

（3）大麦的浸渍　　经过清洗和分级的大麦，用 1000ml 水浸渍，达到 25%～35% 含水量，大麦即可发芽。浸麦水中添加 Na_2CO_3、$NaOH$、KOH 各 1g，以加速酚类等有害物质的浸出，并能明显地促进发芽和缩短制麦周期，能适当提高浸出物。

（4）大麦的发芽　　浸渍后的大麦达到 43%～48% 浸麦度，工艺上即进入发芽阶段，发芽过程必须准确控制水分和温度，适当地通风供氧，温度 12～18℃，周期为 5～7d，加入 2ml 赤霉酸。

（5）干燥　　排潮阶段采用大风量短时间通风排潮，恒速排除绿麦芽中非结合水分，每吨麦芽通风能力 ≥97m³/min，排潮时间 ≤10h，控制干燥箱内麦层高低点差 ≤7cm，干燥总时间 34～38h。

（六）麦汁制备

1. 原理

麦汁制备包括原料糖化、麦醪过滤和麦汁煮沸等过程。由于麦芽价格相对较高，再加上发酵过程需要较多的糖，因此目前大多数工厂用大米做辅料。

2. 仪器与材料

在糖化车间一般有四种设备：糊化锅、糖化锅、麦汁过滤槽和麦汁煮沸锅，本实验由于受条件限制，只采用单式设备。

3. 步骤

（1）糖化用水量计算　　糖化用水量一般按下式计算。

$$W = \frac{100 - B}{B} \times A$$

式中，B：过滤开始时麦汁浓度（第一麦汁浓度）（°P）；A：100kg 原料中含有的可溶性物质（浸出物质量分数）；W：100kg 原料（麦芽粉）所需糖化用水量（L）。

例：要制备 60L 10°Bx 的麦汁，麦芽浸出物为 75%，需要加入多少麦芽粉？

因为 $W = \dfrac{100 - 10}{10} \times 75 = 675L$，即 100kg 原料需 675L 水。要制备 60L 麦汁，则需添加 10kg 麦芽和 60L 水（不计麦芽溶出后增加体积）。

（2）糖化　　优质麦芽粉碎后，加入水，35～37℃ 保温 30min，升温至 50～52℃ 保温 60min，升温至 65℃ 保温 30min（至碘显色反应基本完全），升温至 76～78℃ 送入过滤槽。

（3）麦汁过滤　　将糖化醪液直接过滤得到麦汁，其浓度一般为 4%～8%，再用热水（约 80℃）冲洗麦糟 2～3 次，所得最终麦汁浓度为 1.0%～1.5%。

（4）麦汁煮沸　　将粗过滤麦汁通蒸汽加热至沸腾，煮沸时间控制在 1.5～2h，蒸发量达 15%～20%，此过程可加入酒花［200%（M/V）麦汁］，然后冷却（蒸发时尽量开口，煮沸结束时，为防止杂菌进入，最好密闭），让絮凝物沉淀。

4. 注意事项

若加热、煮沸过程中将蒸汽直接通入麦汁中，由于蒸汽的冷凝麦汁量会增加，加水时应考虑这一点。

（七）麦汁糖度测定

1. 原理

麦汁的好坏，将直接关系到啤酒质量。工厂根据不同品种啤酒要求，及时分析麦汁质量，调整麦汁制造工艺。麦汁主要分析项目有：麦汁浓度、总还原糖含量、氨基氮含量、酸度、色度、苦味质含量等。一般分析项目应在麦汁冷却 30min 后取样。样品冷却后，以滤纸过滤，滤液放于灭菌三角瓶中，低温保藏。全部分析应 24h 内完成。

为调整啤酒酿制时原麦汁浓度，在麦汁过滤后、煮沸前用简易糖锤度计法测定麦汁浓度。

2. 仪器与材料

量筒、温度计、糖锤度计、麦汁等。

3. 步骤

取 100ml 冷却麦汁，放于 100ml 量筒中，放入糖锤度计，待稳定后，读出糖度，同时测定麦汁温度，根据校准值，计算 20℃麦汁糖度。

4. 补充说明

糖锤度计即糖度表，又称勃力克斯比重计。这种比重计是用纯蔗糖溶液的质量分数表示比值，它的刻度称为勃力克斯刻度（Brixsale，Bx）即糖度，规定 20℃使用，Bx 与比重的关系举例如表3-6。它们之间可换算，同一溶液若测定温度小于 20℃，因溶液收缩，比重比 20℃时要高。若液温高于 20℃情况相反。不在 20℃液温时测得的数值可从附表中查得 20℃时的糖度（表3-7）。我们说某溶液是多少 Bx，或多少糖度，应是指 20℃的数值。20℃以外用糖度表示的数值，应加温度说明。麦汁浓度常用 °Bx 表示，有时也用 plato 表示。

表3-6　Bx 与比重的关系（20℃）

比重	Bx
1.00250	0.641
1.01745	4.439
1.03985	9.956

Plato 是一种与 Bx 相同的表示比重的刻度，也以 20℃时纯蔗糖溶液的质量分数表示。例如，3.9plato 就是指 20℃时的数值，没有"13℃时多少 plato"的说法，因为只有勃力克斯比重计，没有 plato 比重计，不存在各种温度用 plato 比重计去测定的情况，它是一种刻度，一种标准而已。

巴林比重计含义与勃力克斯比重计相同，规定 17.5℃使用，而不是 20℃使用。

糖度表本身作为产品允许出厂误差为 0.2°Bx，用于放在啤酒发酵液中指示时，由于 CO_2 上升的冲力使表上升，而读数偏高，故刚从发酵容器取出的样品须过 0.5min 待 CO_2 逸走后再读数。糖度表一直放在发酵液中作长期观测时，不读数时应设法使其全部没入发酵液中，否则浮在液面的泡盖会干结在表上，造成读数偏差。

表 3-7　糖锤度与温度校正表（部分）

温度 /℃	糖锤度校正值											
15	0.20	0.20	0.2	0.21	0.22	0.22	0.23	0.23	0.24	0.24	0.24	0.25
16	0.17	0.17	0.18	0.18	0.18	0.18	0.19	0.19	0.20	0.20	0.20	0.21
17	0.13	0.13	0.14	0.14	0.14	0.14	0.14	0.15	0.15	0.15	0.15	0.16
18	0.09	0.09	0.10	0.10	0.10	0.10	0.10	0.10	0.10	0.10	0.10	0.10
19	0.05	0.05	0.05	0.05	0.05	0.05	0.05	0.05	0.05	0.05	0.05	0.05
	—	—	—	—	—	—	—	—	—	—	—	—
20	0	0	0	0	0	0	0	0	0	0	0	0
	+	+	+	+	+	+	+	+	+	+	+	+
21	0.04	0.05	0.05	0.05	0.05	0.05	0.05	0.06	0.06	0.06	0.06	0.06
22	0.10	0.10	0.10	0.10	0.10	0.10	0.10	0.11	0.11	0.11	0.11	0.11
23	0.16	0.16	0.16	0.16	0.16	0.16	0.16	0.17	0.17	0.17	0.17	0.17
24	0.21	0.21	0.22	0.22	0.22	0.22	0.22	0.23	0.23	0.23	0.23	0.23
25	0.27	0.27	0.28	0.28	0.28	0.28	0.29	0.29	0.30	0.30	0.30	0.30
26	0.33	0.33	0.34	0.34	0.34	0.34	0.35	0.35	0.36	0.36	0.36	0.36
27	0.40	0.40	0.41	0.41	0.41	0.41	0.41	0.42	0.42	0.42	0.42	0.43
28	0.46	0.46	0.47	0.47	0.47	0.47	0.48	0.48	0.49	0.49	0.49	0.50
29	0.54	0.54	0.55	0.55	0.55	0.55	0.55	0.56	0.56	0.56	0.57	0.57
30	0.61	0.61	0.62	0.62	0.62	0.62	0.62	0.63	0.63	0.63	0.64	0.64
31	0.69	0.69	0.70	0.70	0.70	0.70	0.70	0.71	0.71	0.71	0.72	0.72
32	0.76	0.77	0.77	0.78	0.78	0.78	0.78	0.79	0.79	0.79	0.80	0.80

（八）啤酒主发酵

1. 原理

啤酒主发酵是静置培养典型代表，是将酵母接种至盛有麦汁的容器中，在一定温度下培养的过程。酵母菌是一种兼性厌氧微生物，先利用麦汁中的溶解氧进行好氧生长，然后利用 EMP 途径进行厌氧发酵生成乙醇。同样体积的液体培养基用粗而短的容器盛放比细而长的容器更容易使氧进入液体，因而前者降糖较快（所以测试啤酒生产用酵母菌株的性能时，所用液体培养基至少要 1.5ml，才接近生产实际）。定期摇动容器，既能增加溶解氧，也能改善液体各成分流动，最终加快菌体生长过程。若希望培养基中的沉淀越少越好，可在灭菌完毕冷却后用离心去除。培养容器的开口一般可扎 4～8 层纱布防止杂菌进入。这种有乙醇产生的静置培养容易进行，乙醇有抑制杂菌生长的能力，可容许一定程度粗放操作。由于糖被消耗，产生 CO_2 与乙醇，比重不断下降，可用糖度表或称容器失重来监视。若需分析其他指标，可开盖取样，但最好在容器口的纱布上开一小孔，小孔再加盖，用消过毒的细管来抽取。当培养容器是厚壁的玻璃缸并需要湿热灭菌时，缸底应垫以布块，与内锅隔开，以免缸体碎裂。在进行啤酒发酵时，遵守缸体清洗→75% 乙醇消毒→无菌水洗的措施，不致严重染菌。

2．仪器与材料

（1）仪器　带冷却装置 100L 发酵罐、生化培养箱等。

（2）材料　麦汁、酵母菌种、葡萄糖、纱布等。

3．步骤

将糖化后冷却至室温的 60L 麦汁冷却（夹套中通入冷却水），使麦汁降温至 10℃，接入酵母菌种（共约 6L），然后充氧，以利酵母生长，同时使酵母在麦汁中分散均匀（充氧，即通入无菌空气，也可在麦汁冷却后进行，一般温度越低，氧在麦汁中的溶解度越大），待麦汁中的溶解氧饱和，让酵母进入繁殖期，约 20h，溶解氧被消耗，逐渐进入主发酵。

（1）主发酵　由于发酵罐密闭，很难看清发酵的整个过程，建议一个组在 1000ml 玻璃缸中进行啤酒主发酵小型实验。具体方法如下。

1）洗标本缸，缸口用 8 层纱布包扎后，进行高压灭菌。

2）将协定法糖化麦汁加水至 600ml，再加葡萄糖使糖度达到 10°Bx，灭菌，冷却后摇动充氧，沉淀，将上清液加入标本缸。

3）将 50ml 酵母菌种接入，在生化培养箱中发酵，每天观察发酵情况。

4）主发酵 10℃，7d，至 4.0℃时结束（嫩啤酒）。一般主发酵整个过程分为酵母繁殖期、起泡期、高泡期、落泡期和泡盖形成期五个时期。观察各时期区别。

（2）主发酵测定项目　接种后取样做第一次测定，以后每 12h 或 24h 测 1 次直至结束。全部数据叠画在 1 张方格纸上，纵坐标为 8 个指标，横坐标为时间。共测定下列 8 个项目：①糖度（用糖度表测）；②细胞浓度、出芽率、染色率；③酸度；④α-氨基氮；⑤还原糖；⑥酒精度；⑦pH；⑧双乙酰含量。

4．注意事项

除少数特殊测定项目，应将发酵液在两干净的大烧杯中来回倾倒 50 次以上，以除去 CO_2，再经过滤用于分析。

（九）总糖和还原糖含量测定

1．原理

费林试剂由甲、乙液组成，甲液为硫酸铜溶液，乙液为氢氧化钠与酒石酸钾钠溶液。平时甲、乙溶液分开贮存，测定时才等体积混合，混合后，硫酸铜与氢氧化钠反应，生成氢氧化铜沉淀。

$$2NaOH + CuSO_4 \longrightarrow Cu(OH)_2\downarrow + Na_2SO_4$$

氢氧化铜因能与酒石酸钾钠反应形成络合物而使沉淀溶解。酒石酸钾钠铜络合物中的二价铜是氧化剂，在氧化醛糖和酮糖（合称总还原糖）的同时，自身被还原成红色氧化亚铜沉淀。反应终点用亚甲蓝指示，亚甲蓝氧化能力较二价铜弱，故待二价铜全部被还原糖还原后，过量一滴还原糖立即使亚甲蓝还原成无色还原型亚甲蓝。

2．仪器与材料

（1）仪器　电炉、滴定管等。

（2）材料

1）样品溶液。

2）费林试剂。甲液：称取 3.4939g 结晶硫酸铜（$CuSO_4 \cdot 5H_2O$），溶于 50ml 水中，如有

不溶物须过滤。乙液：称取 13.7g 酒石酸钾钠，5g NaOH，溶于 50ml 水中，若有沉淀过滤即可。

3）0.2% 标准葡萄糖液：精确称取于 105℃烘至恒重葡萄糖 0.5000g，用水溶解，加 2.5ml 浓盐酸，定容至 250ml。

4）1% 亚甲蓝指示剂：0.5g 亚甲蓝溶于 50ml 蒸馏水中。

3. 步骤

（1）费林试剂标定   由于试剂纯度不同，配制时称量、定容等有误差，各人所配的费林试剂氧化能力会有差异，因此有必要对费林试剂进行校准。配制准确时，费林试剂甲、乙液各 5ml 可氧化 25ml 0.2% 标准葡萄糖溶液。

1）预滴定。准确吸取费林试剂甲、乙液各 5ml，放入 250ml 三角瓶，加水 20ml，滴定管加入 24ml 0.2% 标准葡萄糖溶液，将三角瓶加热煮沸，维持沸腾 2min，加入 1% 亚甲蓝指示剂 2 滴，沸腾状态下以每 2s 1 滴的速度滴入 0.2% 标准葡萄糖溶液，至溶液刚由蓝色变为鲜红色为止。滴定操作应在 1min 内完成，整个煮沸时间应控制在 3min 之内。记下总耗糖量 V。

2）正式滴定。与预滴定基本相同，只是用 $V-1$ 标准葡萄糖代替 24ml 葡萄糖液，最后在 1min 内滴定完成。

（2）试样滴定

1）稀释。将样品进行适当稀释，用 15～50ml（最好 20～30ml）样品稀释液使滴定完成。一般麦汁稀释 50 倍，啤酒主酵液稀释 20 倍。

2）滴定。基本同上，也分预滴定和正式滴定。只不过用样品稀释液代替标准葡萄糖液，由于预滴定时不知需要多少样品稀释液，因此误差较大。正式滴定时先加入比预滴定少 1ml 的稀释液。正式滴定至少 2 次。

（3）计算

$$还原糖（\%）=\frac{还原糖毫克数 \times 样品稀释倍数}{样品毫克数}\times 100\%，$$

$$总糖（\%）=\frac{水解后还原糖毫克数 \times 样品稀释倍数}{样品毫克数}\times 100\%。$$

4. 注意事项

1）指示剂亚甲蓝本身具有弱氧化性，要消耗还原糖，每次用量应保持一致。

2）亚甲蓝被还原为无色后，易被空气氧化又显蓝色，所以滴定过程应保持沸腾状态，使瓶内不断冒出水蒸气，以防空气进入。

3）反应过程中不能摇动三角瓶，沸腾已可使溶液混匀。

4）测定时须严格控制反应液体积，以保持一致的酸碱度。因此要控制电炉火力及滴定速度。

（十）α-氨基氮测定

1. 原理

α-氨基氮为 α-氨基酸分子上的氨基氮。水合茚三酮是一种氧化剂，可使氨基酸脱羧氧化，而本身被还原成还原型水合茚三酮。还原型水合茚三酮再与未还原的水合茚三酮及氨反应,生成蓝紫色缩合物,颜色深浅与游离 α-氨基氮含量成正比,可在 570nm 下比色测定。

2. 仪器与材料

(1)仪器　　分光光度计、电炉等。

(2)材料

1)显色剂:称取 10g Na$_2$HPO$_4$·12H$_2$O,6g KH$_2$PO$_4$,0.5g 水合茚三酮,0.3g 果糖,用水溶解并定容至 100ml(pH 6.6～6.8),棕色瓶低温保存,可用 2w。

2)碘酸钾稀释液:0.2g 碘酸钾溶于 60ml 水中,加 40ml 95% 乙醇。

3)标准甘氨酸溶液:准确称取 0.1072g 甘氨酸,用水溶解并定容至 100ml,0℃保存。用时 100 倍稀释。

3. 步骤

(1)样品稀释　　适当稀释样品至含 α-氨基氮 1～3μg/ml(麦汁一般稀释 100 倍,啤酒 50 倍)。

(2)测定　　取 9 支 10ml 具塞刻度试管,其中 3 支吸入 2ml 甘氨酸标准溶液,另 3 支各吸入 2ml 试样稀释液,剩下 3 支吸入 2ml 蒸馏水。然后各加显色剂 1ml,盖玻璃塞,摇匀,在沸水浴中加热 16min。取出,20℃冷水中冷却 20min,分别加 5ml 碘酸钾稀释液,摇匀。在 30min 内,以水样管为空白对照,570nm 波长下测各管的吸光度。

(3)计算

$$\alpha\text{-氨基氮含量(μg/ml)} = \frac{\text{样品管平均 } A_{570nm}}{\text{标准管平均 } A_{570nm}} \times 2 \times \text{稀释倍数}$$

式中,样品管平均 A_{570nm} / 标准管平均 A_{570nm} 表示样品管与标准管之间的 α-氨基氮之比。

4. 注意事项

1)必须严防任何外界痕量氨基酸的引入,所用具塞刻度试管必须仔细洗涤,洗净后手只能接触管壁外部,移液管不可用嘴吸。

2)测定时加入果糖作为还原性发色剂,碘酸钾稀释液的作用是使茚三酮保持氧化态,以阻止进一步发生不希望的显色反应。

3)深色麦汁或深色啤酒应重新进行吸光度校正,取 2ml 样品稀释液,加 1ml 蒸馏水和 5ml 碘酸钾稀释液做空白对照在 570nm 波长下测吸光度,将此值从测定样品吸光度中减去。

(十一)酸度测定

1. 原理

总酸是指样品中能与强碱(NaOH)作用的所有物质的总量,用中和每升样品(滴定至 pH 9.0)所消耗的 1mol/L NaOH 的毫升数来表示。

由于样品中有多种弱酸和弱酸盐,有较大的缓冲能力,滴定终点 pH 变化不明显,再加上样品有色泽,用酚酞做指示剂效果不是太好,最好采用电位滴定法。

2. 仪器与材料

(1)仪器　　自动电位滴定仪(或普通碱式滴定管)等。

(2)材料　　0.1mol/L NaOH 标准溶液、0.1% 酚酞指示剂等。

3. 步骤

取 50ml 发酵液,置于 250ml 三角瓶中,加 1 滴 0.1% 酚酞指示剂,用 0.1mol/L NaOH 标

准溶液滴定至微红色（不可过量），记下消耗氢氧化钠溶液的体积 V。

$$总酸 = C \times V \times 100$$

式中，C：NaOH 标准溶液的浓度；V：消耗的 NaOH 标准溶液的体积。

4. 注意事项

发酵液中二氧化碳必须彻底去除；0.1mol/L NaOH 必须经过标定，计算结果保留 4 位有效数。

（十二）比重测定和实际浓度测定

1. 原理

一定温度下，各种物质都有一定比重。物质纯度改变时，比重也随着改变，故测定比重可检验物质纯度或溶液浓度。例如，在啤酒发酵中，随着糖分消耗，乙醇和 CO_2 的产生，比重会逐渐下降，因此可通过测定发酵液比重了解发酵过程。

溶解于水中的固体物质称为固形物，以质量分数表示。在啤酒发酵液中，固形物含量常以蔗糖的质量分数来表示。但发酵液固形物还包括许多非糖成分，这些非糖成分对溶液比重影响与蔗糖不一样，但为了方便起见，可假定非糖物质对溶液比重的影响程度和蔗糖相等。因此，根据比重查知的固形物含量实际上只是一个近似值。成品啤酒或发酵液中所含浸出物质量分数称为浓度。啤酒和发酵液中有部分乙醇，乙醇比水轻，故采用比重法测得浓度，要稍低于实际浓度，习惯上称为外观浓度。将乙醇和 CO_2 除去后测得浓度称为实际浓度。因此实际浓度较为准确，并可以此来计算原麦汁浓度。

图3-7 比重瓶示意图

2. 仪器与材料

测定比重常用的是比重瓶和比重计。比重计方便，但精确度低，比重瓶精确，但测定费时。比重瓶有多种形状，常用的规格为 25ml，比较好的是带有特制温度计并具有磨口帽小支管的比重瓶（图3-7）。比重以相同温度下，同体积的溶液和纯水之间的质量比来表示。

3. 步骤

（1）空瓶称重　　将比重瓶洗干净后，吹干或低温烘干（可用少量乙醇或乙醚洗涤），冷却至室温，精确称重至 0.1mg。

（2）称水重　　将煮沸 30min 并冷却至 15~18℃ 的蒸馏水装满比重瓶（注意瓶内不要有气泡）。装上温度计。立即浸入 20±0.1℃ 的恒温水浴中，让瓶内温度计在 20℃ 下保持 20min，取出比重瓶用滤纸吸去溢出支管外的水，立即盖上小帽，室温下平衡温度后，擦干瓶壁上的水，精确称重。

（3）样品称重　　倒出蒸馏水，用少量样品洗涤后，加入冷却至 15~18℃ 的样品，测得样品质量。

（4）比重计算

$$样品比重 = \frac{样品重 - 空瓶重}{蒸馏水重 - 空瓶重}。$$

（5）查表　　查阅比重-浸出物浓度对照表（表3-8）。

（6）啤酒外观浓度和实际浓度测定

1）外观浓度的测定（同上）。

2）实际浓度的测定。用干燥的烧杯称取已除 CO_2 的发酵液或啤酒样品 100.0g，置 80℃水浴中蒸发乙醇，蒸至原体积的 1/3，冷却，加蒸馏水至内容物 100.0g，充分混匀，用比重瓶准确测定 20℃时的比重，查表求得实际浓度（表3-8）。加热过程中可能有蛋白质沉淀，测定比重时不必滤出。为简化操作，常将测定乙醇分时蒸馏下的残液加水至原质量，作测定实际浓度用。该法沸腾时间较长，对测定结果有一定影响。

我国《中华人民共和国工业和信息化部部颁标准》（后文简称《部颁标准》）规定，11度啤酒实际浓度不低于 3.9%，12 度啤酒不低于 4.0%。

表 3-8 比重－浸出物浓度对照表（部分）

比重 /%	浸出物 /g	比重 /%	浸出物 /g	比重 /%	浸出物 /g	比重 /%	浸出物 /g
1.0120	3.067	1.0130	3.331	1.0140	3.573	1.0150	3.826
1.0160	4.077	1.0170	4.329	1.0180	4.580	1.0190	4.830
1.0200	5.08	1.0210	5.330	1.0220	5.580	1.0230	5.828
1.0240	6.077	1.0250	6.325	1.0260	6.572	1.0270	6.819
1.0280	7.066	1.0290	7.312	1.0300	7.558	1.0310	7.803
1.0320	8.048	1.0330	8.293	1.0340	8.537	1.0350	8.781
1.0360	9.024	1.0370	9.267	1.0380	9.509	1.0390	9.751
1.0400	9.993	1.0410	10.234	1.0420	10.475	1.0430	10.716
1.0440	10.995	1.0450	11.195	1.0460	11.435	1.0770	11.673

注：比重为 20℃时测得，浸出物指 100g 样品中的克数。

（十三）酒精度及原麦汁浓度计算

1. 原理

用小火将发酵液或啤酒中的乙醇蒸馏出来，收集馏出液，测定其比重，根据比重－酒精度对照表，可查得酒精度。

2. 仪器与材料

电炉、调压变压器、铁架台、500ml 三角瓶、冷凝管、100ml 量筒或容量瓶等。

3. 步骤

（1）酒精度测定

1）500ml 三角烧瓶称取 100.0g 除气啤酒，再加 50ml 水。

2）安上冷凝器，冷凝器下端用一已知质量的 100ml 容量瓶或量筒接收馏出液。若室温较高，为防止乙醇蒸发，可将容量瓶浸于冷水或冰水中。

3）开始蒸馏时用文火加热，沸腾后可加强火力，蒸馏至馏出液接近 100ml 时停止加热。

4）取下容量瓶，加蒸馏水至馏出液重 100.0g，混匀。

5）用比重瓶精确测定溜出液比重。

6）查比重－酒精度对照表（表3-9），求得酒精度。

我国《部颁标准》规定 11 度啤酒的酒精度不低于 3.2%，12 度啤酒的酒精度不低于 3.5%。

表 3-9　比重 - 酒精度对照表（部分）

比重 /%	酒精度 /%	比重 /%	酒精度 /%	比重 /%	酒精度 /%	比重 /%	酒精度 /%
0.9999	0.055	0.9970	1.620	0.9940	3.320	0.9910	5.130
0.9995	0.270	0.9965	1.890	0.9935	3.610	0.9905	5.445
0.9990	0.540	0.9960	2.170	0.9930	3.905	0.9900	5.760
0.9985	0.805	0.9955	2.450	0.9925	4.215	0.9895	6.080
0.9980	1.070	0.9950	2.730	0.9920	4.520	0.9890	6.395
0.9975	1.345	0.9945	3.030	0.9915	4.825	0.9885	6.710

（2）原麦汁浓度计算　　原麦汁浓度是指发酵之前的麦汁浓度。生产中为检查发酵是否正常，常根据啤酒的实际浓度来推出原麦汁浓度和发酵度。

根据巴林的研究，在完全发酵时，每 2.0665g 浸出物可生成 1g 乙醇，0.9565g CO_2 和 0.11g 酵母。若测得啤酒的乙醇分为 A，实际浓度为 n，则 100g 啤酒发酵前含有浸出物的克数应为 $A \times 2.0665 + n$。

生成 A（g）乙醇，即从原麦汁中减少 $A \times 1.0665$ 浸出物。要生成 100g 啤酒，需原麦汁 $100 + A \times 1.0665$。

$$原麦汁浓度 P = \frac{A \times 2.0665 + n}{100 \times A + 1.0665}。$$

我国《部颁标准》规定，11 度啤酒原麦汁浓度为 10.8%～11.2%，12 度啤酒为 11.8%～12.2%。

浅色啤酒根据其实际发酵度可分为三个类型：①低发酵度：50% 左右，往往使啤酒保存性差。②中发酵度：60% 左右，较合适。③高发酵度：65% 左右，较合适。

（十四）双乙酰测定

1. 原理

双乙酰（丁二酮）是赋予啤酒风味的重要物质。但含量过大，会使啤酒有一种馊饭味。《中华人民共和国轻工行业标准》规定成品啤酒中双乙酰含量＜0.1mg/L。

双乙酰的测定方法有气相色谱法、极谱法和比色法等等。邻苯二胺比色法快速简便，是轻工行业标准方法，连二酮类都能发生显色反应，所以，此法测得之值为双乙酰与戊二酮的总量，结果偏高。但可用蒸汽将双乙酰从样品中蒸馏出后，加邻苯二胺，形成 2,3- 二甲基喹喔啉，其盐酸盐在 335nm 波长下有一最大吸收峰，可进行定量测定。

2. 仪器与材料

（1）仪器　　紫外 - 可见分光光度计、双乙酰蒸馏装置（图 3-8）。

（2）材料

1）4mol/L 盐酸。

2）1% 邻苯二胺：精密称取分析纯邻苯二胺 250.0mg，

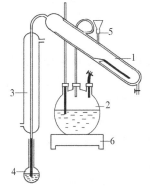

图 3-8　双乙酰蒸馏装置示意图

1. 夹套蒸馏器；2. 蒸汽发生器；

3. 冷凝器；4.25ml 容量瓶（或量筒）；

5. 加样口；6. 电炉

溶于 4mol/L 盐酸中，并定容至 25ml，贮于棕色瓶中，限当日使用。

3）消泡剂：有机硅消泡剂或甘油聚醚。

3. 步骤

1）按图 3-8 把双乙酰蒸馏装置安装好，把夹套蒸馏器下端的排气夹子打开。

2）将内装 2.5ml 蒸馏水的容量瓶（或量筒）放于冷凝器下，使出口尖端浸没在水面下，外加冰水冷却。

3）加热蒸汽发生器至沸，通蒸汽加热夹套蒸馏器，备用。

4）于 100ml 量筒中加入 2~4 滴消泡剂，再注入 5℃左右未除气啤酒 100ml。

5）待夹套蒸馏器下端冒汽时，打开进样口瓶塞，将啤酒迅速注入蒸馏器内，再用约 10ml 蒸馏水冲洗量筒，同时倒入，迅速盖好进样口塞子，用水封口。

6）待夹套蒸馏器下端再次冒汽时，将排气夹子夹住，开始蒸馏，到馏出液接近 25ml 时取下容量瓶，用水定容至 25ml，摇匀（蒸馏应在 3min 内完成）。

7）分别吸取馏出液 10ml 于两支具塞刻度试管中。一管作为样品管加入 0.5ml 邻苯二胺溶液，另一管不加作空白，充分摇匀后，同时置于暗处放置 20~30min，然后于样品管中加 2ml 4mol/L 盐酸溶液，于空白管中加 2.5ml 4mol/L 盐酸溶液，混匀。

8）335nm 波长处，用 2cm 比色皿以空白作对照测定样品吸光度。

9）计算。

$$双乙酰（mg/L）=A_{335nm}\times 1.2。$$

4. 注意事项

1）蒸馏时加入试样要迅速，勿使双乙酰损失。蒸馏要在 3min 内完成。

2）严格控制蒸汽量，勿使泡沫过高，被蒸汽带走而导致蒸馏失败。

3）显色反应在暗处进行，否则导致结果偏高。

（十五）色度测定

1. 原理

色泽与啤酒的清亮程度有关，是啤酒的感官指标之一。啤酒依色泽可分为淡色、浓色和黑色等几种类型，每种类型又有深浅之分。淡色啤酒以浅黄色稍带绿色为好，给人以愉快的感觉。

形成啤酒颜色的物质主要是类黑精、酒花色素、多酚、黄色素以及各种氧化物，浓黑啤酒中还有大量的焦糖。淡色啤酒的色素主要取决于原料麦芽和酿造工艺，深色啤酒的色泽来源于麦芽，另外也需添加部分着色麦芽或糖色；黑啤酒的色泽则主要来源于焦香麦芽、黑麦芽或糖色。

造成啤酒色深的因素有如下几种：麦芽煮沸色度深；糖化用水 pH 偏高；糖化、煮沸时间过长；洗糟时间过长；酒花添加量大、单宁多，酒花陈旧；啤酒含氧量高；啤酒中铁离子偏高。

对淡色啤酒来说，色度 5~9.5EBC 为优级，应注意以下几方面内容：①选择麦汁煮沸色度低的优质麦芽，适当增加大米用量，使用新鲜酒花，选用软水，对硬度高的水应预先处理。②糖化时适当添加甲醛，调酸控制 pH，尤其煮沸时应控制 pH 5.2。③严格控制糖化、过滤、麦汁煮沸时间，不得延长，冷却时间宜为 60min。④防止啤酒吸氧过多，严格控制瓶颈空气含量，巴氏灭菌时间不能太长。

2. 仪器与材料

（1）仪器　100ml 比色管、白瓷板、吸管等。

（2）材料　0.1mol/L 碘标准溶液（经标定，精确至 0.0001mol/L）、啤酒发酵液等。

3. 步骤

1）取 2 支比色管，一支中加入 100ml 蒸馏水，另一支中加入 100ml 啤酒发酵液（或麦汁、啤酒），面向光亮处，立于白瓷板上。

2）用吸管吸取 1.00ml 碘标准溶液，逐滴滴入装水比色管中，并不断用玻璃棒搅拌均匀，直至从轴线方向观察其颜色与样品比色管相同为止，记下所消耗的碘液体积 V（准确至小数点后第 2 位）。

3）样品色度计算。

$$样品色度＝10 \times N \times V$$

式中，N：碘液浓度；V：消耗的碘液体积。

4. 注意事项

1）若用 50ml 比色管，结果乘以 2。

2）不同样品须在同等光强下测定，最好用日光灯或北部光线，不可在阳光下测定。

3）麦汁应澄清，可经过滤或离心后测定。

（十六）风味物质气相色谱检测

1. 原理

采用静态顶空气相色谱法进行测定。顶空气相色谱法（HSGC）是指用气相色谱法（GC）分析封闭系统中与液体（或固体）样品平衡之气体的方法。该法具有样品基体对色谱柱的沾污少，谱图简单，干扰少的优点。顶空进样法是一种避开不挥发物的干扰，只分析样品中易挥发成分的较简单方法，省去了对每个样品的蒸馏，而且更贴近于嗅觉分析。顶空进样法又有静态法和动态法之分。静态法是将一定量啤酒样品置于用胶塞密封的瓶中，一定温度下，液面上方的气相与液相达到分配平衡后抽取气相进样；动态法则是更先进的方法，有高度的富集作用，可检出挥发性较弱和含量很低的组分，配合高效毛细管色谱柱可定量检出二十余种微量风味物质。但动态法需要昂贵的仪器配置和很高的操作要求，对尚未普及色谱技术的一般啤酒厂来说，应用尚有困难。静态法则简单易行，可在一般填充柱条件下进行，虽富集作用很小，不能检出含量低微的成分，但分析对感官品评有价值的主要挥发性组分还是很有实用意义的。

2. 仪器与材料

（1）仪器　GC-6890 气相色谱仪、火焰离子化检测器（FID）、电脑显示仪、HP 气相色谱化学工作站、SGH-300 高纯氢发生器、10ml 顶空瓶、HP7694E 顶空自动进样器、色谱柱：HP-INNOWax 毛细管柱（0.53mm×0.25μm×30m）等。

（2）试剂　正丙醇、异丁醇、正丁醇、异戊醇、甲酸乙酯、乙酸乙酯、乙酸异丁酯、乙酸异戊酯、己酸乙酯、辛酸乙酯乙醇、二甲基硫等。

（3）标样配制　以 20% 乙醇溶液作为溶剂，于 1000ml 容量瓶中准确添加异戊醇 130ml、正丙醇 108ml、异丁醇 108ml、正丁醇 5μl、乙酸乙酯 108ml、乙酸异戊酯 10μl、己酸乙酯 2μl、辛酸乙酯 2μl、甲酸乙酯 1μl、乙酸异丁酯 15μl。另配 1% 的二甲基硫溶液 10ml，以 50% 乙醇作基质，加二甲基硫 11ml，混匀后准确移取此溶液 105ml 至上述混标中，全部混匀后各组分浓度为：异戊醇 4816mg/L、正丙醇 1218mg/L、异丁醇 1218mg/L、正丁醇 181mg/L、乙酸乙酯 1414mg/L、乙酸异戊酯 1174mg/L、己酸乙酯 135mg/L、辛酸乙酯 135mg/L、甲酸乙酯 118mg/L、乙酸异丁酯 1087mg/L、二甲基硫 1085mg/L。

3. 步骤

采用静态顶空气相色谱法进行测定。具体色谱条件如下。

（1）温度　　柱温采用程序升温，初温 50℃，不保留。然后以 10℃/min 升至 160℃，不保留，运行时间为 11min。进样口温度为 100℃，气化室及检测器（FID）温度为 300℃。

（2）进样　　温度：100℃；模式：分流，分流比为 2.0：1；检测器（FID）温度：300℃。

（3）流量　　氢气 30ml/min，空气 400ml/min，载气 25.0ml/min。

（4）进样量　　进样量 0.1μl。

采用柱效较高的 HP 大口径毛细管柱分析，分离结果较为理想，与 HP 的顶空进样装置配合使用。组分的定性主要依靠标样加入法，结合有关资料比较后加以确认。在本实验中共定性分离了 12 种微量组分，实验结果案例如图 3-9。

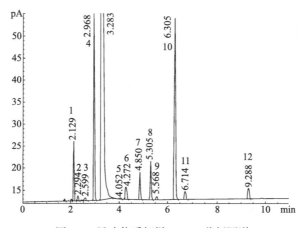

图 3-9　风味物质标样 HSGC 分析图谱

1. 乙醛；2. 二甲基硫；3. 甲酸乙酯；4. 乙酸乙酯；5. 乙酸异丁酯；6. 正丙醇；7. 异丁醇；8. 乙酸异戊酯；9. 正丁醇；10. 异戊醇；11. 己酸乙酯；12. 辛酸乙酯

（十七）后发酵

1. 原理

主发酵结束后的啤酒尚未成熟，称为嫩啤酒，必须经过后发酵才能饮用。后发酵在 0～2℃ 下利用酵母菌本身的特性去除嫩啤酒的异味，使啤酒成熟。

2. 仪器与材料

三角瓶、嫩啤酒等。

3. 步骤

1）选取耐压三角瓶，清洗，消毒灭菌。

2）将嫩啤酒装入三角瓶，装量约为容积的 90%，注意不要进入太多氧气。

3）盖紧盖子，放于 0~2℃冰箱中后发酵 3 个月。

4. 注意事项

1）因后发酵会产生大量气体，不能选用不耐压的玻璃瓶，以免危险。

2）不要进入太多氧气，瓶子上端不要留有太多空气，否则啤酒会带严重氧化味。

（十八）啤酒质量品评

1. 原理

啤酒是一个成分非常复杂的胶体溶液。啤酒的感官性品质同其组成有密切的关系。啤酒中的成分除了水以外，主要由两大类物质组成：一类是浸出物，另一类是挥发性成分。浸出物主要包括碳水化合物、含氮化合物、甘油、矿物质、多酚物质、苦味物质、有机酸、维生素等；挥发性组分包括乙醇、CO_2、空气、高级醇类、酸类、醛类、连二酮类等。由于这些成分的不同和工艺条件的差别，造成了啤酒感官性品质的异同。所谓评酒就是通过对啤酒的滋味、口感以及气味的整体感觉来鉴别啤酒的风味质量。评酒的要求很高，如统一用内径 60mm，高 120mm 的毛玻璃杯，酒温以 10~12℃为宜，一般从距杯口 3cm 处倒入，倒酒速度适中。评酒以百分制计分：外观 10 分，气味 16 分，泡沫性能 21 分，酒体口味 53 分。

良好的啤酒，除理化指标必须符合质量标准外，还必须满足以下的感官特性品质要求。

1）爽快。指有清凉感，利落的良好味道。即爽快、轻快、新鲜。

2）纯正。指无杂味。亦表现为轻松、愉快、纯正、细腻、无杂臭味、干净等。

3）柔和。指口感柔和，亦指表现力温和。

4）醇厚。指香味丰满，有浓度，给人以满足感。亦表现为芳醇、丰满、浓醇等。啤酒的醇厚，主要由胶体的分散度决定，因此醇厚性在很大程度上与原麦汁浓度有关。浸出物低的啤酒有时会比含量高的啤酒口味更丰满，发酵度低的啤酒并不醇厚，而发酵度高的啤酒多是醇厚的，其乙醇含量高也构成了醇厚性。泡持性好的啤酒，同时也是醇厚的啤酒。

5）澄清有光泽，色度适中。无论何种啤酒应该澄清有光泽，无混浊，不沉淀。色度是确定酒型的重要指标，如淡色啤酒、黄啤酒、黑啤酒等，可以外观直接分类。不同类型的啤酒有一定的色度范围。

6）泡沫性能良好。淡色啤酒倒入杯中时应升起洁白细腻的泡沫，并保持一定的时间，如果是含铁多或过度氧化的啤酒，有时泡沫会出现褐色或红色。

7）有再饮性。啤酒是供人类饮用的液体营养食品，好的啤酒会让人感到易饮，无论怎么饮都饮不腻。

2. 仪器与材料

啤酒、玻璃杯等。

3. 步骤

1）将啤酒冷冻至 10~12℃。

2）开启瓶盖，将啤酒自 3cm 高处缓慢倒入玻璃杯内。

3）在干净、安静的室内按表 3-10 进行啤酒品评。

表 3-10　淡色啤酒评分标准

类别	项目	满分要求	缺点	扣分标准	样品
外观 10 分	透明度 5 分	迎光检查 清亮透明， 无悬浮物 或沉淀物	清亮透明	0	
			光泽略差	1	
			轻微失光	2	
			有悬浮物或沉淀	3～4	
			严重失光	5	
	色泽 5 分	呈淡黄绿色 或淡黄色	色泽符合要求	0	
			色泽较	1～3	
			色泽很差	4～5	
	评语				
泡沫性能 21 分	起泡 2 分	气足，倒入杯中 有明显泡沫升起	气足，起泡好	0	
			起泡较差	1	
			不起泡沫	2	
	形态 2 分	泡沫洁白	洁白	0	
			不太洁白	1	
			不洁白	2	
		泡沫细腻	细腻	0	
			泡沫较粗	1	
			泡沫粗大	2	
	持久 6 分	泡沫持久， 缓慢下落	持久 4min 以上	0	
			3～4min	1	
			2～3min	3	
			1～2min	5	
			1min 以下	6	
	挂杯 3 分	杯壁上附有泡沫	挂杯好	0	
			略不挂杯	1	
			不挂杯	2～3	
	喷酒缺陷 8 分	开启瓶盖时， 无喷涌现象	没有喷酒	0	
			略有喷酒	1～2	
			有喷酒	3～5	
			严重喷酒	6～8	
	评语				
气味 16 分	酒花香气 4 分	有明显的 酒花香气	明显酒花香气	0	
			酒花香不明显	1～2	
			没有酒花香气	3～4	

续表

类别	项目	满分要求	缺点	扣分标准	样品
气味16分	酒花香气纯正8分	酒花香气纯正，无生酒花香	酒花香气纯正	0	
			略有生酒花味	1~2	
			有生酒花味	3~4	
		酒花香气纯正，无异香	纯正无异香	0	
			稍有异香味	1~4	
			有明显异香	5~8	
	老化味4分	新鲜，无老化味	新鲜无老化味	0	
			略有老化味	1~2	
			有明显老化味	3~4	
	评语				
酒体口味53分	纯正5分	应有纯正口味	口味纯正，无杂味	0	
			有轻微的杂味	1~2	
			有较明显的杂味	3~5	
	杀口力5分	有二氧化碳刺激感	杀口力强	0	
			杀口力差	1~4	
			没有杀口力	5	
	苦味5分	苦味爽口适宜，无异常苦味	苦味适口，消失快	0	
			苦味消失慢	1	
			有明显的后苦味	2~3	
			苦味粗糙	4~5	
	淡爽或醇厚5分	口味淡爽或醇厚，具有风味特征	淡爽，不单调	0	
			醇厚丰满	0	
			酒体较淡薄	1~2	
			酒体太淡，似水样	3~5	
			酒体腻厚	1~5	
	柔和协调8分	酒体柔和、爽口、谐调，无明显异味	柔和、爽口、谐调	0	
			柔和、谐调较差	1~2	
			有不成熟生青味	1~2	
			口味粗糙	1~2	
			有甜味、不爽口	1~2	
			稍有其他异杂味	1~2	
	口味缺陷25分	不应有明显口味缺陷（缺陷扣分原则：各种品味缺陷分轻微、有、严重3等，酌情扣分）	没有口味缺陷	0	
			有酸味	1~3	
			酵母味或酵母臭	1~3	
			焦煳味或焦糖味	1~3	
			双乙酰味	1~3	

续表

类别	项目	满分要求	缺点	扣分标准	样品
酒体口味 53分	口味缺陷 25分	不应有明显口味缺陷（缺陷扣分原则：各种口味缺陷分轻微、有、严重3等，酌情扣分）	污染臭味	1~3	
			高级醇味	1~3	
			异香味	1~3	
			麦皮味	1~3	
			硫化物味	1~3	
			日光臭味	1~3	
			醛味	1~3	
			涩味	1~3	
	评语				
总体评价			总计减分		
			总计得分		

4. 注意事项

1）评酒时室内应保持干净，不允许杂味存在。

2）品评人员应保持良好心态，不能吸烟，不能吃零食。

附：啤酒品评训练

1）稀释比较法：使用冷却的蒸馏水或无杂味的自来水，通入 CO_2 以排除空气，并溶入 CO_2。将此水加入啤酒中，使之稀释 10%。将稀释的啤酒与未稀释的同一种啤酒装瓶，密封于暗处，存放过夜，使达平衡，然后进行品评。连续 3d 重复品评，将结果填入表内。

2）甜度比较：取定量纯蔗糖，全部溶解在一小部分啤酒中，并在不大量损失 CO_2 的条件下，与其他大部分啤酒混合，使其含糖浓度为 4g/L。事先告知有一种是加糖酒，连续品评 3d，将结果填入表内。

3）苦味比较：在一部分啤酒中，加入 4ppm（1ppm＝1mg/L）溶解于 90% 乙醇的异 α-酸，使呈苦味，并将此处理过的啤酒放置过夜，然后如上所述品评，连续 3d，将结果填入表中。

第 4 章　谷氨酸发酵

一、前言

谷氨酸（glutamic acid）是第一个成功进行发酵生产的氨基酸，谷氨酸发酵是典型的代谢调控发酵，其代谢途径已研究得非常清楚，并且现已大量用于鲜味剂生产以及医药产业。因此，了解谷氨酸发酵机制，掌握其发酵工艺，将有助于对代谢调控发酵的理解，并有助于对其他有氧发酵的理解和掌握。

二、谷氨酸发酵概述

（一）谷氨酸发酵生理学

谷氨酸发酵包括谷氨酸的生物合成和产物积累两个过程。以糖质原料发酵谷氨酸时，葡萄糖经糖酵解途径（EMP）和戊糖磷酸途径（HMP）生成丙酮酸，再氧化成乙酰辅酶 A（乙酰 CoA），然后进入三羧酸循环（TCA 循环），生成 α- 酮戊二酸。α- 酮戊二酸在谷氨酸脱氢酶的催化及有 NH_4^+ 存在的条件下，生成谷氨酸。当生物素缺乏时，菌种生长十分缓慢；当生物素过量时，则转为乳酸发酵。因此，一般将生物素控制在亚适量条件下，才能得到高产量的谷氨酸。

在谷氨酸发酵中，通过改变细胞膜的通透性，使谷氨酸不断地排到细胞外面，可以大量生成谷氨酸。

1. EMP 和 HMP

在谷氨酸发酵时，糖酵解可通过 EMP 及 HMP 两个途径进行。生物素充足时 HMP 所占比例是 38%，控制生物素亚适量，可使发酵产酸期 EMP 所占的比例更大，HMP 只占 26%。生成的丙酮酸，一部分氧化脱羧成乙酰 CoA，一部分通过羧化固定 CO_2 生成草酰乙酸或苹果酸，草酰乙酸与乙酰 CoA 在柠檬酸合成酶催化作用下，缩合成柠檬酸，再经下面的氧化还原共轭的氨基化反应生成谷氨酸。

$$草酰乙酸 + 乙酰 CoA + H_2O \longrightarrow 柠檬酸，$$

$$异柠檬酸 \longrightarrow \alpha\text{-}酮戊二酸 + CO_2。$$

2. TCA 循环

对谷氨酸发酵来说，TCA 循环中的某些酶如柠檬酸合成酶、顺乌头酸酶和异柠檬酸脱氢酶是必需的，但 α-酮戊二酸脱氢酶应该丧失，即使 α-酮戊二酸氧化反应缺失或极弱，这样可最大限度地富集谷氨酸的前体物 α-酮戊二酸。但是由于柠檬酸合成酶、顺乌头酸酶和异柠檬酸脱氢酶催化的反应是可逆反应，α-酮戊二酸浓度高时，逆反应就会加快，正反应会由于反馈抑制而减弱。例如，在黄色短杆菌中，虽然谷氨酸和 α-酮戊二酸对柠檬酸合成酶没有抑制作用，但顺乌头酸和 ATP 对该酶具抑制作用，pH 7.0 时，0.005mol/L 的顺乌头酸可抑制酶活的 90%，0.005mol/L 的 ATP 可抑制酶活的 50%。好在顺乌头酸的抑制作用可被草酰乙酸部分抵消（不能被乙酰 CoA 抵消），而乙酰 CoA 对 ATP 的抑制有拮抗作用（草酰乙酸无此拮抗）。

乙醛酸和草酰乙酸对异柠檬酸脱氢酶有弱的抑制作用，但当乙醛酸和草酰乙酸同时存在时，抑制作用就大大增强。因此在谷氨酸发酵中应尽可能提高草酰乙酸和乙酰 CoA 的浓度，尽量减少 ATP 的产生。

3. DCA 循环

在许多微生物中，还存在乙醛酸（DCA）循环，特别是当以乙酸和乙醇为发酵原料（石油代粮发酵）时，DCA 循环是提供四碳二羧酸的唯一来源。但若以糖质原料发酵生产谷氨酸时仍以 DCA 循环来提供四碳二羧酸，则谷氨酸对糖的转化率大为减少。所以在葡萄糖为原料生产谷氨酸时，最好在菌体生长期适当开放 DCA 循环，以获得能量和产生一些合成反应所需的中间产物；在菌体生长期之后，进入谷氨酸生成期，最好没有异柠檬酸裂解酶反应，封闭 DCA 循环。也就是说在谷氨酸发酵中，菌体生长期的最适条件和谷氨酸生成积累期的最适条件是不一样的。

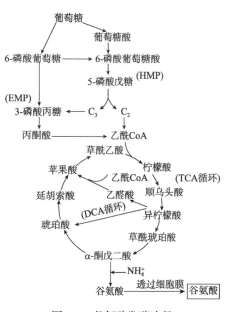

图 4-1　谷氨酸发酵途径

目前的谷氨酸生产菌株中，异柠檬酸裂解酶的作用得不到充分地发挥。因为此酶受草酸、草酰乙酸、α-酮戊二酸的累积抑制，也受琥珀酸的混合抑制。而且异柠檬酸脱氢酶的米氏常数（Km＝0.000 01mol/L）比异柠檬酸裂解酶的米氏常数（Km＝0.0008mol/L）低得多，也就是说异柠檬酸脱氢酶对异柠檬酸的亲和力要比异柠檬酸裂解酶大得多，因此当菌体内异柠檬酸浓度很低时，异柠檬酸主要进入 TCA 循环，而很难进入 DCA 循环（图 4-1）。

如上所述，为了获得谷氨酸的高转化力，应通过磷酸烯醇式丙酮酸（PEP）的羧化来获得四碳二羧酸（草酰乙酸）。PEP 羧化酶受乙酰 CoA 和二磷酸果糖激活，受天冬氨酸和四碳二羧酸抑制。而且在普通的微生物菌株中，PEP 羧化酶对 PEP 的亲和力仅是丙酮酸激酶的 1/10，因此应选育 PEP 羧化酶活力相对较强的菌株用于工业生产。

4. 氨的导入

谷氨酸合成过程中，需要大量氨导入，生产中一般采用液氨、氨水或尿素来提供，其中以液氨最为常用。当用液氨和氨水流加时，发酵液的 pH 反应灵敏，滞后反应小；用尿素流加时，尿素先由脲酶分解后，才能被同化，发酵的 pH 与菌种脲酶活性密切相关，滞后反应明显，造成在控制上对经验的依存度较高。氨的导入有以下三种方式。

（Ⅰ）α- 酮戊二酸＋NH_4^+ $\xrightarrow{\text{谷氨酸脱氢酶}}$ 谷氨酸；

（Ⅱ）α- 酮戊二酸＋天冬氨酸（或丙氨酸）$\xrightarrow{\text{转氨酶}}$ 谷氨酸；

（Ⅲ）α- 酮戊二酸＋谷氨酰胺 $\xrightarrow{\text{谷氨酸合成酶}}$ 谷氨酸。

在这三种方式中，途径（Ⅱ）因酶活力低，不是主要方式；途径（Ⅰ）是主要方式。在黄色短杆菌中，低浓度的 α-酮戊二酸和谷氨酸对谷氨酸脱氢酶有显著的激活作用，但高浓度的谷氨酸能抑制正反应，当谷氨酸浓度在 0.1mol/L 时，抑制酶活的 65%，浓度达 0.4mol/L 时，抑制酶活的 90%，所以应设法将谷氨酸从菌体细胞中游离出来。

谷氨酸脱氢酶对 NH_4^+ 的亲和力较差，NH_4^+ 浓度低时，积累有机酸。20 世纪 70 年代初，发现了途径（Ⅲ），此途径虽然要多消耗 1 个 ATP，但谷氨酸合成酶对 NH_4^+ 的亲和力比谷氨酸脱氢酶要高 10 倍。所以当环境中 NH_4^+ 浓度低时，可由该途径合成谷氨酸。谷氨酸浓度高时，对谷氨酸脱氢酶有反馈抑制作用，而对谷氨酸合成酶无抑制作用。

5. 生物素对氮代谢的影响

生物素限量时，几乎没有异柠檬酸裂解酶，琥珀酸氧化反应弱，苹果酸和草酰乙酸脱羧反应停滞，同时由于完全氧化降低的结果，使 ATP 的形成减少，蛋白质合成活动停滞。在铵离子适量条件下，谷氨酸积累，且生成的谷氨酸也不会通过转氨作用生成其他氨基酸。在生物素充足条件下，异柠檬酸裂解酶活性加强，琥珀酸氧化力、丙酮酸氧化力、蛋白质合成效率、乙醛酸循环比例、草酰乙酸和苹果酸脱羧反应速率都不断加大，导致谷氨酸量减少，通过转氨作用生成的其他氨基酸量增加。

6. 生物素对谷氨酸生物合成途径调节机制的影响

在生物素丰富的情况下，谷氨酸产生菌的细胞膜合成完整，谷氨酸不能从膜内渗透到膜外，胞内的谷氨酸积累到一定程度，对谷氨酸脱氢酶进行反馈控制，从而停止谷氨酸的生物合成。在生物素限量的情况下，由于细胞膜合成不完整，谷氨酸能够从胞内渗透到胞外，使胞内谷氨酸的含量降低，谷氨酸对谷氨酸脱氢酶的反馈控制失调，谷氨酸不断地被优先合成。

7. 生物素对谷氨酸生产菌细胞膜通透性的影响

生物素对谷氨酸生物合成途径有重要的影响，但生物素更本质的作用是影响细胞膜的渗透性。生物素作为催化脂肪酸生物合成最初反应的关键酶乙酰 CoA 羧化酶的辅酶，参与了脂肪酸的生物合成，并影响磷脂的合成。当生物素控制在亚适量时，脂肪酸合成不完全，导致磷脂合成也不完全。由于细胞膜是磷脂双分子层组成的，当磷脂含量减少到正常量的一半时，细胞发生变形，谷氨酸就从胞内渗出，积累于发酵液中。当生物素过量时，由于细胞内有大量的磷脂，使细胞壁、细胞膜增厚，不利于谷氨酸的分泌，造成产酸率下降，影响发酵生产的经济效益。

（二）谷氨酸发酵工艺简介

目前，国内谷氨酸生产都是以淀粉质材料为原料，先将其水解成葡萄糖，并以此为碳源，以液氨为氮源发酵而成。在发酵工艺上，由原先的中糖一次性发酵普遍发展为高糖流加发酵，平均发酵水平为 10% 左右，糖酸转化率在 55% 左右。发酵的工艺流程见图 4-2。

1. 淀粉糖的制备

生产上习惯把淀粉的降解分为液化和糖化两个阶段。首先，将淀粉长链切成糊精及低聚糖，显著降低料液的黏度，称之为液化。在此基础上，将糊精及低聚糖进一步降解成葡萄糖，称为糖化。

淀粉没有还原性，也没有甜味，不溶于冷水及乙醇、醚等有机溶剂中。淀粉在热水中能

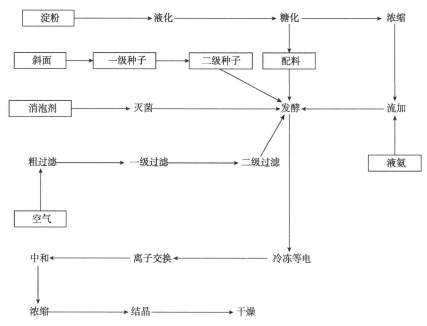

图 4-2 谷氨酸发酵的工艺流程示意图

吸收水分而膨胀，最后淀粉粒破裂，淀粉分子溶解于水而形成带有黏性的淀粉糊，这个过程称为糊化。淀粉与碘作用显蓝色，生产上用碘液来确定液化的终点。

（1）液化　　液化是使糊化后的淀粉发生部分水解，暴露出更多可被糖化酶作用的非还原性末端。它是利用液化酶使糊化淀粉水解到糊精和低聚糖程度，使黏度大为降低，流动性增高，所以工业上称为液化。酶液化和酶糖化的工艺称为双酶法或全酶法。也可用酸进行液化，酸液化和酶糖化的工艺称为酸酶法。

由于淀粉颗粒的结晶性结构，淀粉糖化酶无法直接作用于生淀粉，必需加热淀粉乳，使淀粉颗粒吸水膨胀，并糊化，破坏其结晶结构，但糊化的淀粉乳黏度很大，流动性差，搅拌困难，难以获得均匀的糊化结果，特别是在较高浓度和大量物料的情况下操作有困难。而 α-淀粉酶对于糊化的淀粉具有很强的催化水解作用，能很快水解到糊精和低聚糖范围大小的分子，黏度急速降低，流动性增高。此外，液化还可为下一步的糖化创造有利条件，糖化使用的葡萄糖淀粉酶属于外切酶，水解作用从底物分子的非还原尾端进行。在液化过程中，分子被水解到糊精和低聚糖范围大小，底物分子数量增多，糖化酶作用的机会增多，有利于糖化反应。

1）液化机理。液化使用 α-淀粉酶，它能水解淀粉和其水解产物分子中的 α-1,4 糖苷键，使分子断裂，黏度降低。α-淀粉酶属于内切酶，水解从分子内部进行，不能水解支链淀粉的 α-1,6 糖苷键，当 α-淀粉酶水解淀粉切断 α-1,4 键时，淀粉分子支叉地位的 α-1,6 键仍然留在水解产物中，得到异麦芽糖和含有 α-1,6 键、聚合度为 3～4 的低聚糖和糊精。但 α-淀粉酶能越过 α-1,6 键继续水解 α-1,4 键，不过 α-1,6 键的存在，有降低水解速度的影响，所以 α-淀粉酶水解支链淀粉的速度较直链淀粉慢。

国内常用的 α-淀粉酶有由芽孢杆菌 BF-7658 产生的液化型淀粉酶和由枯草芽孢杆菌产生的细菌糖化型 α-淀粉酶以及由霉菌产生的 α-淀粉酶。因其来源不同，各种酶的性能和对淀粉的水解效能亦各有差异。

2）液化程度。葡萄糖淀粉酶属于外切酶，水解只能由底物分子的非还原尾端开始，底物分子越多，水解生成葡萄糖的机会越多。但是，葡萄糖淀粉酶是先与底物分子生成络合结构，而后发生水解催化作用，这需要底物分子的大小具有一定的范围，有利于生成这种络合结构，过大或过小都不适宜。根据生产实践，淀粉在酶液化工序中水解到葡萄糖值 15～20 范围合适。水解超过此程度，不利于糖化酶生成络合结构，影响催化效率，糖化液的最终葡萄糖值较低。

利用酸液化，情况与酶液化相似，在液化工序中需要控制水解程度在葡萄糖值 15～20 之间为宜，水解程度高，则影响糖化液的葡萄糖值降低；若液化到葡萄糖值 15 以下，液化淀粉的凝沉性强，易于重新结合，对于过滤性质有不利的影响。

3）液化方法。液化方法有 3 种：升温液化法、高温液化法和喷射液化法。

a. 升温液化法。这是一种最简单的液化方法。30%～40% 的淀粉乳调节 pH 为 6.0～6.5，加入 $CaCl_2$ 调节钙离子浓度到 0.01mol/L，加入需要量的液化酶，在保持剧烈搅拌的情况下，喷入蒸汽加热到 85～90℃，在此温度保持 30～60min 达到需要的液化程度，加热至 100℃以终止酶反应，冷却至糖化温度。此法需要的设备和操作都简单，但因在升温糊化过程中，黏度增加使搅拌不均匀，料液受热不均匀，致使液化不完全，液化效果差，并形成难于受酶作用的不溶性淀粉粒，引起糖化后糖化液的过滤困难，过滤性质差。为改进这种缺点，液化完后加热煮沸 10min，谷类淀粉（如玉米）液化较困难，应加热到 140℃，保持几分钟。虽然如此加热处理能改进过滤性质，但仍不及其他方法好。

b. 高温液化法。将淀粉乳调节好 pH 和钙离子浓度，加入需要量的液化酶，用泵打经喷淋头引入液化桶中约 90℃的热水中，淀粉受热糊化、液化，由桶的底部流出，进入保温桶中，于 90℃保温约 40min 或更长的时间达到所需的液化程度。此法的设备和操作都比较简单，效果也不差。缺点是淀粉不是同时受热，液化欠均匀，酶的利用也不完全，后加入的部分作用时间较短。对于液化较困难的谷类淀粉（如玉米），液化后需要加热处理以凝结蛋白质类物质，改进过滤性质。在 130℃加热液化 5～10min 或在 150℃加热 1～1.5min。

c. 喷射液化法。喷射器先通入蒸汽预热到 80～90℃，用位移泵将淀粉乳打入，蒸汽喷入淀粉乳的薄层，引起糊化、液化。蒸汽喷射产生的湍流使淀粉受热快而均匀，黏度降低也快。液化的淀粉乳由喷射器下方卸出，引入保温桶中在 85～90℃保温约 40min，达到需要的液化程度。此法的优点是液化效果好，蛋白质类杂质的凝结好，糖化液的过滤性质好，设备少，也适于连续操作。马铃薯淀粉液化容易，可用 40% 浓度；玉米淀粉液化较困难，以 27%～33% 浓度为宜，若浓度在 33% 以上，则需要提高用酶量至 2 倍。

酸液化法的过滤性质好，但最终糖化程度低于酶液化法。酶液化法的糖化程度较高，但过滤性质较差。为了利用酸和酶液化法的优点，有酸酶合并液化法，先用酸液化到葡萄糖值约为 15，再用酶液化到需要程度，经用酶糖化，糖化程度能达到葡萄糖值约为 97，稍低于酶液化法，但过滤性质好，与酸液化法相似。此法只能用管道设备连续进行，因为调节 pH 值、降温和加液化酶的时间快，也避免回流。若不用管道设备，则由于低葡萄糖值淀粉液的黏度大，凝沉性也强，使过滤性质差。

（2）糖化　在液化工序中，淀粉经 α-淀粉酶水解成糊精和低聚糖范围的较小分子产物，糖化是利用葡萄糖淀粉酶进一步将这些产物水解成葡萄糖。纯淀粉通过完全水解会增重，每100份淀粉完全水解能生成111份葡萄糖，但现在工业生产技术还没有达到这种水平。双酶法工艺的现在水平，每100份纯淀粉只能生成105～108份葡萄糖，这是因为有水解不完全的剩余物和复合产物如低聚糖和糊精等存在。如果在糖化时采取多酶协同作用的方法，例如，除葡萄糖淀粉酶以外，再加上异淀粉酶或短梗霉多糖酶并用，能使淀粉水解率提高，且所得糖化液中葡萄糖的百分率可达99%以上。

现在双酶法生产葡萄糖工艺的水平，糖化2d，葡萄糖值可达到95～98。在糖化的初阶段，速度快，第一天葡萄糖达到90以上，以后的糖化速度变慢。葡萄糖淀粉酶对于α-1,6糖苷键的水解速度慢。提高用酶量能加快糖化速度，但考虑到生产成本和复合反应，不能增加过多。降低浓度能提高糖化程度，但考虑到蒸发费用，浓度也不能降低过多，一般采用浓度约30%。

1）糖化机理。糖化是利用葡萄糖淀粉酶从淀粉的非还原性尾端开始水解α-1,4糖苷键，使葡萄糖单位逐个分离出来，从而产生葡萄糖。它也能将淀粉的水解初产物如糊精、麦芽糖和低聚糖等水解产生β-葡萄糖。它作用于淀粉糊时，反应液的碘显色反应消失很慢，糊化液的黏度也下降较慢，但因酶解产物葡萄糖不断积累，淀粉糊的还原能力却上升很快，最后反应几乎将淀粉100%水解为葡萄糖。

葡萄糖淀粉酶不仅由于酶源不同造成对淀粉分解率有差异，即使是同一菌株产生的酶中也会出现不同类型的糖化淀粉酶。例如，将黑曲霉产生的粗淀粉酶用酸处理，其中的α-淀粉酶破坏，然后用玉米淀粉吸附分级，可获得易吸附于玉米淀粉的糖化型淀粉酶Ⅰ及不吸附于玉米淀粉的糖化型淀粉酶Ⅱ两个分级，其中酶Ⅰ能100%地分解糊化过的糯米淀粉和较多的α-1,6键的糖原及β-界限糊精，而酶Ⅱ仅能分解60%～70%的糯米淀粉，对于糖原及β-界限糊精则难以分解。除了淀粉的分解率因酶源不同而有差异外，耐热性、耐酸性等性质也会因酶源不同而有差异。

不同来源的葡萄糖淀粉酶糖化的适宜温度和pH也存在差别。例如，曲霉的糖化酶为55～60℃，pH 3.5～5.0；根霉的糖化酶为50～55℃，pH 4.5～5.5；拟内孢霉的糖化酶为50℃，pH 4.8～5.0。

2）糖化操作。糖化操作比较简单，将淀粉液化液引入糖化桶中，调节到适当的温度和pH值，混入需要量的糖化酶制剂，保持2～3d达到最高的葡萄糖值，即得糖化液。糖化桶具有夹层，用来通冷水或热水调节和保持温度，并具有搅拌器，保持适当的搅拌，避免发生局部温度不均匀现象。

糖化的温度和pH决定于所用糖化酶制剂的性质。曲霉一般用60℃，pH 4.0～4.5，根霉用55℃，pH 5.0。根据酶的性质选用较高的温度，可使糖化速度较快，感染杂菌的危险较小。选用较低的pH，可使糖化液的色泽浅，易于脱色。加入糖化酶之前要注意先将温度和pH调节好，避免酶与不适当的温度和pH接触，活力受影响。在糖化反应过程中，pH稍有降低，可以调节pH，也可将开始的pH稍高一些。

达到最高的葡萄糖值以后，应当停止反应，否则葡萄糖值趋势降低，这是因为葡萄糖发生复合反应，一部分葡萄糖又重新结合生成异麦芽糖等复合糖类。这种反应在较高的酶浓度和底物浓度的情况下更为显著。葡萄糖淀粉酶对于葡萄糖的复合反应具有催化作用。

糖化液在80℃，受热20min，酶活力全部消失。实际上不必单独加热，脱色过程中即可达到这种目的。活性炭脱色一般是在80℃保持30min，酶活力同时消失。提高用酶量，糖化速度快，最终葡萄糖值也增高，能缩短糖化时间。但提高有一定的限度，过高反而会引起复合反应严重，导致葡萄糖值降低。

2. 无菌空气的制备

在发酵工业中，绝大多数是利用好气性微生物进行纯种培养，则空气是微生物生长和代谢必不可少的条件。但空气中含有各种各样的微生物，这些微生物随着空气进入培养液，在适宜的条件下，它们会迅速大量繁殖，消耗大量的营养物质并产生各种代谢产物，干扰甚至破坏预定发酵的正常进行，使发酵产率下降，甚至彻底失败。因此，无菌空气的制备就成为发酵工程中的一个重要环节。空气净化的方法很多，但各种方法的除菌效果、设备条件和经济指标各不相同。实际生产中所需的除菌程度根据发酵工艺要求而定，既要避免染菌，又要尽量简化除菌流程，以减少设备投资和正常运转的动力消耗。

发酵工业应用的"无菌空气"是指通过除菌处理使空气中含菌量降低在一个极低的百分数，从而能控制发酵污染至极小机会。生产上使用的空气量大，要求处理空气的设备简单，运行可靠，操作方便。

（1）发酵用无菌空气的质量标准

1）空气中的微生物。空气中的微生物种类以细菌和细菌芽孢较多，也有酵母，霉菌孢子和病毒。这些微生物大小不一，一般附着在空气中的灰尘上或雾滴上，空气中微生物的含量一般为 $10^3 \sim 10^4$ 个 $/m^3$。灰尘粒子的平均直径约 0.6m，所以空气除菌主要是去除空气中的微粒（$0.6 \sim 1$m）。

2）无菌空气的要求。发酵用的无菌空气要达到以下标准。①连续提供一定流量的压缩空气。发酵用无菌空气的设计和操作中常以通气比（vvm）来计算空气的流量。vvm 的意义是单位时间（min）单位体积（m^3）培养基中通入标准状况下空气的体积（m^3），一般为 $0.1 \sim 2.0$。②空气的压强为 $0.2 \sim 0.4$MPa。过低的压强难以克服下游的阻力，过高的压力则是浪费。③进入过滤器之前，空气的相对湿度≤70%，防止空气过滤介质的受潮。d. 进入发酵罐的空气温度可比培养温度高 $10 \sim 30$℃。④压缩空气的洁净度，在设计空气过滤器时，一般取失败概率为 10^{-3} 为指标，也可以把 100 级作为无菌空气的洁净指标。100 级指每立方米空气中，≥0.5μm 的尘埃粒子最大允许数为 3500，≥5μm 的为 0；微生物最大允许数为每立方米 5 个浮游菌，1 个沉降菌。

（2）空气除菌的方法和原理

1）热除菌法。空气在进入培养系统之前，一般均需用压缩机压缩，提高压力，空气经压缩后温度能够升到200℃以上，保持一定时间后，便可实现热除菌。

2）辐射除菌法。辐射除菌的原理是 α 射线、X 射线、β 射线、γ 射线、紫外线、超声波等，从理论上讲都能破坏蛋白质，破坏生物活性物质，从而起到除菌作用。应用范围通常用于无菌室和医院手术室。缺点是除菌效率较低，除菌时间较长。一般要结合甲醛蒸汽等来保证无菌室的无菌程度。

3）静电除菌法。近年来一些工厂已使用静电除尘器除去空气中的水雾、油雾和尘埃，同时也除去了空气中的微生物。对直径 1μm 的微粒去除率达 99%，消耗能量小，每处理 1000m^3 的空气每小时只耗电 $0.4 \sim 0.8$kW。空气的压力损失小，一般仅（$3 \sim 15$）×133.3Pa。但对设备维护和安全技术措施要求较高。

静电除尘是利用静电引力来吸附带电粒子而达到除尘、除菌的目的。悬浮于空气中的微生物，其孢子大多带有不同的电荷，没有带电荷的微粒进入高压静电场时都会被电离变成带电微粒。但对于一些直径很小的微粒，其所带的电荷很小，当产生的引力等于或小于气流对微粒的拖带力或微粒布朗扩散运动的动量时，则微粒就不能被吸附而沉降，所以静电除尘对很小的微粒效率较低。用静电除菌净化空气的优点是阻力小，约 1.0×10^4Pa；染菌率低，平均低于 $10\% \sim 15\%$；除水、除油的效果好；耗电少。缺点是设备庞大，需要采用高压电技术，且一次性投资较大；对发酵工业来说，其捕集率尚不够，需要采取其他措施。

4）介质过滤除菌法。过滤除菌法是让含菌空气通过过滤介质，以阻截空气中所含微生物，而取得无菌空气的方法。通过过滤除菌处理的空气可达到无菌，并有足够的压力和适宜的温度以供好氧培养过程。该法是目前来获得大量无菌空气的常规方法。常用的过滤介质有棉花、活性炭、玻璃纤维、有机合成纤维、有机和无机烧结材料等。由于被过滤的气溶胶中微生物的粒子很小，一般只有 $0.5 \sim 2\mu$m，而过滤介质的材料一般孔径都大于微粒直径几倍到几十倍，因此过滤机理比较复杂。

随着工业的发展，过滤介质逐渐由天然材料棉花过渡到玻璃纤维、超细玻璃纤维和石棉板、烧结材料（烧结金属、烧结陶瓷、烧结塑料）、微孔超滤膜等。而且过滤器的形式也在不断发生变化，出现了一些新的形式和新的结构，把发酵工业中的染菌控制在极小的范围。

（3）空气过滤除菌原理　　当气流通过滤层时，基于滤层纤维的层层阻碍，迫使空气在流动过程中出现无数次改变气速大小和方向的绕流运动，从而导致微生物微粒与滤层纤维间产生惯性捕集、拦截捕集、扩散捕集、重力沉降及静电吸附等作用，从而把微生物微粒截留、捕集在纤维表面上，实现了过滤的目的。

1）惯性捕集作用。在过滤器中的滤层交错着无数的纤维，好像层层的网格，随着纤维直径减小，充填密度的增大，所形成的网格就越紧密，网格的层数也就越多，纤维间的间隙就越小。当带有微生物的空气通过滤层时，无论顺纤维方向流动或是垂直于纤维方向流动，仅能从纤维的间隙通过。由于纤维交错所阻迫，使空气要不断改变运动方向和速度才能通过滤层。当微粒随气流以一定速度垂直向纤维方向运动时，因障碍物（介质）的出现，空气流线由直线变成曲线，即当气流突然改变方向时，沿空气流线运动的微粒由于惯性作用仍然继续以直线前进，惯性使它离开主导气流。气流宽度以内的粒子，与介质碰撞而被捕集。这种由于微粒直冲到纤维表面，因摩擦黏附，微粒就滞留在纤维表面上的捕集，称为惯性捕集作用。

惯性捕集作用是空气过滤器除菌的重要原理之一，其大小取决于颗粒的动能和纤维的阻力，也就是取决于气流的流速。惯性力与气流流速成正比，当流速过低时，惯性捕集作用很小，甚至接近于零；当空气流速增至足够大时，惯性捕集则起主导作用。

2）拦截捕集作用。气流速度降低到惯性捕集作用接近于零时，此时的气流速度为临界速度。气流速度在临界速度以下时，微粒不能因惯性滞留于纤维上，捕集效率显著下降。但实践证明，随着气流速度的继续下降，纤维对微粒的捕集效率又回升，说明有另一种机理在起作用，这就是拦截捕集作用。

微生物微粒直径很小，质量很轻，它随低速气流流动慢慢靠近纤维时，微粒所在的主导气流流线受纤维所阻，从而改变流动方向，绕过纤维前进，并在纤维的周边形成一层边界滞流区。滞流区的气流速度更慢，进到滞流区的微粒慢慢靠近和接触纤维而被黏附滞留，称为拦截捕集作用。

3）扩散捕集作用。直径很小的微粒在很慢的气流中能产生一种不规则的运动，称为布朗扩散。扩散运动的距离很短，在较大的气流速度和较大的纤维间隙中是不起作用的，但在很慢的气流速度和较小的纤维间隙中，扩散作用大大增加了微粒与纤维的接触机会，从而使微粒被捕集。

4）重力沉降作用。微粒虽小，但仍具有重力。当微粒重力超过空气作用于其上的浮力时，即发生一种沉降加速度。当微粒所受的重力大于气流对它的拖带力时，微粒就发生沉降现象。就单一重力沉降而言，大颗粒比小颗粒作用显著，一般 50μm 以上的颗粒沉降作用才显著。对于小颗粒只有气流速度很慢时才起作用。重力沉降作用一般是与拦截作用相配合，即在纤维的边界滞留区内。微粒的沉降作用提高了拦截捕集作用。

5）静电吸附作用。干空气对非导体的物质做相对运动摩擦时，会产生静电现象，对于纤维和树脂处理过的纤维，尤其对一些合成纤维更为显著。悬浮在空气中的微生物大多带有不同的电荷。这些带电荷的微粒会被带相反电荷的介质所吸附。此外，表面吸附也属这个范畴，如活性炭的大部分过滤效能应是表面吸附作用。

上述机理中，有时很难分辨是哪一种单独起作用。总的来说，当气流速度较大时（约大于 0.1m/s），惯性捕集是主要的，当流速较小时，扩散捕集作用占优势。前者的除菌效率随气流速度增加而增加，后者则相反。而在两者之间，在单纤维除菌总效率极小值附近，可能是拦截捕集作用占优势。以上几种作用机理在整个过程中，随着参数变化有着复杂的关系，目前还未能做出准确的理论计算。

（4）空气过滤除菌的流程

1）空气净化的工艺要求。空气过滤除菌流程是根据生产对无菌空气要求的参数（如无菌程度、空气压力、温度等），并结合吸气环境的空气条件和所用空气除菌设备的特性而制订的。

对于一般要求的低压无菌空气，可直接采用一般鼓风机增压后进入过滤器，经一、二次过滤除菌而制得，如无菌室、超净工作台等用层流技术的无菌空气就是采用这种简单流程。自吸式发酵罐是由转子的抽吸作用使空气通过过滤器而除菌的。一般的深层通风发酵，除要求无菌空气具有必要的无菌程度外，还要具有一定高的压力，这就需要比较复杂的空气除菌流程。供给发酵用的无菌空气，需要克服介质阻力、发酵液静压力和管道阻力，故一般使用空压机。从大气中吸入的空气常带有灰尘、沙土、细菌等；在压缩过程中，又会污染润滑油或管道中的铁锈等杂质。空气经压缩，一部分动能转换成热能，出口空气的温度在 120～160℃ 之间，起到一定的杀菌作用，但在空气进入发酵罐前，必须先行冷却。冷却出来的油、水必须及时排出，严防带入空气过滤器中，否则会使过滤介质（如棉花等）受潮，失去除菌性能。空气在进入空气过滤器前，要先经除尘、除油、除水，再经空气过滤器除菌。在空气除菌流程中，需要注意四个方面。

a. 首先将进入空压机的空气粗滤，滤去灰尘、沙土等固体颗粒。这样有利于空压机的正常运转，提高空压机的寿命。

b. 将经压缩后的热空气冷却，并将析出的油、水尽可能地除掉。常采用油水分离器与去雾器相结合的装置。

c. 为防止往复压缩机产生脉动，和一般的空气供给一样，流程中需设置一个或数个贮气罐。

d. 空气过滤器一般采用 2 台总过滤器（交叉使用）和每个发酵罐单独配备分过滤器相结合的方法，以达到无菌。

2）过滤除菌的一般流程。空气过滤除菌一般是把吸气口吸入的空气先进行压缩前过滤，然后进入空气压缩机。从空气压缩机出来的空气（一般压力在 0.2MPa 以上，温度 120～160℃），先冷却至适当温度（20～25℃）除去油和水，再加热至 30～35℃，最后通过总空气过滤器和分过滤器（有的不用分过滤器）除菌，从而获得洁净度、压力、温度和流量都符合工艺要求的灭菌空气。

3. 菌种的分离纯化和扩大培养

菌种扩培就是尽可能培养出高活性的能满足大规模发酵的纯种。由于现代菌种的生产性能已非常高，谷氨酸发酵的糖酸转化率已接近理论值，因此，其自发突变以负向突变为主，加上平时操作中有可能污染，菌种很容易退化。所以菌种的管理非常重要，管理方式主要有两点，一是分离纯化，二是扩大培养。

（1）分离纯化　为了保证菌种的性能稳定，一般每 2 个月左右就应分离纯化一次。菌种分离纯化的操作一般分两步进行。第一步是进行平板稀释分离，目的是分离培养出单细胞菌落。把待分离的菌株用无菌生理盐水做成菌悬液，并在装有玻璃珠的三角瓶中充分振荡（可以放在摇床上振荡 20～30min），利用玻璃珠的滚动，使菌体细胞分离；然后将菌悬液稀释成一定的浓度，分别做平板培养，使被分离的单细胞长成单菌落。第二步是挑若干单菌落转接于试管斜面培养基上，然后把这些菌株分别用三角瓶进行摇瓶发酵试验。比较各菌株产酸的高低，选择其中产酸高的菌株供生产使用。

（2）扩大培养　扩大培养的顺序是：斜面菌种、一级种子、二级种子。

1）斜面菌种。一般于 32℃培养 18～24h。每批斜面菌种培养完成后，要仔细观察菌苔生长情况，菌苔的颜色和边缘等特征是否正常，有无感染杂菌的征象。斜面菌种保存于冰箱中待用。生产中使用的斜面菌种不宜多次移接，一般只移接 3 次（3 代），以免由于菌种的自然变异而引起菌种退化。因此，有必要经常进行菌种的分离纯化，不断提供新的斜面菌株供生产使用。

2）一级种子。通常用三角瓶进行液体振荡培养，一级种的培养条件是，1000ml 三角瓶装 200～250ml 液体培养基，瓶口用 8 层纱布包扎，0.1MPa，121℃，灭菌 30min，每支斜面菌种接种 3 个一级种子三角瓶，32℃摇瓶（转速为 170～190r/min）培养 12h。

3）二级种子。使用种子罐培养。种子罐的大小是根据发酵罐的容积配套确定的。一般二级种子的数量是按发酵培养液体积的 1% 来确定。例如，1 个 50m³ 的发酵罐，实际定容 35m³，按接种量计算，则需要 0.35m³ 的二级种子。近来由于发酵工艺的改进，接种量有不断加大的趋势。二级种子培养时间一般为 7～10h，种子培养成熟后，需要检验其质量。比较简单的做法是用显微镜观察细胞的形态是否正常及测定种子培养液的 pH 是否正常等。对菌种的质量要求如下。

a. 显微镜下检查菌体大小均匀，呈单个或八字形排列，细胞呈棒状略有弯曲。革兰氏染色阳性。菌体的形状是细胞生理状态的一种表现，菌体大小均匀，呈八字形排列表明细胞生长繁殖旺盛、生活力强。革兰氏染色阳性是谷氨酸发酵菌的一种特征，可以与革兰氏染色阴性的杂菌相区别。

b. 二级种子培养过程中 pH 的变化有一定的规律，先从 pH 6.8 上升到 pH 8.0 左右，然后又逐步下降。一般 pH 下降到 7.0～7.2 时结束二级种子的培养，这个变化过程需 7～10h。若培养时间延长让 pH 继续下降，菌体容易衰老。

c. 二级种子的活菌浓度要求达到 10^7～10^8 个 /ml，活菌浓度可以用平板稀释法计数测定，但操作麻烦又不能及时得出结果，所以生产常测培养液的光密度，要求光密度的增长值大于或等于 0.6。

4. 谷氨酸发酵的工艺控制

谷氨酸产生菌能够在体外大量积累谷氨酸，是由于菌体代谢调节的异常化，这种代谢异常化的菌种对环境变化敏感。谷氨酸发酵是建立在容易变动的代谢平衡上，是受多方面环境条件支配的，所以好的菌种没有适合的环境条件，也不能大量积累谷氨酸。在适宜培养条件下，谷氨酸产生菌能够将 50% 以上的糖转化成谷氨酸，而只有极少量的副产物。与此相反，如果培养条件不适宜，则谷氨酸几乎不产生，仅得到大量的菌体或乳酸、琥珀酸、α-酮戊二酸、丙氨酸、谷酰胺、乙酰谷酰胺等产物。

（1）培养基的控制　谷氨酸发酵大致可分为两个阶段：长菌阶段和产酸阶段，这两个阶段对营养要求是不同的。在长菌阶段，要求营养相对均衡，生物素含量相对充裕，风量要求较小，以求在短期内得到大量高活性产酸型菌体；而在产酸阶段，要求生物素消耗完，供给氨的速度要与代谢速度相匹配。因此两阶段的控制要求不同。在整个发酵过程中所消耗的物料按添加的形式有两大类，一是在接种前加入培养基中，一是在发酵过程中流加。流加的这一部分，也起到一定的代谢调节作用。

1）碳源。碳源是构成菌体和产物谷氨酸碳骨架来源及能量的来源。谷氨酸产生菌是异养型微生物，只能从有机化合物中取得营养，并氧化分解有机化合物，产生能量供给细胞中合成作用的需要。培养基中糖浓度与谷氨酸发酵有密切关系。目前所发现的谷氨酸产生菌均不能利用淀粉，只能利用葡萄糖、果糖、蔗糖和麦芽糖等，有些菌种能够利用乙酸、乙醇、正烷烃等作碳源。在一定范围内谷氨酸产量随糖浓度增加而增加，但是，糖浓度过高，渗透压变得过大，对菌体的生长不利，谷氨酸对糖的转化率也会降低。糖浓度的大小，还要与其他工艺条件相配合。

2）氮源。氮源是菌体蛋白质、核酸等含氮物质和谷氨酸氮的来源。由于谷氨酸分子本身含有氮，加上菌体大量增殖，因此，谷氨酸发酵需要的氮源比其他一般的发酵工业多。氮源分为无机氮源和有机氮源。菌体利用有机氮源比较缓慢，利用无机氮源比较迅速，无机氮源有氨水、尿素、气态氨、硫酸铵、碳酸铵、氯化铵、硝酸铵等。铵氮和尿素氮较硝基氮优越，因为硝基氮要先经过还原才能被利用。因此，要根据菌种和发酵特点合理选择氮源。采用不同的氮源，其使用方法也不同，如采用氨水、尿素作为氮源，应采用流加方法，氨水作用快，对 pH 影响大，以采用自动控制连续流加为好。目前生产上较多采用尿素为氮源，采用分批流加的方式。

3）碳氮比。在谷氨酸发酵中，氮源是合成谷氨酸氨基的来源，所以谷氨酸发酵所用的氮源数量大于其他发酵用量。一般的发酵工业所用培养基碳氮比为 100∶0.5～2.0，而谷氨酸发酵的碳氮比为 100∶20～30；当碳氮比低于 100∶20 时，菌体大量繁殖，积累少量谷氨酸；当碳氮比高于 100∶30 时，菌体生长受到一定的抑制，产生的谷氨酸进而形成谷氨酰胺。因此在谷氨酸发酵中，需要正确控制碳氮比，在发酵的不同阶段，控制不同的碳氮比。在长菌阶段，应以促进菌体生长为主；在产酸阶段，应尽量向产酸阶段转化。在菌体生长期，若 NH_4^+ 过量，会抑制菌体生长；在产酸阶段，若 NH_4^+ 不足，大量积累 α-酮戊二酸，若 NH_4^+ 过量，则所生成的谷氨酸会转化成谷氨酰胺。

4）生物素。生物素在谷氨酸发酵中起着细胞膜通透开关的作用，对发酵影响极大，如过量，则只长菌，不产酸；如不足，则菌体生长缓慢甚至不长。菌体从培养液中摄取生物素的速度很快，远远超过菌体繁殖所需要的生物素量，因此培养液中残存的生物素量很少。在培养过程中菌体内的生物素含量由丰富转向贫乏，达到亚适量，保证谷氨酸的积累。利用乳糖发酵短杆菌的研究发现，菌体内生物素从每克干菌体 2.0×10^{-5}g 降到 0.5×10^{-6}g 时，菌体就停止了增长，继续培养则在体外积累谷氨酸。在生物素限量条件下，排出的谷氨酸量占总氨基酸量的92%左右；而在生物素丰富条件下，排出的谷氨酸量仅占总氨基酸量的12%左右，主要产物是丙氨酸。

5）投糖量。发酵培养基是谷氨酸产生菌赖以生长、繁殖的营养和能源，合成大量的谷氨酸需要足够量的碳源和氮源，生长繁殖所需要的生长因子需要人为的控制，达到既能满足生长又能使细胞结构和功能起特异性变化。因而在培养基的设计上，要考虑到菌种营养的最大需要，又要考虑到碳源氮源的平衡，以及菌种生长和合成对营养需要的比例，尽量使碳源最大量的用于合成产物。在这之中碳源——葡萄糖液和生物素配比的设计是对产酸和转化率影响最大的关键设计。

葡萄糖作为碳源是构成菌体和合成谷氨酸碳骨架及能量的来源，在培养基中不同阶段的浓度对谷氨酸发酵有很大的影响，在糖液配比的设计中有总投糖量、初糖量、流加糖量、初糖和流加糖比例的确定。这些都需要根据生产菌种的活力、生物素配比、发酵周期适时的进行调整。

在一定范围内，谷氨酸的产量随总投糖量的增加而增加，总投糖过高对酸糖转化率有影响。根据菌种的耗糖能力，在生物素采用适量法的工艺条件下，总投糖18%左右转化率较高，投糖超过20%酸糖转化率就有低于58%的危险（转化率低于58%对淀粉的单耗和成本已造成升高的影响）。投糖量过低虽然可以提高转化率，但产酸低，影响设备利用率和能源的消耗。

初糖浓度对菌种前期的生长和繁殖速度有一定的影响，对转化率有较大的影响。初糖量过高使渗透压增大，对菌体生长繁殖不利，菌种达到平衡期和转型时间推迟，前期酸糖转化率低；过低使前期耗糖过快，开始流加糖时间过早。一般情况下，大罐初糖12%～14% 菌种10h左右达到平衡；初糖15%～16% 菌种12h左右达到平衡，12h的转化率55%左右；初糖16%以上菌种要在14h左右达到平衡，12h转化率一般在52%左右。总之初糖浓度的设计要考虑对菌种生长和转化率的影响，也要考虑到发酵培养基的平衡。在发酵周期30h左右，流加糖浓度36%左右的条件下，初糖设计14%～16%是比较适当的。如果流加糖浓度提高至50%以上，初糖可设计在13%～14%即可。

采用流加糖工艺，可避免因初糖浓度过高致使前期菌量过大、溶解氧不足的问题。流加糖工艺的关键技术在于开始流加的时机的选择、流加过程中的流加速度、流加期间残糖的含量及流加糖量占总投糖的比例。适当的流加时机对产酸影响很大，过早加糖可能刺激菌体生长，从而增加生长的耗糖量，也会产生底物对合成的抑制；流加过晚，不能保证生产菌在活性很强的时候有足够又不过多的合成和代谢底物，因而掌握开始流加时机非常重要。开始流加时机应以残糖量、耗糖速度、菌体的活力和转型情况为依据。另外，专家通过耗氧及需氧情况的计算认为发酵残糖在 2%~5% 时是流加糖最佳时机。在流加过程中流加速度主要根据残糖量控制，残糖 1%~2%、流加糖占总投糖的 60%~70%，产酸和转化率较为理想。

（2）温度对发酵的影响　　温度对发酵的影响及其调节控制是影响有机体生长繁殖最重要的因素之一，因为任何生物化学的酶促反应都与温度变化有关。温度对发酵的影响是多方面且错综复杂的，主要表现在对细胞生长、产物合成、发酵液的物理性质和生物合成方向等方面。温度影响微生物发酵化学反应速度，由于微生物发酵中的化学反应几乎都是由酶来催化的，酶活性越大，酶促反应速度也就越高。一般在低于酶的最适温度时，升高温度可提高酶的活性，化学反应速度升高；当温度超过最适温度时，酶的活力下降，化学反应速度降低。另外，高温会引起菌丝提前自溶，缩短发酵周期，降低生物代谢产物产量。不同菌种生长最适温度也不同。

最适发酵温度的选择实际上是相对的，还应根据其他发酵条件进行合理地调整，需要考虑的因素包括菌种、培养基成分和浓度、菌体生长阶段等。例如，溶解氧浓度是受温度影响的，其溶解度随温度的下降而增加。因此当通气条件较差时，可以适当降低温度以增加溶解氧浓度。在较低的温度下，既可使氧的溶解度相应大一些，又能降低菌体的生长速率，减少氧的消耗量，这样可以弥补较差的通气条件造成的代谢异常。最适温度的选择还应考虑培养基成分和浓度的不同，在使用浓度较稀或较易利用的培养基时，过高的培养温度会使营养物质过早耗竭，而导致菌体过早自溶，使产物合成提前终止，产量下降。

发酵过程中，菌体的生长和产物的生产处于不同阶段，所需温度是完全不同的。理论上，应针对不同阶段，选择最适温度并严格控制，以期高产。因此，合理控制温度对发酵过程尤为重要。一般生长阶段选择最适宜菌体生长的温度，生产阶段选择最适宜产物合成的温度，进行变温控制下的发酵。产物的降解酶对温度更加敏感，较高温度使该种酶活性增强。在许多生产中，都表现随温度升高目标产物降解加强。因此，降低温度抑制降解是优先考虑的措施。谷氨酸发酵前期的长菌阶段和种子培养应在菌体生长最适温度下进行；发酵中、后期，菌体生长已基本停止，为了形成大量谷氨酸，需要适当提高温度以促进谷氨酸产生。一般可采用二级或三级温度管理方式，即发酵前期长菌阶段控制在 30~32℃，发酵中、后期控制在 34~37℃。

（3）pH 对发酵的影响　　pH 对微生物的生长和代谢产物的积累都有很大影响。不同种类的微生物对 pH 的要求不同，谷氨酸产生菌的最适 pH 为 6.5~8.0，不同菌种又略有不同。

发酵过程中培养基的 pH 同温度一样影响各种酶的活性，进而影响产生菌的生长繁殖及产物的合成。pH 对微生物生长影响很明显，pH 不当，将严重影响菌体生长和产物合成。不同微生物最适生长 pH 和最适生产 pH 不同。由于细胞膜的选择透过性，培养环境中 pH 的变化尽管不会引起细胞内等同变化，但必然引起细胞内 pH 的同方向变化。由于细胞内存在着复杂酶体系，它们通过细胞提供一个适宜催化反应的局部 pH 环境。但由于细胞本身的 pH 缓冲能力有限，细胞外 pH 的变化必然对细胞内各种酶的催化活力产生影响。另外，培养环境中 pH 变化，必然影响膜电位和细胞跨膜运输，因为许多跨膜运输是以质子的跨膜转运为前提条件。pH 变化也会导致发酵产物稳定性变化，影响其积累。例如，一般中性条件下干扰素的产生能力比弱酸性条件有所下降，因此酸性环境有利于发挥这种菌株的生产能力。pH 影响细胞表面电荷，从而关系到细胞结团或絮凝，对微生物生长和代谢不利。

发酵过程中 pH 的变化是各种酸和碱的综合结果，来源有以下两方面。一方面是培养基中含有酸性成分（或杂质）。培养基中糖类物质在高温灭菌过程中氧化形成相应的酸，或者与培养基中其他成分反应生成酸性物质。糖被菌体吸收利用后，产生有机酸，并分泌至培养液中。一些生理酸性物质（硫酸铵等）被菌体利用后，会促使氢离子浓度增加，pH 下降。发酵过程中当一次加糖或加油过多，且氧供应不足时，碳源氧化不完全会导致有机酸积累，pH 下降。另一方面，水解酪蛋白和酵母粉等培养基成分在被利用后会产生 NH_3，造成培养液呈碱性。一些生理碱性物质（硝酸钠、氨基酸、尿素、氨水等）被菌体利用后，将释放出游离 NH_3 或生成碱使 pH 上升。如果培养基存在糖类物质、水解酪蛋白等，菌体优先利用糖类，从而抑制水解酪蛋白的碳源利用，不会引起 pH 上升，甚至引起 pH 下降。

谷氨酸发酵过程中由于菌体对培养基营养成分的利用和代谢产物的形成，使培养液的 pH 不断发生变化。尿素被分解，释放出氨，使 pH 升高；氨被菌体利用以及糖被利用生成有机酸等中间代谢产物时，又使 pH 下降；谷氨酸的形成，耗用大量的氨也使 pH 下降。因此，需要不断补充氮源和调节 pH。当流加尿素后，尿素被分解放出氨，使 pH 升高，氨被利用和代谢产物形成使 pH 下降，这样反复进行直至发酵结束。因此，pH 的变化被认为是谷氨酸发酵的综合指标。谷氨酸发酵在中性和微碱性条件下（pH 7.0～8.0）积累谷氨酸，在酸性条件下（pH 5.0～5.8）则易形成谷氨酰胺。生产上调节 pH 的最常用方法是控制尿素（氨水）的流加量和调节风量。

（4）通风和搅拌对发酵的影响　　谷氨酸生产菌是兼性好气菌，供氧过大或过小对菌体生长和谷氨酸积累都有很大影响。发酵不同阶段对氧要求不同，一般在菌体生长繁殖期比谷氨酸生成期对溶解氧要求低一些。溶解氧适中，产生谷氨酸，溶解氧不足，产生乳酸，溶解氧过量，产生 α-酮戊二酸。

发酵罐中的溶解氧水平主要由搅拌、通风量和罐压三者协同决定。

1）罐压。在整个发酵过程中，发酵罐都处于带压状态，这主要基于两个方面，一是正压可以防止杂菌通过空气系统以外的任何渠道进入发酵罐；二是增加罐内的氧分压，可提高氧的利用率。发酵罐设计压力一般为 3MPa，考虑各个因素，发酵罐实际压力一般为 1MPa。

2）搅拌。搅拌与搅拌器的型式、直径大小、转速、搅拌器在发酵罐内的相对位置等有关。一般搅拌器直径大，转速快，溶解氧系数大；反之，则溶解氧系数小。搅拌的形式在罐体设计制造时就已经确定，普通大罐甚至将搅拌的转速也固定好，试验用小型发酵罐可无级调速。

3）通风量。在罐压一定情况下，通风量增加可以增加发酵培养基的氧分压。在实际操作中，用安装在发酵罐尾气排放口上的空气流量计来读取数据。

（5）泡沫对发酵的影响　　在深层发酵过程中由于通气和搅拌、代谢气体的逸出以及培养基中糖、蛋白质、代谢物等稳定泡沫的表面活性物质的存在，使发酵液中产生一定数量的泡沫，这是正常的现象。由于这些泡沫的存在可以增加气液接触面积，导致氧传递速率的增加，特别在啤酒发酵中需要提高发酵液的发泡能力，使啤酒泡沫稳定。但在好气性发酵中，发酵旺盛时会产生大量泡沫，而引起"逃液"，给发酵造成困难，并带来许多副作用。主要表现在：第一，降低了发酵罐的装液系数，大多数罐的装液系数为 0.6～0.7，余下的空间用于容纳泡沫；第二，增加了菌群的非均一性，由于泡沫液位的变动，以及不同生长周期微生物随泡沫漂浮，或附在罐壁，使附着菌体的环境改变，菌体有的分化，有的瓦解，影响了菌群的整体效果；第三，增加了污染杂菌的机会，培养基随泡沫溅到轴封处容易染菌；第四，导致产物的损失，大量起泡引起"逃液"，如降低通气量或加入消泡剂将干扰工艺过程；第五，消泡剂的加入将给提取工序带来困难。另外，泡沫过多还会严重影响通气搅拌的正常进行，影响氧的传递，妨碍菌的呼吸，结果造成代谢异常，导致产量下降或菌体提前自溶。因此，在发酵过程中如何避免泡沫的过多产生是保证发酵正常进行的关键。

了解了发酵过程中产生泡沫的原因及其消长规律，即可有效地控制泡沫，以不至于造成"逃液"等对发酵不利的状况。泡沫的控制，可以采用两条途径：第一，可通过调整培养基中的成分（如少加或缓加易起泡的原材料）或改变某些物理化学参数（如 pH、温度、通气和搅拌），或者改变发酵工艺（如采用分次投料）来控制，以减少泡沫形成的机会，但这些方法的效果有一定的限度。第二，采用机械消沫或化学消泡剂来消除已形成的泡沫，该途径仍是当今工业发酵中泡沫控制的常用方法，可单用机械消泡或化学消泡，也可二者同时使用。

1）机械消泡。对于一个理想的生物反应器来说，应具有优化的工艺系统，使气体、培养基成分、代谢物和微生物有较好的分散和湍流程度，尽可能地增加装置，少消耗能量。因此，在反应器中考虑装置一个耗能小的消泡系统是十分必要的，不仅保证不会"逃液"，而且还能使设备保持无菌，并使菌体不会造成机械损伤。

机械消泡是依靠物理学的原理，即靠机械力引起强烈振动或者压力变化，促使泡沫破裂。消泡装置可放在罐内或罐外。罐内最简单的消泡装置是在搅拌轴上方安装消泡桨，型式多样，泡沫借旋风离心场被压制。为提高消泡效果可将少量消泡剂加到机械消泡转子上，再喷洒到主流液体中。罐外消泡法是将泡沫引出罐外，通过喷嘴的加速作用或离心力来消除泡沫。

机械消泡的优点在于不需要引进外界物质，如消泡剂，可减少培养液性质复杂化的程度，也可节省原材料，减少污染机会。但其缺点是不能从根本上消除起稳定泡沫的因素，消泡效果不理想，仅可作为消泡的辅助方法。

2）化学消泡。化学消泡是借助一些化学药剂来消除泡沫的方法。其优点是消泡效果好，作用迅速，尤其是合成消泡剂效率高，用量少；其缺点是选择不当会影响菌体生长繁殖或影响代谢产物积累，操作上会增加染菌机会，且用量过多时会影响氧传递，从而影响菌体代谢。生产上，要根据消泡原理和发酵液性质、要求选择不同的消泡剂。

发酵工业理想的消泡剂应具备下列条件：①必须是表面活性剂，具有较低的表面张力，消泡剂的表面张力低于发酵液表面张力和界面表面张力之和；②对气 - 液界面的铺展系数必须足够大，以能迅速发挥其消泡活性，这就要求消泡剂具有一定的亲水性；③在水中的溶解度极小，保持其持久的消泡或抑泡作用；④对发酵过程无毒，对人、畜无害，不影响生物合成；⑤能耐高压蒸汽灭菌而不变性，在灭菌温度下对设备无腐蚀性或不形成腐蚀质产物；⑥不影响产物的提取和产品质量；⑦不干扰分析系统，如溶解氧、pH 测定仪的探头，最好不影响氧的传递；⑧来源方便，价格便宜，添加装置简单。

5. 发酵的中间分析和过程控制

对发酵过程中间代谢产物的生化分析，要做到彻底完善是困难的，生产上的中间分析只测定一些主要数据，只能显示微生物代谢的一般概况而不能反映细微的生化变化。因此，需要进一步完善生化分析项目，从生化角度对发酵进行控制，从而确定最适宜的工艺条件。

（1）主要分析项目

1）菌体浓度及菌体形态。要生产大量谷氨酸就需要有一定量活力强的菌体，菌体数量和活力的控制对产生谷氨酸是极其重要的。常采用测培养物OD值的方法。

2）谷氨酸。大量形成谷氨酸是生产目的。目前均采用瓦尔堡呼吸计测定法。一般从发酵12h开始，每隔2～4h测定一次。

3）残糖。糖的消耗速度反映了菌体代谢活动的情况，长菌和谷氨酸积累与耗糖密切相关，控制好长菌速率、谷氨酸形成速率与耗糖速率的关系是获得高产的重要手段。糖含量均采用化学测定方法测定，常用费林试剂直接滴定法。

4）pH。pH变化反映了营养物消耗和产物形成的情况，从而也反映了菌体的活力，它是发酵过程的综合指标。因此，pH的及时测定和控制是产酸好坏的重要工艺条件。为方便起见，生产上常用酸度计测定培养液的pH，最好能够采用仪表自动测定。

（2）发酵规律

1）长菌阶段。虽然影响发酵的因素很多，但还是有一定规律可循。一般发酵的前4～6h是适应期，这一阶段各个参数变化不大。然后菌体开始生长繁殖并很快进入对数生长期，菌体大量繁殖，代谢活跃；显微镜下菌体形态为八字形分裂状态，排列整齐；耗糖速度加快；耗氧量增大，然后维持在一定水平上；由于尿素被脲酶分解放出氨，pH迅速上升，然后又因氨被菌体利用，pH下降，这时必须及时流加尿素，供给菌体生长所必需的氮源，并调节pH。由于菌体代谢旺盛，呼吸作用强烈，放出大量热量，使培养液温度上升，且泡沫增加，此时必须注意控制温度。这阶段称长菌阶段，几乎不产谷氨酸，一般在12h左右。这阶段的工艺控制应在于获得足够量且活力强的生产型菌。

2）谷氨酸形成阶段。12h后，菌体基本停止繁殖，转入谷氨酸形成阶段。此时，OD值达到或接近最大；显微镜下菌体为单个存在，菌体略为变长；菌体内所形成的酶处于旺盛的活动阶段。这阶段糖的消耗与谷氨酸的形成成正比。为形成最大量的谷氨酸，必须给予最适合的环境条件。

随着发酵时间的延长，菌体胞内酶的活力逐渐降低，耗糖速度下降，残糖已接近耗完，环境条件趋于不利，流加尿素的量也应相应减少。当糖等底物耗尽，不再形成谷氨酸时，必须及时放罐。

6. 谷氨酸的提取

等电点法是谷氨酸提取方法中最简单的一种。其他提取方法，如离子交换法、盐酸盐法和电渗析法等都需相应的设备基础。

等电点法是从罐放出的发酵液中，不经除菌，直接加入盐酸，将pH逐步调节到谷氨酸的等电点（pH 3.22），利用两性氨基酸在等电点时溶解度最小的原理，使谷氨酸过饱和而沉淀下来。等电点法提取谷氨酸如图4-3所示，这一方法适合等电点溶解度较小的氨基酸回收，是设备、工艺都较简单的回收方法。

谷氨酸以结晶的形式析出，L-谷氨酸属斜方晶系离子晶体，具有多晶形性质。在不同的条件下，可以得到α-型谷氨酸结晶（图4-4）或β-型谷氨酸结晶（图4-5）。α-型结晶是大型结晶，在纯谷氨酸溶液中为斜方六面体晶体，纯度高，颗粒大，质量重，易沉降，与母液分离容易，是一种理想结晶。而β-型结晶的晶粒小，纯度低，质量轻，难沉降不易沉淀，造成发酵产物回收困难。因此，等电点回收的关键是获得α-型晶体。

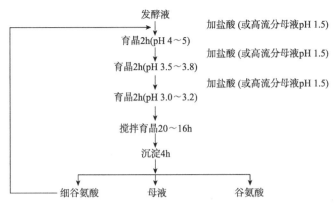

图 4-3　等电点法提取谷氨酸

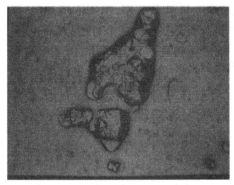

图 4-4　α-型谷氨酸结晶

图 4-5　β-型谷氨酸结晶

　　影响谷氨酸结晶的因素很多。发酵溶液纯度和中和结晶操作条件是影响谷氨酸结晶的主要因素。例如，发酵液中谷氨酸含量、pH、温度、残糖高低、菌体多少以及是否染菌（尤其是否染噬菌体）；中和时加酸速度、降温速度、搅拌、加晶种与否等，对谷氨酸的结晶及收率都有很大关系。

　　（1）谷氨酸含量　　发酵液中谷氨酸含量在 4% 以上时，等电结晶操作较容易，收得率可达 60% 左右。有时发酵液谷氨酸含量只有 1.5%～3.5%，一般温度下，不易使谷氨酸达到过饱和状态，即溶液的过饱和率小，结晶生成速度很慢，难以形成晶核或晶核数量极少，直接等电提取困难，收率很低。

　　（2）温度　　谷氨酸溶解度随温度的降低而变小，使谷氨酸从发酵液中结晶析出，结晶析出温度对晶型有很大影响。为了控制能形成颗粒状的 α-型晶体，结晶温度必须降到 30℃以下。在中和调等电点过程中，发酵液的温度应缓慢下降，这样形成的谷氨酸结晶颗粒较大。如果温度下降过于迅速，晶核小而多，所形成的结晶就细小。中和结束后，温度越低越好，以减小谷氨酸的溶解度，使其充分结晶析出。采用低温等电点法时，温度一般控制在 3～5℃，其结晶收率可达 80%。此外，由于结晶是放热反应，发酵液温度较难控制，如温度回升，容易引起 α-型结晶向 β-型结晶转变，导致分离困难，收率下降。为此，生产上一般以控制酸的流加速度来使温度缓慢下降。

　　等电点回收的工艺基础，在于它的低溶解性，由于低温能显著降低谷氨酸在等电点的溶解度，因此，现代工业中普遍采用冷冻等电点法。所采用的工艺步骤大致相同，只是在等电罐内加上盘管，用制冷机将发酵液的温度降到 0～4℃，在低温下完成整个等电回收过程，能将得率从 60% 提高到 80% 以上。

（3）加酸速度　　加酸的主要目的是调节发酵液 pH，使其达到谷氨酸的等电点。加酸速度对晶体大小影响较大。缓慢加酸使谷氨酸溶解度逐渐降低，可控制一定数量的晶核，即晶核形成不会太多。当 pH 在 4.5～5.0 时，仔细观察发酵液中晶核形成情况。一般能发现晶核时，说明晶核已不少了，应停止加酸，搅拌育晶 2h。育晶是发酵液中微小结晶不断溶解在大结晶上聚集沉积的过程，可以使微小晶粒变成较大晶粒，因而析出的结晶颗粒大，易于沉淀分离。而当加酸速度快时，容易形成局部过饱和，晶核形成太多，结晶就细小，不易沉降分离，影响收得率。操作上一般前期加酸可稍快，中期（晶核形成前）加酸要缓，后期加酸要慢，直至 pH 缓慢降到等电点为止。

（4）晶种的添加　　在谷氨酸等电结晶工艺中，于晶核形成之前，适时投放一定量的晶种，有利于收率提高。投放晶种的时机一定要恰当，过早投放晶种容易溶化，过晚会刺激更多细小晶核的形成。生产上根据发酵液中谷氨酸含量和 pH 来确定投种时间。一般谷氨酸含量在 5% 左右时，在 pH 4.0～4.5 投晶种；谷氨酸含量在 3.5%～4.0% 时，在 pH 3.5～4.0 投晶种。投放晶种目的是控制一定数量的晶核，并以晶种为核心，使其不断长大，结晶颗粒大，有利于沉降分离，提高收得率。

（5）搅拌　　在不搅拌情况下自然起晶，其结晶大小不均匀。在结晶过程中，采用缓慢冷却，适当搅拌，使发酵液温度和 pH 均匀，晶体与母液均匀接触，有利于晶体长大，使晶体大小均匀一致。搅拌还可以减少结晶粒子互相粘接，避免晶簇形成。但搅拌太快，液体翻动太剧烈，会引起晶体磨损，使晶体细小；搅拌太慢，液体翻动不大，温度和 pH 不均匀，容易形成过多晶核，结晶颗粒细小。搅拌转速与设备直径和搅拌桨叶大小有关，一般以20～30r/min 为宜。生产上都采用桨式搅拌器，分二档，交叉安装。

（6）残糖　　发酵液中残糖高，不仅会增加谷氨酸的溶解度，而且容易产生 β- 型结晶，这往往是由于淀粉水解不完全，或者水解过头，所产生的糊精和焦糖等未被谷氨酸产生菌利用，在提取时沉淀析出，影响结晶。在生产上，谷氨酸与残糖的比值越大越好，这样有利于α-型结晶形成并提高收率。

（7）L-谷氨酰胺　　发酵液中 L-谷氨酰胺含量越高，出现 β-型谷氨酸结晶就越严重，所以应积极控制 L-谷氨酰胺的生成。当氨过量，pH 低，风量过大，温度较高时，谷氨酸容易转换成 L-谷氨酰胺。所以必须严格控制发酵条件避免产生 L-谷氨酰胺。

（8）水解糖液质量　　水解糖液的质量，一般是指糖液 pH 控制是否正确，糖液是否含糊精及焦糖等成分。因为水解糖液质量差，不仅对发酵不利，造成泡沫多，OD 值上升缓慢，产酸低，残糖高等弊病，而且对提取带来影响，导致提取时泡沫多。糖液中没有除尽的蛋白质，随 pH 变动而伴随着谷氨酸结晶同时析出，且易出现谷氨酸 β-型结晶。

（9）发酵液 pH　　谷氨酸发酵后期 pH 如果偏碱或偏酸维持时间比较长，对谷氨酸结晶非常不利。发酵液偏碱，容易使菌体自溶，影响谷氨酸结晶；发酵液偏酸，容易使谷氨酸转换成谷氨酰胺，影响谷氨酸结晶。

7. 味精的制备

从发酵液中提取得到谷氨酸，仅仅是味精生产中的半成品。谷氨酸与适量的碱进行中和反应生成谷氨酸一钠,其溶液经过脱色、除去部分杂质,最后通过减压浓缩、结晶及分离,得到较纯的谷氨酸一钠晶体(图 4-6)。不仅酸味消失,而且有很强的鲜味(阈值为0.03%)。谷氨酸一钠的商品名称就是味精。如果谷氨酸与过量碱作用,生成谷氨酸二钠不具鲜味。

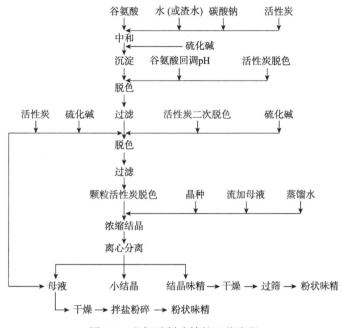

图 4-6　谷氨酸制味精的工艺流程

（三）谷氨酸发酵废水的处理及资源化利用

谷氨酸发酵废水主要是谷氨酸发酵液提取谷氨酸后产生的,以及生产过程中的洗涤废水。它是一种高浓度有机废水,具有酸性强、高化学需氧量(COD)、高生物需氧量(BOD)、高硫酸根、高菌体含量、低温等特点。废水中含有大量的谷氨酸、还原糖、固体悬浮物(SS)与氨氮,任意排放不仅浪费宝贵资源,而且造成严重的环境污染,破坏生态平衡。

1. 废水的主要处理方法

（1）物理化学处理方法　　目前用于谷氨酸发酵废水处理的物理化学方法主要有以下几种:絮凝沉淀、膜分离、吸附、离心、加热沉淀、蒸发浓缩。物理化学方法多用于处理前期从废水中提取谷氨酸产生菌单细胞蛋白(SCP),通常分离菌体可去除 30% 左右的 COD。物理化学处理方法主要作为废水的预处理,目的是使后续处理工艺能正常运行,并以此降低其他处理工艺的处理负荷。

1）絮凝沉淀法。絮凝剂的凝聚作用有助于废水中悬浮菌体的回收,考虑到分离后菌体的资源化利用,处理中必须采用无毒害的絮凝剂和助凝剂。絮凝沉淀可作为生物处理工艺的预处理工艺,也可作为生物处理工艺后的深度处理工艺。其特点是基建费低、处理效果好、操作管理简便,可以间歇或连续操作,并且可回收利用有用副产品,降低生物处理设施的负荷,稳定生物处理工艺的处理效果。聚合氯化铝铁这种类型的絮凝剂价格便宜,属于新型、优质、高效铁盐类无机高分子絮凝剂，絮凝效果除表现为剩余浊度色度降低外，还具有絮凝物形成块、吸附性能高、泥渣过滤脱水性能好等特点，在处理高浊度水时，处理效果非常明显。三氯化铁在处理水时能形成较大的絮状物，并可与重金属离子发生有效的共沉淀作用，但三氯化铁等铁盐对金属的腐蚀性强，稳定性较低，使用过程需加熟石灰作为助凝剂，会产生大量污泥。聚丙烯酰胺能以较快的速度形成较大的絮凝物，可以保证处理后水质的安全无毒，但有机絮凝剂的缺点是价格较高。

2）膜分离法。膜分离法主要有扩散渗析法、电渗析法、反渗透法、超滤法等。谷氨酸发酵废水处理主要采用电渗析法和超滤法。超滤法可以去除废水中的一部分COD，并浓缩、回收蛋白质等有用物质。电渗析法利用离子交换膜对溶液中离子的选择透过性，使溶液中阴、阳离子发生离子迁移从而达到除杂目的。反渗透法用于去除大小与溶媒同一数量级的颗粒物，相对分子质量在10～1000。反渗透法最初大规模用于海水脱盐、高纯水的生产，目前，在废水处理中的应用也日趋普遍，但在谷氨酸发酵废水处理中，尚无成熟的技术推出。谷氨酸发酵废水COD含量较高，但其COD组成有自身的特点，采用反渗透技术处理，只要选择好合适的预处理方法，解决好膜污染的问题，还是有较好的应用前景。膜分离工艺在味精生产部门很容易清洁生产，即在生产过程中实现无废和少废，降低能耗，不但能避免污染环境，而且能充分利用废液中有用物质。但采用该工艺一次性投资大，单位体积废水处理成本较高，膜分离设备还存在透过速度慢、使用寿命短等一系列问题。而且处理水量不大，仅适合于处理废水量小、滤渣回收价值高的谷氨酸发酵废水。

3）吸附法。吸附法是使用固体吸附剂，如粉煤灰、活性炭、纤维素、树脂等，通过物理的或化学的作用过滤滞留废水中的各种物质而净化废水的方法。吸附法主要用于去除废水中溶解性有机物和色度。吸附技术自20世纪70年代以来已广泛应用于各种废水处理领域。谷氨酸发酵废水处理常用的吸附剂有活性炭、生石灰、壳聚糖、改性膨润土等，也可以多种吸附剂联合使用。其中活性炭表面积大，且可以回收重复利用，是最常用的一种吸附剂；壳聚糖具有无毒、无污染等特点，又易与重金属离子络合，能有效地处理废水，且壳聚糖吸附后可加工成饲料或饵料，是一种极为有效的吸附剂；膨润土的分散、吸附、胶体性能可以回收高浓度废水中的谷氨酸产生菌以及其他有机物，膨润土经合适的改性剂改性后，对高浓度废水的处理效果有明显的提高。采用吸附法处理谷氨酸发酵的废水，缺点是吸附剂价格昂贵，对进水的预处理要求高，维护难度大，吸附剂的再生也是一个较难解决的问题，因此一般主要用来去除废水中的微量污染物，达到深度净化的目的。

4）离心法。机械分离技术是利用废水中有机物质与水的比重差，通过离心达到固液分离。目前通常采用进口碟片离心机进行高速离心分离菌体。该法多与蒸发浓缩法一起使用，以回收谷氨酸发酵废水中的蛋白饲料。谷氨酸产生菌菌体小，普通离心机不能分离，必须用高速离心方法。目前高速离心机尚依赖进口，投资较大，运行能耗也高。该法一次性投资很大，并且加热蒸发工艺和干燥工艺都需消耗很大的能量，使单位体积废水的处理成本偏高，同时在处理过程中还需加防垢剂，并定期除垢以降低能耗，维护管理比较麻烦。

5）加热沉淀法。将废液加热到一定温度，杀死谷氨酸产生菌菌体，促使蛋白质变性。发酵母液中菌体加热变性后，再加入助滤剂过滤得菌体单细胞蛋白（SCP），SCP中粗蛋白质量分数高于50%，可作为饲料添加剂。如果能做好热能的循环利用，该法不失为一种简单易行的除菌方法。

6）蒸发浓缩法。蒸发浓缩是指借助加热作用使溶液中一部分溶剂气化而使液体体积减小，溶质浓度增大的过程。高浓度味精废水通过物理方法去除菌体和悬浮物后加热蒸发浓缩，再使浓缩液冷却至室温时有大量的硫酸铵晶体析出，硫酸铵可作为农用肥料，剩下的浓缩液用等电点法提取谷氨酸，废液再进一步加热浓缩并制成有机肥料。轻工业环境保护所的研究表明，谷氨酸提取废液浓缩、干燥后可制成复合肥，废水的 COD 和 BOD 可去除 98%以上。该法既回收了废水中的资源，又不产生二次污染，废水处理后达到了零排放，尽管流程简单、操作容易，但蒸发浓缩过程的能耗过大，不适合我国当前的国情。

（2）生物处理方法　　生物处理在废水处理的各个领域都有广泛的应用，已经积累了丰富的经验。一般来说，废水的处理常用好氧法来进行，但随着有机废水的大量增加，尤其是高浓度废水的增加，厌氧处理方法也更多地被使用，并取得了不少成功的经验。对于味精废水，由于 COD 含量太高，常用厌氧处理，排放前再使用好氧处理，从而达到排放标准。

1）好氧生物处理法。好氧生物处理法有活性污泥法、生物膜法、纯氧曝气法和深井曝气法等。好氧生物处理一般不直接处理发酵废液，一般用于处理较低浓度的有机废水，作为整个处理流程的后续处理手段，使废水最终达到排放标准。目前在谷氨酸发酵废水中较常用的方法为活性污泥法和生物膜法。

2）厌氧生物处理法。厌氧生物处理的优点在于能耗低，可回收生物能源（沼气），每去除单位质量底物产生的微生物（污泥）量少，具有较高的有机物负荷的潜力。缺点是处理后出水的 COD 值较高，水力停留时间较长，并可能产生恶臭。厌氧反应器是厌氧处理中发生生物氧化反应的主体设备，国内外对此进行了广泛的研究，设计了不少新的厌氧工艺和厌氧反应器。

3）藻-菌共生法。谷氨酸发酵废水经过厌氧处理后，可以采用藻-菌共生法进一步处理。废水中的有机物质在细菌的作用下分解为简单的无机物如 CO_2、H_2O、NO_3^-、SO_4^{2-}、NH_3、PO_4^{3-} 等并释放出能量。水中的藻类通过新陈代谢吸收 CO_2、H_2O、NO_3^-、PO_4^{3-} 等物质并放出 O_2，从而去除废水中有机物，增加水体溶解氧。但此系统的处理效果受预处理的影响较大，进水 COD 浓度越高，处理效果越差。

4）水解-好氧法。水解-好氧法利用厌氧水解（酸化）作预处理，然后进行好氧生物处理。厌氧处理的酸化消化阶段，在水解菌作用下，不溶性有机物被水解为溶解性物质，大分子物质转化为小分子物质。由于水解和产酸菌世代周期较短，这一过程较快完成，并且可在常温下进行。然后通入氧气，使有机酸等较大分子物质彻底降解。该法比单独厌氧处理时间减少一半，在常温下进行，适应性强，耐 COD 负荷变化冲击性强，pH 适用广，启动快，运行稳定。

5）光合细菌法（PSB 法）。光合细菌法是污水生物处理领域涌现出的一种新方法。它具有有机负荷高、动力能耗省、氮磷去除效果好、污泥菌体蛋白含量高和综合利用价值高等特点，尤适于高浓度有机废水的处理。

2. 废水的资源化利用

（1）生产饲料酵母　　生产饲料酵母在谷氨酸发酵废水的治理中是应用时间最长、范围最广的预处理技术。味精废水经好氧培养生产假丝酵母，不仅能去除 60%~70% 的 COD，而且能将废水中丰富的有机物和氮源转化为饲料酵母，从而资源化利用。为了提高酵母得率以及菌种对废水低 pH 的适应性，研究者们在菌种的筛选优化和工艺、设备的改进上进行了大量的探索。郭晨等从味精废水中筛选出一种高活性的假丝酵母菌 Y-10，并采用新型气升式反应器，使处理时间由 22h 缩短至 18h，COD 的去除率增至 95.1%，菌体干重达 22.62g/L。程树培等通过将原核球形红假单胞菌与真核酿酒酵母细胞原生质融合，构建并筛选出一种废水资源化生产单细胞蛋白的理想菌株，其降解味精废水有机物的性能优于双亲菌株。敬一兵将固定化微生物技术用于废水的酵母生产研究中，发现假丝酵母和白地霉固定化后治理谷氨酸发酵废水的有效率、使用次数、酶活性的持久性以及寿命都远高于非固定化时的情况，降低了酵母生产的成本，提高了处理效率。

　　饲料酵母法目前存在的问题是相应设备投资、运行费用和生产成本居高不下，影响了该技术的推广。同时，生产酵母后的二次废水 COD 较原母液降低 40% 左右，但仍然有较高的 COD 含量，如何进一步处理，也是该工艺需要解决的问题。

　　（2）生产生物农药　　苏云金芽孢杆菌是一种在自然界广泛分布的好气芽孢杆菌，部分菌株在其芽孢形成过程中能产生对不同昆虫有毒杀作用的伴孢晶体。苏云金芽孢杆菌生物农药是发展较早，适用最为广泛的一种生物农药，其无毒、无公害，不易产生抗药性的特点越来越受到世人关注。郑舒文等提出了利用谷氨酸发酵废水培养苏云金芽孢杆菌进而生产生物农药的新的谷氨酸发酵废水利用方法，对苏云金芽孢杆菌在谷氨酸发酵废水培养中的培养基优化和深层培养条件及深层培养过程各参数的变化规律等进行了较为系统的研究，提出了进行工业化试验的培养工艺。杨建州等研究了驯化后的苏云金芽孢杆菌在味精废水中发酵生产生物农药的适宜工艺条件，包括碳源、氮源、发酵培养基等对发酵的影响，并对发酵过程中的各个指标进行了检测。研究发现该法的毒力效价与标准品相当，表明该法至少在中等规模的工厂化生产是可行的。由此可见，利用谷氨酸发酵废水发酵苏云金芽孢杆菌生产生物农药不仅能够处理利用谷氨酸发酵废水，不造成二次污染，而且能够得到高毒力、对环境无污染的生物农药，为谷氨酸发酵废水资源化提供了一条途径。

　　（3）生产蛋白质饲料　　从市场来看，蛋白质饲料价格上涨。近期公布的中国膳食结构规划和养殖发展规划显示，年蛋白质饲料需求缺口较大，年蛋白质饲料自给率缺口较大。杨建州等以溜曲霉株为出发菌株，通过筛选可重新利用废弃生物质作为溜曲霉生长促进剂兼碳源。优化后的发酵配方组成为孢子接种量、苹果渣和谷氨酸发酵废水，产物的粗蛋白含量很高。实验结果表明，利用味精厂高浓度有机废水发酵溜曲霉生产蛋白质饲料，在有效处理废水的同时亦可生产有经济价值的产品。冯东勋等研究利用谷氨酸发酵废水浓缩液添加辅料固体发酵生产菌体蛋白。通过中试产品的动物饲养试验证实，部分代替豆粕可以新增经济效益。利用谷氨酸发酵废水生产蛋白质饲料既可处理废水，又可得到蛋白质饲料，是一条适合我国国情的谷氨酸发酵废水治理方案，为大规模治理味精废水的污染提供切实可行的途径。

　　（4）生产有机、无机肥　　利用谷氨酸发酵废水浓缩提取硫酸铵母液生产的有机、无机肥是一种生态肥，由于浓缩母液中各种养分得到了富集，可全面供给农作物营养，又可调节土壤微生态环境，改变土壤团粒结构。通过科学配方，可使土壤微生态环境更有利于农作物生长，增强作物免疫力。该法既消化母液又充分利用当地农副产品废弃物作原料，改善了环境又生产了肥料，形成良性自然循环。不同于喷浆造粒肥养分仅 16%，有机质 20% 左右一种规格，浓缩母液生产有机、无机肥可以配制养分全面、各种各样的专用肥以满足不同作物不同季节需肥要求，适应性广。喷浆造粒肥在生产过程中受到高温，会使许多有效成分被破坏，pH 约为 3.5，在酸性土壤、干旱或缺水状况作底肥施用会伤及作物根系，或者过度炭化，水溶性变差，而浓缩母液生产的有机、无机肥没有上述问题。

（5）生产饲料添加剂　　随着饲料工业的发展，饲料添加剂的研究和开发也得到了进一步发展，近年来出现了一类新型饲料添加剂——微生物饲料添加剂，它多由细菌、霉菌、酵母或其中两种或三种微生物的活体混合物组成。由于其在动物防病治病、降低饲料消耗、促进动物生长、无毒副作用等方面具有抗生素等不能相比的优点而日益受到国内外有关方面的重视。近十年来，微生物饲料添加剂的研究发展很快，现已逐步形成了一个高新技术产业，代表着未来饲料添加剂的发展方向，其发展前景将十分广阔。谷氨酸发酵废水中含有大量的微生物繁殖所必需的营养物质，山东省科学院中日友好生物技术研究中心的郭勇、李纪顺针对综合利用谷氨酸发酵废水生产微生物饲料添加剂，已开发出了饲用微生态制剂、复合酶益生素、发酵秸秆饲料、秸秆发酵剂和反刍动物微生物饲料添加剂等饲料添加剂系列产品。

（6）生产生物絮凝剂　　生物絮凝剂是一种新型、高效、无毒、无二次污染、质优价廉的绿色净水剂，对人类的健康和环境保护具有重要的现实意义。利用工业有机废水生产生物絮凝剂，既可利用废水中的有用成分，又可减少排污量，是解决当前生物絮凝剂成本过高这一难题的有效方法。马放等发明了一种利用谷氨酸发酵废水制取复合型生物絮凝剂的方法。该发明采用复合型生物絮凝剂二段式发酵方法制备生物絮凝剂，其核心部分在于配制培养液时，在培养液种加入谷氨酸发酵废水，直至培养液 pH 为 7.0～7.5。通过该方法，利用农业废弃物秸秆和味精生产的谷氨酸发酵废水"以废治污"，不仅能够促进农业和工业生产良性循环，而且可以减少燃烧秸秆和废水排放给环境带来的负面影响。尹华等考察了生物絮凝剂产生菌在味精废水中发酵产生絮凝剂的絮凝特性。谷氨酸发酵废水经预处理后，加入有机碳源对絮凝剂产生菌进行培养，菌体在生长过程中产生絮凝剂，并将其分泌到细胞外，培养液的絮凝活性最高可达 98%。该絮凝剂在偏碱性的条件下，对高岭土悬浊液的絮凝效果最好。研究表明，该微生物絮凝剂对多种废水具有良好的净化效果。

三、谷氨酸发酵生产

（一）谷氨酸产生菌菌种的制备

1. 原理

谷氨酸棒杆菌（*Corynebacterium glutamicum*）是一种好氧性异养细菌，在合适的培养基中经摇瓶培养能快速生长，得到大量健壮的种子。一级种的培养目的在于培养大量高活性的菌体。二级种子培养目的在于培养和发酵罐体积及培养条件相称的高活性菌体。

2. 仪器与材料

（1）仪器　　试管、棉塞、三角瓶、高压灭菌锅、摇床、培养箱、显微镜等。

（2）材料　　谷氨酸棒杆菌原种菌苔、葡萄糖、蛋白胨、牛肉膏、氯化钠、琼脂、尿素、硫酸镁、磷酸氢二钾、玉米浆、硫酸亚铁、糖蜜、消泡剂等。

3. 步骤

（1）斜面种子制备　　斜面培养基配方：0.1% 葡萄糖，1.0% 蛋白胨，1.0% 牛肉膏，0.5% 氯化钠，2.0%～2.5% 琼脂，pH 7.0。0.1MPa，121℃，灭菌 30min。按配方配制斜面培养基，检查无菌后备用。将原种菌苔划线接种到新制斜面上，37℃培养24h，制成斜面菌种。

（2）一级种子制备　　培养基配方：2.5%葡萄糖，0.5%尿素，0.04%硫酸镁，0.1%磷酸氢二钾，2.5%～3.3%玉米浆，0.0002%硫酸亚铁，0.0002%硫酸锰，pH 7.0。用1000ml三角瓶装200ml培养基，8层纱布封口，0.1MPa，121℃，灭菌30min，冷却后接种，一支斜面种接3个三角瓶。摇床（170～190r/min）上培养12h，培养温度为30～32℃。

一级种子质量标准：种龄12h，pH 6.4±0.1，ΔOD_{560}（560nm光密度净增值）>0.5，残糖0.5%以下。

（3）二级种子制备　　培养基配方：2.5%葡萄糖，0.34%尿素，0.16%磷酸氢二钾，1.16%糖蜜，0.043%硫酸镁，0.086ml/L消泡剂，0.0002%硫酸亚铁，0.0002%硫酸锰，pH 7.0。0.1MPa，121℃，灭菌10min。冷却接种后，接种量为10%，摇床培养7～8h。

二级菌种质量标准：种龄7～8h，pH 7.2，$\Delta OD_{560} \geq 0.5$，无菌检查：阴性，噬菌体检查：阴性。

4. 注意事项

如菌种被污染，势必导致发酵失败，轻者产酸下降，重则不积累产物。因此，在菌种制备的整个过程中，要树立起牢固的无菌概念，工作力求细致、到位。

（二）噬菌体的检测

1. 原理

用样品和敏感菌浇双层平板，在菌体生长过程中，如样品中有噬菌体，由于噬菌体的溶菌作用，会在平板上留下透明斑点（噬菌斑），通过噬菌斑计数，即可评估噬菌体的污染强度。

2. 仪器与材料

（1）仪器　　培养皿、试管、培养箱等。

（2）菌种　　谷氨酸生产菌。

（3）试剂　　葡萄糖、蛋白胨、牛肉膏、氯化钠、琼脂等。

3. 步骤

（1）培养基配制　　底层平板培养基：0.1%葡萄糖，1.0%蛋白胨，1.0%牛肉膏，0.5%氯化钠，2.0%～2.5%琼脂，pH 7.0。

上层平板培养基：0.1%葡萄糖，1.0%蛋白胨，1.0%牛肉膏，0.5%氯化钠，0.7%琼脂，pH 7.0。

上下层平板培养基分装两个三角瓶，封口后，0.1MPa，121℃，灭菌30min。

（2）倒平板　　先将底层培养基熔解后倒入平皿，冷却凝固后待用。

样品采集：如要测定无菌空气中的噬菌体样，可将上述底层平板暴露在排气口30min。如测定液体样，则在上述底层平板中加入适当稀释的样品1ml（无菌操作）。

将上层培养基熔化后自然冷却到40～45℃（放在手背上不感觉烫），然后在已加样的底层平板上加入20ml的上层培养基，并迅速摇动平皿（注意不可使培养基被摇出平皿），在上层培养基冷却前，将样品和上层培养基混合均匀。待上层培养基冷却凝固后，放入培养箱37℃倒置培养24h。

（3）计数　　观测平皿上的噬菌斑，根据样品的稀释度（液体样品）或空气流量及暴露时间（气体样）计算污染的噬菌体效价。

$$噬菌体效价（pfu/ml）=\frac{噬菌斑数量×稀释倍数}{样品体积（ml）}。$$

（三）谷氨酸脱羧酶的制备

1. 原理

谷氨酸脱羧酶是目前测定谷氨酸所必需的工具酶，酶法测定具有专一性高、反应灵敏等特点，较少受其他因素干扰。大肠杆菌产生的脱羧酶是用于测定谷氨酸含量的专一酶。

2. 仪器与材料

（1）仪器　　试管、棉塞、恒温培养箱、高压灭菌锅、恒温摇床、水环式真空泵、冰箱、干燥器、冷冻离心机等。

（2）菌种　　大肠杆菌-TS。

（3）试剂　　牛肉膏、蛋白胨、NaCl、氨水、磷酸二氢钾、葡萄糖、玉米浆粉、丙酮、乙醚等。

3. 步骤

（1）菌种培养　　将大肠杆菌-TS在斜面培养基上接种培养24h。

培养基配方：1.0% 牛肉膏，1.0% 蛋白胨，0.5%NaCl，1.7% 琼脂，用50% 氨水调pH 7.2。0.1MPa，121℃，灭菌30min，摆斜面。

（2）一级种子制备　　培养基配方：5.0% 牛肉膏，4.0% 蛋白胨，0.25% 磷酸二氢钾，用50% 氨水调pH 7.1。1000ml 三角瓶装 200ml。0.1MPa，121℃，灭菌30min，冷却后接种，接种量为1支斜面接1瓶一级种。36℃于摇床（170～190r/min）培养。

（3）发酵　　培养基配方：2.0% 牛肉膏，1.5% 蛋白胨，0.1% 葡萄糖，0.1% 玉米浆粉，0.25% 磷酸二氢钾，用50% 氨水调pH 7.1。1000ml 三角瓶装 200ml。0.1MPa，121℃，灭菌20min。冷却后接种，接种量5%，接种后在摇床（170r/min）36℃培养。

（4）收集菌体　　将摇瓶中的发酵液用冷冻离心机离心，收集菌体。菌体用蒸馏水洗2次。

（5）制备冷冻干粉　　菌体用少量蒸馏水制成菌悬液，加入10倍体积的冷冻丙酮（-18℃），搅拌均匀，真空抽滤，将滤下的菌体再用5倍冷冻丙酮搅拌均匀，真空抽滤。将菌体加入5倍体积的冷冻乙醚（-18℃）脱水，抽滤后将菌粉放在干燥器内，放入冰箱2d，2d后将菌粉过筛，测定酶活性。

（四）发酵过程中还原糖的测定

1. 原理

费林试剂由甲、乙液组成，甲液为硫酸铜溶液，乙液为氢氧化钠与酒石酸钾钠溶液。平时甲、乙液分别贮存，测定时才等体积混合，混合时，硫酸铜与氢氧化钠反应，生成氢氧化铜沉淀。生成的氢氧化铜沉淀与酒石酸钾钠反应，生成酒石酸钾钠与铜的络合物，使氢氧化铜溶解。酒石酸钾钠铜络合物中的二价铜是氧化剂，能使还原糖氧化，而二价铜被还原成一价的红色氧化亚铜沉淀。反应终点为氧化亚铜的红色，但在改良的莱因-埃农氏法中，在费林试剂乙液中预先加入了亚铁氰化钾，使红色氧化亚铜与亚铁氰化钾生成可溶性的复盐，反应终点转为浅黄色，更易观察。

2. 仪器与材料

（1）仪器　电炉（1000W）、石棉网、试剂瓶（1000ml、500ml）、容量瓶（1000ml、500ml、250ml、100ml）、三角瓶（250ml）、刻度吸管（10ml、5ml）、玻璃漏斗、碱氏滴定管、量筒、脱脂棉（干燥）。

（2）材料

1）0.1% 标准葡萄糖溶液：精密称取 1.0000g 经 95～105℃烘干的无水葡萄糖，用少量水溶解，移入 1000ml 容量瓶中，加入 5ml 盐酸，用水稀释至刻度，摇匀。

2）费林试剂甲液：称取 15g 硫酸铜，0.05g 亚甲蓝，用水溶解并稀释至 1000ml。

3）费林试剂乙液：称取 50g 酒石酸钾钠，75g 氢氧化钠，溶于水中，再加入 4g 亚铁氰化钾，完全溶解后，用水稀释至 1000ml，贮于橡皮塞试剂瓶中。

4）乙酸锌溶液：称取 21.9g 乙酸锌，加 3ml 冰醋酸，加水溶解并稀释到 100ml。

5）10.6% 亚铁氰化钾溶液：称取 10.6g 亚铁氰化钾，加水溶解并稀释到 100ml。

3. 步骤

（1）样品提取　取 5～10ml 样品，用 50ml 蒸馏水转移到 250ml 容量瓶中，摇匀后加入 5ml 乙酸锌溶液及 5ml 10.6% 亚铁氰化钾溶液，加水至刻度，混匀，静止 30min，用干燥的脱脂棉过滤，弃初滤液（20ml 左右），收集滤液备用。

（2）滴定

1）样品溶液预测定。准确吸取费林试剂甲液和乙液各 5ml，置于 250ml 三角瓶中，加蒸馏水 10ml，加玻璃珠 5 粒，控制在 2min 内加热至沸，趁沸以先快后慢的速度从滴定管中滴加样品溶液，滴定时要始终保持溶液呈沸腾状态，待溶液蓝色变浅时，以每 2s 1 滴的速度滴定，直至溶液蓝色刚好褪去为终点。记录样品溶液消耗的体积。

2）样品溶液测定。准确吸取费林试剂甲液和乙液各 5ml，置于 250ml 三角瓶中，加蒸馏水 10ml，加玻璃珠 5 粒，从滴定管中加入比预测时样品溶液消耗总体积少 1ml 的样品溶液，控制在 2min 内加热至沸，趁沸继续以每 2s 1 滴的速度滴定，直到溶液蓝色刚好褪去为终点，记录样品溶液消耗的体积。同法平行操作 3 次，取平均值。

3）标定。准确吸取费林试剂甲液和乙液各 5ml，置于 250ml 三角瓶中，加水 10ml，加玻璃珠 5 粒。从滴定管中加约 9ml 葡萄糖标准溶液，控制在 2min 内加热至沸，趁沸以每 2s 1 滴的速度继续滴加糖标准溶液，直至溶液蓝色刚好褪去为终点，记录消耗的葡萄糖标准溶液的总体积。同时平行操作 3 次，取平均值，计算 10ml 费林试剂相当于标准葡萄糖溶液的质量 F。

$$F（g）=C×V$$

式中，C：葡萄糖标准溶液的浓度（g/ml）。V：消耗的葡萄糖标准溶液总体积（ml）。

4）结果计算。

$$还原糖（g/ml）=\frac{F×V_1×100}{M×V_2}$$

式中，V_1：样品稀释液总体积（ml）；V_2：测定时消耗样品稀释液体积（ml）；M：样品体积（ml）。

（五）发酵过程中有机酸含量的测定

1. 原理

有机酸是伴随着微生物的生长与谷氨酸的生物合成过程而产生的，主要包括谷氨酸、乳酸、丙酮酸、α-酮戊二酸、柠檬酸、琥珀酸等参与 TCA 循环中的有机酸。发酵过程中胞内和胞外有机酸的动态变化可在一定程度上反映出菌株的代谢情况，既能作为监测和控制谷氨酸发酵的指标，又是谷氨酸发酵代谢实时变化情况的集中体现，对于研究谷氨酸发酵代谢有重要意义。在多种有机酸检测方法中，利用高效液相色谱（HPLC）分析有机酸不仅简便快速，而且选择性好、准确度高。

2. 仪器与材料

（1）仪器　量筒、容量瓶（50ml，1000ml）、0.45μm 微孔滤膜过滤超、声波细胞破碎仪、LC-2000 型高效液相色谱仪、色谱柱 C18（200mm×4.6mm）。

（2）材料

1）流动相 0.01mol/L KH_2PO_4 缓冲液：磷酸 0.44g，无水磷酸二氢钾 0.76g，加部分水溶解，磷酸调 pH 至 2.9，蒸馏水定容至 1L。

2）有机酸标准溶液：准确称取 5mg α-酮戊二酸，15mg 乳酸，10mg 柠檬酸，20mg 琥珀酸，10mg 苹果酸和 15mg 乙酸，用流动相 0.01mol/L KH_2PO_4 缓冲液溶解并定容至 100ml。

3. 步骤

（1）色谱条件　流速 0.8ml/min，流动相 0.01mol/L KH_2PO_4 缓冲液，柱温 25℃，紫外检测波长 215nm。

（2）建立标准方程　有机酸混合标准样品，分别稀释至不同浓度系列，取各有机酸的不同浓度混合制成有机酸混合溶液，经 0.45μm 针筒式水膜过滤器进样，以浓度对峰面积绘制标准曲线，进行回归分析，得到浓度与峰面积线性方程。标准有机酸混合液 HPLC 图谱如图 4-7 所示，6 种标准有机酸有效分离。

（3）上样测定　发酵液预处理后，取 2ml 发酵液 8000r/min 离心 10min 后，沉淀物用少量流动相缓冲液清洗、离心三次，收集上清液用缓冲液稀释一定倍数，超声除气 10min，经 0.45μm 针筒式水膜过滤器直接进样。读取实验结果。

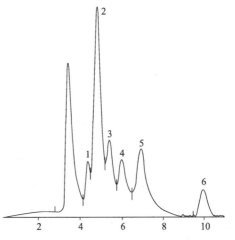

图 4-7　标准有机酸混合液 HPLC 图谱
1. 苹果酸；2. α-酮戊二酸；3. 乳酸；
4. 乙酸；5. 柠檬酸；6. 琥珀酸

（六）发酵过程中谷氨酸含量的测定

1. 原理

发酵液中谷氨酸含量的测定普遍使用瓦尔堡呼吸计，利用专一性较高的大肠杆菌 L-谷氨酸脱羧酶，在一定温度（37℃）、一定 pH（4.8～5.0）和固定容积的条件下，使 L-谷氨酸脱羧生成二氧化碳。通过测量反应系统中气体压力的升高，可计算出反应生成二氧化碳的体积，然后换算成试样中谷氨酸含量。

2. 仪器与材料

（1）仪器　精密比重计、瓦尔堡呼吸计、检压管、反应瓶、微量注射器、容量瓶（100ml）、刻度吸管（1ml、0.5ml）等。

（2）材料

1）布氏检压液：称取胆酸钠 5g，氯化钠 25g，伊文思蓝（Evans blue）0.1g，用少量水溶解后定容至 500ml，用精密比重计测定比重，用水或氯化钠溶液调整比重至 1.033。将此液用微量注射器注入洗净干燥的检压管下端的橡皮管中，约一月换一次。

2）2mol/L 乙酸－乙酸钠缓冲液：称取乙酸钠（$CH_3COONa \cdot 3H_2O$）27.2g，加水溶解至 100ml，冰醋酸调 pH 4.8～5.0。

3）0.5mol/L 乙酸－乙酸钠缓冲液：称取乙酸钠 68.04g，用水溶解并定容至 1000ml，用冰醋酸调 pH 4.8～5.0。

4）2% 大肠杆菌酶液：称取大肠杆菌酶粉 2g，溶解于 100ml 0.5mol/L 乙酸-乙酸钠缓冲液（pH 4.8～5.0）中。

3. 步骤

（1）检压管及反应瓶的准备　将标定完反应瓶常数的检压管及反应瓶磨砂口上的高真空油脂用毛边纸擦拭干净，再用棉花蘸少量二甲苯擦一次，用自来水清洗净后再用稀洗液浸泡约 3h，用自来水洗净，蒸馏水淋洗 2 次，去水后低温烘干。

在检压管下端按上一干净的短橡皮管，橡皮管末端用玻璃珠塞住。小心将检压管固定在金属板上，在橡皮管内注入检压液。

打开三通活塞，旋动螺旋压板，检压液应能上升到最高刻度处，液柱必须连续，不能有气泡，两边高度应一致。

（2）发酵液的稀释　本法要求试样含谷氨酸 0.05%～0.15%，否则反应生成二氧化碳太多，压力升高太大以致超过检压管刻度而无法读数。一般发酵终了发酵液含谷氨酸 6%～8%，故应稀释 50 倍。吸取发酵液 2ml，注入 100ml 容量瓶中，用水稀释至刻度，摇匀即可。

（3）加液　分别吸取上述发酵稀释液 1ml，2mol/L 乙酸－乙酸钠缓冲液 0.2ml 和蒸馏水 1.0ml，置入反应瓶主室，另吸取 0.3ml 2% 大肠杆菌谷氨酸脱羧酶液置于反应瓶侧室内，使总体积为 2.5ml。主侧二室瓶口均以高真空油脂涂抹，旋紧瓶塞，将反应瓶用小弹簧紧固在检压管上，将检压计装在仪器的恒温水浴振荡器上。

（4）预热　将仪器的电源接通，调节水浴温度为 37℃，打开三通活塞，旋动螺旋压板，调节液面高度达 250mm 以上，开启振荡，在 37℃水浴中平衡约 10min。

（5）初读　关闭三通活塞，调节右侧管液面在 150mm 处，再振荡约 5min，左侧管液面达到平衡后，记下读数 H_1（mm）。若 H_1 变化较大，则需要重新平衡。

（6）反应　记下 H_1 后，用左手指按紧左侧管口，立即取出检压计迅速将酶液倒入主室内（不要倒入中央小杯里），稍加摇动后放回水浴中，放开左手指，继续振荡让其反应。20min 后调节右侧管液面于 150mm 处，振荡 3min 开始读数，继续振荡 3min 后再读数，直至左侧管液柱不再上升为止。记下反应完的左侧管读数 H_2（mm）。

（7）空白对照　由于测压结果与环境温度、压力有关，故测定时需同时做一个空白对照。空白对照瓶不将酶液倒入主室反应即可，或者在反应瓶内置入 2.5ml 蒸馏水代替，同样进行初读和终读，其差值即为空白数 H。空白读数之差可为正、负值。

（8）计算

$$谷氨酸含量（g/100ml）=\frac{(H_2-H_1-H)\times K\times N\times 100}{1000}$$

式中，K：温度校正系数；N：稀释倍数。

（七）发酵及控制

1. 原理

发酵过程是一个具有二次微生物代谢的生化过程，机理复杂，影响因素很多，需要时刻对这些影响因素进行控制，提高发酵产率。

2. 仪器与材料

（1）仪器　蒸汽发生器、发酵罐、空压机、蠕动泵等。

（2）材料　葡萄糖、硫酸镁、磷酸氢二钾、糖蜜、硫酸锰、硫酸亚铁、氢氧化钾、玉米粉、消泡剂等。

3. 步骤

（1）准备阶段

1）配料：按工艺要求配制发酵培养基，70L 发酵罐定容 45L，50L 发酵罐定容 35L，实际配料时，定容到预定体积的 75% 左右（即 70L 发酵罐定容 30L），另 25% 体积为蒸汽冷凝水和种子液预留。

培养基配方：13% 葡萄糖，0.06% 硫酸镁，0.1% 磷酸氢二钾，0.3% 糖蜜，0.0002% 硫酸锰、0.0002% 硫酸亚铁、0.04% 氢氧化钾，0.125% 玉米粉，0.01% 消泡剂，pH 7.0。

尿素配成 40% 的浓度，装在 1000ml 的三角瓶中，每一瓶装 800ml。分消备用。

2）打开罐盖上的加料口，将培养基原液加入发酵罐内。

3）拧紧加料口螺母（注意：不要拧得太紧，否则会损坏密封圈）。

（2）实消

1）为了减少冷凝水的产生，实消开始时，先打开进夹套的蒸汽阀，并开启搅拌。当温度到 90℃ 时，关闭夹套进气阀，开启进发酵罐内的蒸汽阀，并继续升温到工艺要求。

2）匀速搅动培养基，使培养基均匀地升温，同时可降低灭菌时的噪音。

3）灭菌过程中，应时刻注意罐压，并控制在 0.08MPa 之内，严禁超压。罐压的控制通过调节排气阀来实现。

4）注意在升温过程中不要开温控仪开关，否则当上、下限设定值设定在培养温度时，冷却水管中会自动通冷却水，不仅会影响升温速度、浪费蒸汽，更重要的是会引起冷凝水过多，引起培养液浓度变化。实消温度和时间一般为 115℃，5min。到时间后，关闭进气阀，用冷却水进行冷却。

5）当蒸汽阀门关闭以及通冷却水后，发酵罐的罐压将迅速下降，当罐内压力降至 0.03MPa 时，必须开启进气阀，使无菌空气进入发酵罐内，使罐压保持在 0.03～0.05MPa。

6）当罐内温度降至 70℃ 以下时，调节搅拌电机的调速器，慢速搅动培养基，加快冷却速度；同时可稍开进气阀，调节排气阀，使罐压保持在 0.03～0.05MPa 之间。

7）发酵液冷却至 40℃ 左右时，通过蠕动泵加第一次尿素，添加量为 0.6%～1.0%。

（3）接种　　将前次实验制备的二级种接入发酵罐。接种时，先缓慢将罐压降低 0.01MPa，关小进排气阀，在接种口上绕上乙醇棉点燃，用钳子逐步打开接种口，将菌种液倒入发酵罐内，盖上接种阀，旋紧。

4. 注意事项

（1）发酵过程的温度控制　　谷氨酸发酵 0～12h 为长菌期，最适温度在 30～32℃，发酵 12h 后，进入产酸期，控制温度 34～36℃。由于发酵期代谢活跃，发酵罐要注意冷却，防止温度过高引起发酵迟缓。

（2）发酵过程中的 pH 控制　　发酵过程中产物的积累导致 pH 的下降，而氮源的流加（氨水、尿素）导致 pH 的升高，发酵中，当 pH 降到 7.0 左右时，应及时流加氮源。长菌期（0～12h）控制 pH 在 6.8～7.0（不大于 8.2）。产酸期（12h 以后）控制 pH 在 7.2 左右。

控制 pH 的手段主要有：①控制风量；②控制流加氮源。

（3）放罐　　达到放罐标准后，及时放罐。放罐标准：残糖在 1% 以下且糖耗缓慢（<0.15%/h）或残糖<0.5%。

（八）谷氨酸的等电回收及精制

1. 原理

等电点法是谷氨酸提取方法中最简单的一种，由于具有设备简单、操作简便、投资少等优点，为国内许多味精厂所采用。等电点法提取谷氨酸是谷氨酸发酵液不经除菌或除菌、不经浓缩或浓缩处理、在常温或低温下加盐酸调至谷氨酸的等电点 pH 3.22，使谷氨酸呈过饱和状态结晶析出（图 4-8）。此法的理论基础是利用谷氨酸的两性解离与等电点性质。

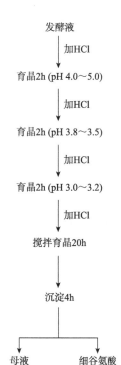

发酵液
↓ 加 HCl
育晶 2h (pH 4.0～5.0)
↓ 加 HCl
育晶 2h (pH 3.8～3.5)
↓ 加 HCl
育晶 2h (pH 3.0～3.2)
↓ 加 HCl
搅拌育晶 20h
↓
沉淀 4h
↓
母液　　细谷氨酸

图 4-8　等电回收流程图

在常温下等电点母液含谷氨酸 1.5%～2%，一次提取收率较低，仅 60%～70%，目前国内许多味精厂都采用一次冷冻低温等电点法提取工艺，母液谷氨酸含量为 1.2% 左右，一般收率可达 78%～82%。

回收的谷氨酸又称麸酸，并没有鲜味，为了得到味精，必须将麸酸进行中和及精制。中和使用碳酸钠，在 pH 7.0 左右，得到的是谷氨酸一钠，在 pH 9.0～10.0，得到的将是谷氨酸二钠。因此，中和应严格控制反应的 pH（图 4-9）。

2. 仪器与材料

（1）仪器　　无级调速搅拌机、旋转蒸发器、恒温水浴锅、水环式真空泵、pH 试纸等。

（2）材料　　盐酸、发酵液等。

3. 步骤

（1）等电回收

1）将放罐的发酵液先测定放罐体积、pH、谷氨酸含量和温度，开搅拌。若放罐的发酵液温度高，应先将发酵液冷却到 25～30℃，消除泡沫后再开始调 pH。用盐酸调到 pH 5.0（视发酵液的谷氨酸含量高低而定），此时以前即使加酸速度稍快，影响也不大。

2）当 pH 达到 4.5 时，应放慢加酸速度，在此期间应注意观察晶核形成的情况，若观察到有晶核形成，应停止加酸，搅拌育晶

2～4h。若发酵不正常，产酸低于 4%，虽调到 pH 4.0，仍无晶核出现，遇到这种情况，可适当将 pH 降至 3.5～3.8。

3）搅拌 2h，以利于晶核形成，或者适当加一点晶种刺激起晶。

4）搅拌育晶 2h 后，继续缓慢加酸，耗时 4～6h，调 pH 至 3.0～3.2，停酸复查 pH，搅拌 2h 后开大冷却水降温，使温度尽可能降低。

5）到等电点 pH 后，继续搅拌 16h 以上后，静置沉淀 4h，关闭冷却水，吸去上层菌液，至近谷氨酸层面时，用真空将谷氨酸表层的菌体和细谷氨酸抽到另一容器里回收。取出底部谷氨酸，离心甩干。

（2）谷氨酸钠的精制

1）在不锈钢桶内加入清水及活性炭，升温到 65℃，开动搅拌（60r/min）。

2）投入谷氨酸。湿谷氨酸∶水＝1∶2；湿谷氨酸∶纯碱＝1∶0.3～0.34；湿谷氨酸∶活性炭＝1∶0.01；湿度 60℃，pH 6.4。

3）缓慢、逐步加入 Na_2CO_3 中和到 pH 6.4，调整中和液浓度至 21～23°Bé。

4）加热至 65℃，继续搅拌。

5）浓缩结晶。将澄清的脱色液（18～20°Bé，35℃）加入旋转式蒸发器（加料＜1/2），真空度要求在 600mmHg 以上，温度低于 70℃，浓缩至 34～34.5°Bé，80℃，升温到 80℃ 放料。放料后冷却，搅拌 2～3h 后开冷却水降温，降温到比室温高 15℃。

6）分离：抽滤（工业滤布做介质）。

7）烘干：温度低于 60℃，鼓风干燥箱干燥，即可得到味精原粉。

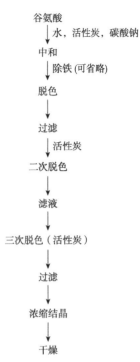

图 4-9　谷氨酸精制流程图

谷氨酸
↓ 水，活性炭，碳酸钠
中和
↓ 除铁 (可省略)
脱色
↓
过滤
↓ 活性炭
二次脱色
↓
滤液
↓
三次脱色（活性炭）
↓
过滤
↓
浓缩结晶
↓
干燥

（九）谷氨酸的离子交换回收

1. 原理

氨基酸具有两性解离性，以谷氨酸为例，当 pH≤3.22 时，谷氨酸以阳离子状态存在，因此可以用阳离子交换树脂来提取。本实验所用树脂为 732 型苯乙烯强酸型阳离子交换树脂。732 型树脂的理论交换容量为 4.5mg 当量每克干树脂，最高工作温度为 90℃，使用的 pH 范围为 1～14，对水的溶胀比为 22.5%，湿密度为 0.75～0.85g/ml。

发酵液是成分复杂的混合物，阳离子种类繁多，其对 732 树脂的亲和力大小，依次为：$Ca^{2+}＞Mg^{2+}＞K^+＞NH_4^+＞Na^+＞$碱性氨基酸＞中型氨基酸＞谷氨酸＞天冬氨酸。洗脱时正相反，因此可按洗脱峰来分离谷氨酸。

2. 材料与仪器

（1）仪器　离子交换柱（可用层析柱代）等。

（2）材料　732 型树脂、发酵液、盐酸、氢氧化钠、茚三酮、丙酮等。

3. 步骤

（1）树脂的预处理及活化

1）取 150g 新购干树脂，用 40～50℃清水浸泡 2～3h。

2）带水装柱，排水，用 600ml 2mol/L 盐酸溶液正向流洗，流量 5～10ml/min。

3）清水正向流洗，至流出液 pH 为 7.0～7.1，除水。

4）用 600ml 2mol/L NaOH 正向流洗，清水正向流洗至中性。此时为钠型树脂，可短期保存备用。

5）以 5.69% 的盐酸溶液正向流洗，至流洗出液 pH 为 0.5 时，停酸。改用清水正向流洗，至流出液 pH 为 1.5～2.0 时即可停止备用。

（2）上柱　为了取得较好的回收效果，上柱前，先将发酵液的 pH 调整为 1.5～1.7，由于湿树脂的谷氨酸实际交换量为 60g/L，因此发酵液上柱体积可按下列公式计算。

$$V = \frac{V_0 \times 0.06}{A}$$

式中，V_0：湿树脂体积（ml）；A：发酵液中谷氨酸浓度（g/ml）；V：用于上柱的发酵液体积（ml）。

也可用茚三酮反应测定流出液中的氨基酸量作为上柱终点。

（3）洗柱　上柱结束后，为了提高产物的纯度，在洗脱前先要洗柱。

1）常温下清水反向进柱，将树脂洗松，将混在树脂中的菌体冲洗干净，至流出液透明。

2）用 1200ml 60℃清水正向洗柱，控制流速为 50ml/min 左右。

（4）洗脱

1）配制 4%～4.5% 的 NaOH 溶液，并水浴加热至 60℃。总量约与上柱发酵液体积相当。

2）正向进柱洗脱，控制流出液速度约 1 滴 /s，每 10ml 做一样本，分别测定 pH、谷氨酸浓度、NH_4^+ 浓度，并以洗脱样本序列为横坐标，以测定值为纵坐标，做出洗脱曲线。

3）将 pH 在 2.5～9.0 的洗脱液合并，冷水浴冷却到 30℃以下，按等电回收法回收谷氨酸。

（十）离心喷雾干燥的使用及发酵废液无害化处理

1. 原理

空气经电加热器加热到 250～300℃，经送风机对喷雾塔进行加热，物料由蠕动泵定速加入，由高速旋转的雾化器雾化成微小的液滴，液滴的大小由雾化器旋转调节。微小的雾滴与热风接触后瞬间蒸发干燥，干粉被气流带入旋风分离器，沉降后得到干燥产物（图 4-10）。本干燥方式适用于低黏度的溶液或悬浊液。

2. 仪器与材料

恒温水浴、离心式喷雾干燥机组、旋转蒸发器、提取谷氨酸后的发酵液等。

3. 步骤

（1）发酵废液的浓缩　将 600ml 发酵废液装入 2L 的旋转蒸发瓶，置于旋转蒸发器上在 60℃，0.09MPa 压力下浓缩，浓缩至 22～25°Bé，作为喷雾干燥的物料。

（2）发酵废液的干燥

1）开启电源，并启动风机。

2）开启电加热器，并将进风温度设定为 250℃，并加温。

3）连接好离心式雾化器和蠕动泵，并将气泵开启。

4）待进风温度到 250℃后，启动雾化器，等雾化器运行稳定后，开启螺杆泵，将流速控制在 30ml/min 左右。

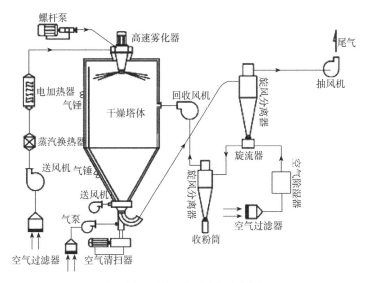

图 4-10   喷雾干燥设备示意图

5）注意出风温度，如出风温度大于 100℃，可将螺杆泵流速加快一些，如低于 90℃，可适当减少蠕动泵的流量。应将出口温度控制在 90~100℃。

6）料液喷完后，先将加热器关闭，等进风温度小于 100℃时，关闭风机。

7）回收干燥物料，打开干燥室，检查有无粘壁，并清洗设备。

第三篇 生物活性物质发酵

第5章 鸡腿菇胞外多糖发酵

一、前言

食用菌具有很高的营养价值和药用价值。一般所含蛋白质约为干重的 30.25%，鲜重的 4%，而且食用菌蛋白质被人体吸收率达 75%。食用菌含有 19 种氨基酸，其中多为必需氨基酸；含有多种维生素，而且含量比其他植物性食品高得多，特别是维生素 K、P 含量较高，是碱性食品的重要物质；含有人体需要的矿物质，种类是蔬菜的 2 倍，所含的 Ca、Zn、Fe 等元素易被人体吸收。所以食用菌是一种高蛋白，低脂肪，富含维生素、无机盐、以及各种多糖的高级食品，食用菌将成为 21 世纪的主要食品之一。

对食用菌多糖的研究最早是在 20 世纪 40 年代，但多糖作为广谱免疫促进剂而引起人们的重视在 20 世纪 60 年代。自 Brander（1958）报道了酵母聚糖（zymosan）具有抗肿瘤作用以来，人们对真菌多糖产生了浓厚的兴趣，并对真菌多糖的化学结构和生物活性进行了深入细致的研究，已经取得了丰硕的成果。20 世纪 70 年代以来，食药用真菌多糖的研究进入了一个崭新的发展时期。日本学者千原（1969）从香菇中分离出一种抗肿瘤多糖而轰动整个医药界，全世界掀起了一股将食用菌同多糖共同研究的热潮。经过近半个世纪的不断发展，人们对多糖这一类重要生命物质产生了新的认识，这一研究成为目前生命科学研究中最活跃的领域之一。

二、鸡腿菇胞外多糖发酵概述

（一）真菌多糖种类

具有明显免疫活性的真菌多糖种类很多，目前研究比较多的有香菇、银耳、金针菇、云芝、冬虫夏草、灵芝、黑木耳、灰树花多糖等，研究最早的是香菇多糖。

1. 香菇多糖

香菇，是我国最常见的食用菌之一。香菇多糖是一种高纯度、高分子结构葡聚糖，分子量为 50kDa。日本学者千原（1969）首次从香菇实体中分离出抗肿瘤多糖。这种香菇多糖主链是 β-1,3-D- 葡聚糖。香菇多糖对不同效应细胞均起免疫调节作用，在体内既能调节 T 细胞又能增强 NK 细胞及单核巨噬细胞的功能。

2. 金针菇多糖

金针菇（*Flammulina velutipes*）多糖主链是 β-1,3-D-葡聚糖。日本 Sakai 等（1968）报道

其多糖成分对 S180 有抑制作用。金针菇多糖能恢复和提高机体免疫力，抑制肿瘤生长。

（二）真菌多糖发酵

采用先进发酵工艺培养食药用真菌是研究的热点。通过深层发酵，生产液体菌种用于栽培食用菌实体，还可用于医药和食品工业上调味品、饮料等生产。食用菌深层发酵是在抗生素发酵技术的基础上发展起来的。美国在 1947 年首先提出了用深层培养法生产菇类菌丝体。1948～1954 年选出了适合深层培养食用菌菌株。美国布洛克（1953）用废柑汁深层培养出野生菇类。沙克斯（1958）第一个在发酵罐内培养出羊肚菌菌丝球，并进行大规模生产试验。从此，食用菌培植跨入了工业生产时代。我国于 1958 年开始研究蘑菇和侧耳深层发酵。60 年代末，我国采用深层发酵生产食用菌，主要研究将灵芝、蜜环菌、银耳等深层发酵用于医药工业。70 年代初，我国开始研究香菇、冬虫夏草、猴头菌、黑木耳、金针菇等深层发酵。目前国内外食用菌深层发酵技术使用已比较普遍。我国拥有丰富真菌资源，对其深层发酵工艺进行深入、系统研究，能为其生产应用奠定扎实理论基础和实践基础。

真菌多糖获得有两种途径：①从固体子实体中提取；②深层发酵。深层发酵不但弥补了前一种方法生产周期长，不易大规模生产，而且还可以通过发酵过程优化控制来定向生产生物活性物质。深层发酵产品质量好，不受原料来源影响，产率较高。真菌绝大多数是异养型微生物，为了使真菌细胞处于适宜条件下生长，短时间内产生大量目的产物，则需要提供适宜营养因子和非营养因子。营养因子主要包括碳源、氮源、无机盐、水及生长因子等；非营养因子包括温度、pH、溶解氧等。

1. 碳源、氮源

碳源和氮源是菌丝体生长最重要营养源，是构成细胞骨架的主要成分，直接影响到菌丝生长和代谢产物形成。碳源、氮源决定微生物所产多糖的种类、数量、转化率。另外，在不同碳源条件下，多糖的单糖组分会有所不同，如利用富含甘露糖的培养基培养香菇，所得香菇多糖含甘露糖；改用富含木糖的培养基，则所得多糖富含木糖，这就表明通过改变培养基成分可获得所需多糖。

2. 温度

对于特定微生物，都有最适生长温度。如果从酶动力学来考虑，酶的最佳活力对应着最适温度。因此，罐温是重要环境参数，采用加热器、冷却水进行控制。

3. pH

pH 是微生物生长重要因子，必须严格控制，否则影响微生物代谢进行和代谢产物合成。生产上，若发酵液 pH 偏低，通过补加氨水方法使其回升；若 pH 偏高，在发酵前期适当增加糖来调整。此外没有其他控制手段。因此，发酵时需严格控制好氨水加入量，绝对不能过量。一般真菌多糖合成的适宜 pH 偏酸性。

4. 溶解氧

在耗氧型发酵过程中，氧是微生物生长必需条件。若供氧不足，将会抑制微生物生长和代谢，为此，发酵过程中要保持一定溶解氧浓度。影响溶解氧浓度的因素包括：供给空气量、搅拌转速和发酵罐压力。主要通过调节搅拌转速或者调节供给空气量来控制溶解氧浓度。

（三）真菌多糖的提取与分离纯化

1. 真菌多糖的提取

真菌多糖的提取可从子实体和采用深层培养发酵液的菌丝体获得。其中由发酵液中提取的称为胞外多糖，由菌丝体提取的称为胞内多糖。多糖的提取一般经去脂、溶剂提取、脱蛋白、脱色、去小分子杂质等几个步骤。提取食药用菌多糖的原料先用丙酮、乙醚或乙醇进行预处理，以除去原料中的脂类物质，然后用热水、稀酸或稀碱反复提取，中和提取液至中性后，用甲醇或乙醇沉淀，沉淀物经离心、干燥后，得粗多糖。

常用的脱蛋白的方法主要有 3 种：①谢瓦格抽提法（Sevag 法），是用氯仿与正丁醇或正戊醇按 5∶1 混合后，加到样品水溶液中振摇，离心除去凝胶状蛋白质，反复多次直至蛋白质除尽为止。②三氟三氯乙烷法，是将多糖溶液和三氟三氯乙烷 1∶1 混合，在 4℃下搅拌 10min 左右，离心得上层溶液，上层溶液继续用上述方法处理几次，即得无蛋白的多糖溶液。③三氯乙酸法，是在多糖水溶液中滴加 3% 三氯乙酸，直至溶液不再浑浊为止，于 5～10℃放置过夜，离心除去沉淀即得无蛋白的多糖溶液。多糖中所含的色素一般有 2 种，即游离色素和结合色素。游离色素大多呈阴离子状态，可以通过离子交换法除去。常用二乙氨乙基（DEAE）-纤维素或 DEAE 琼脂糖凝胶 FF 来吸附游离色素。结合色素易被离子交换柱吸附，而不易被水洗脱，这类色素可采用氧化脱色，以浓氨水（或 NaOH 溶液）调 pH 至 8.0 左右，于 50℃以下滴加 H_2O_2 至浅黄色，50℃以下保温 2h。根据食药用菌多糖与色素的结合情况选择合适的脱色方法。通过逆向水流透析、超速离心或用不同的滤膜进行超滤可除去多糖中的低聚糖等小分子杂质。

2. 真菌多糖的分离纯化

（1）分离纯化　　分级沉淀法常采用甲醇、乙醇和丙酮等沉淀剂；柱层析和纤维柱层析常用乙醇水溶液浓度由高到低进行洗脱，将各种多糖分离开来；纤维素阴离子交换柱层析法常用的交换剂为 DEAE-纤维素和交联醇胺纤维素（ECTEOLA）-纤维素，适用于分离各种酸性、中性多糖和黏多糖；凝胶柱层析法常用的填料有葡聚糖凝胶、琼脂糖凝胶、聚丙烯酰胺等。

（2）纯度鉴定　　多糖的"纯"指的是一定分子量范围的均一组分，纯度只代表相似链长的平均分布。常用的多糖纯度检测方法较多，超离心法的原理是根据在密度梯度超离心场 60 000 r/min 中，密度大小相同的颗粒移动距离相同，如试样在蔗糖梯度中呈单一峰，则认为是单一组分；纸层析法的结果呈现一个集中斑点，可认为是均一组分；高压电泳法是依据多糖分子在电场中的移动速度取决于其所带电荷的多少及分子的形状、大小，均一组分多糖电泳后染色呈单一色斑或单一峰；旋光测定法是依据化学组成相同，结构相同的多糖具有相同的旋光性，若一多糖样品在纯化前后旋光度不再变化，可认为是均一多糖；采用高压液相法，用凝胶柱检测多糖时，若形成对称的单一峰则组分被视为单一组分。

（3）分子量测定　　从食药用菌中提取、分离纯化的多糖是一类分子量近似的高聚物分子的混合物，因此多糖的分子量是一个平均值。常用的分子量测定方法有渗透压法，利用膜渗透压计（MO 仪）可以测定分子量范围在 1 万～50 万之间的多糖分子量；蒸汽压法是利用蒸汽压渗透计（VPO 仪）测定分子量范围在 500～10 000 之间的多糖分子量；端基法是通过测定单位质量样品中所含可测端基数，计算检样的分子量；光散射法是利用光散射分子量测定仪测定分子量；黏度法是先测定样品特性黏度 $[\eta]$，然后通过换算方程，即经验式 $[\eta]=KM^{\alpha}$，计算出分子量。方积年认为高效液相色谱法是最好的多糖分子量测定法，以不同标准分子量的葡聚糖 Dextran-T 系列作对照，用高效液相色谱法测定，由分子量对数 ln Mw 对保留时间 t_R 作图获得标准曲线，然后在相同条件下获得样品层析图谱，通过凝胶渗透色谱法（GPC）计算机软件计算分子量。

（4）真菌多糖的结构分析　　多糖的结构比蛋白质和核酸的结构更为复杂，可以说是复杂的生物大分子。多糖的结构是其生物活性的基础，认识和了解多糖的结构有助于更好地利用和开发多糖。单糖是糖类的组成单元，单糖之间脱水形成糖苷键，并以糖苷键线性或分支连接成寡糖和多糖。寡糖和多糖的结构也可分为一级、二级、三级和四级结构。多糖一级结构是指糖基的组成、糖基排列顺序、相邻糖基的连接方式、异头碳构型以及糖链有无分支、分支的位置与长短等，另外糖残基上还可以连接硫酸基团、乙酯基团、磷酸基团、甲基化基团，这就更加剧了多糖一级结构的复杂性。二级结构指多糖骨架链间以氢键结合形成的多种聚合体，这只关系到多糖分子中主链的构象，不涉及侧链的空间排布；通常糖苷键有两个可旋转的二面角，两个单糖若为 1，6 连接则还有第三个二面角。三级结构指由多糖中糖残基中的羟基、羧基、氨基以及其他官能团之间通过非共价作用而导致的有序、规则而粗大的空间构象。四级结构指多糖多聚链间以非共价作用力而结合形成的聚集体。

（四）鸡腿菇生物药理活性研究

毛头鬼伞（*Coprinus comatus*），又称鸡腿菇或鸡腿蘑，属真菌门、担子菌亚门、层菌纲、伞菌目、鬼伞科、鬼伞属。肉质细嫩、鲜美可口。据分析，鲜菇含水分 92.2%；每 100g 干菇中含粗蛋白质 25.4g，脂肪 3.3g，总糖 58.8g，纤维 7.3g，灰分 12.5g；毛头鬼伞还含有 20 种氨基酸（包括 8 种人体必需的氨基酸）。毛头鬼伞也是一种药用菌。味甘滑性平，有助于益脾胃、清心安神、治痔等。经常食用有助消化、增加食欲和治疗痔疮的作用。现在的研究结果证实它具有以下生物功能。

1. 降血糖作用

据英国阿斯顿大学报道，鸡腿菇子实体含有治疗糖尿病的有效成分，能降低实验动物血糖。经实验表明，按每千克体重 2g 鸡腿菇水提液浓缩物饲喂小鼠，1.5h 后有明显降低血糖浓度的效果。王玉萍等（2000）利用深层发酵方法获得富铬鸡腿菇发酵液，并对四氧嘧啶诱发的小鼠糖尿病模型做了降血糖试验。结果表明，用药组降糖作用及显效时间均明显优于中成药"降糖舒"对照组。此外，韩春超等研究了鸡腿菇发酵液与钒酸钠混合液对肾上腺素造成的高血糖小鼠血糖水平的影响。结果表明，该溶液能明显抑制小鼠血糖的升高。

2. 降血脂作用

据报道，鸡腿菇不仅含有较多的人体不能合成的必需氨基酸，而且还含有大量的对人体有益的不饱和脂肪酸——亚油酸。亚油酸在临床上已用来治疗高血脂和动脉硬化。因此，鸡腿菇可作为开发降血脂保健品很好的原料。

3. 提高免疫活性作用

李师鹏等（2001）发现，鸡腿菇多糖能显著提高昆明小鼠血清溶菌酶活性，而血清溶菌酶的活力是小鼠机体非特异性免疫反应的重要指标，因此认为，鸡腿菇多糖能激活并提高小鼠非特异性免疫反应。

4. 抗肿瘤作用

另有研究结果表明，从鸡腿菇子实体中提取的粗多糖具有较高的抗肿瘤活性。崔曼等（2006）的研究发现，鸡腿菇多糖对人肝癌 SMMC-7721 细胞的体外增生有一定的抑制作用，在 0.05～0.2g/L 浓度范围内，抑制作用与多糖浓度呈正相关；它还能显著抑制小鼠 S180 实体瘤和 S180 腹水瘤的生长，治疗组 0.05g/kg 的鸡腿菇多糖对小鼠 S180 移植性实体瘤的抑瘤率达 59%；它还能明显降低腹水瘤有丝分裂指数，0.05g/kg 的鸡腿菇多糖可使 S180 腹水瘤有丝分裂指数从 3.4% 降低到 1.5%；而且 0.05g/kg 的鸡腿菇多糖可使 T 淋巴细胞数量增长 35.38%，通过上调 T 细胞数量可进一步调节细胞免疫功能，增强机体对肿瘤的免疫能力。因此，可以认为鸡腿菇多糖能抑制肿瘤的生长，具有预防和治疗癌症的潜在价值。

5. 抑菌作用及其他

据报道，鸡腿菇可产生抗真菌的抗生素。徐文香等（1997）对鸡腿菇抑菌作用的研究结果表明，鸡腿菇对四联球菌、产气杆菌、金黄色葡萄球菌等细菌及根霉、青霉和曲霉等霉菌有一定的抑制作用。孟国良等（1996）应用小鼠骨髓细胞姐妹染色单体交换（SCE）及微核试验对鸡腿菇进行遗传毒理检测。结果表明，用鸡腿菇浸提液处理过的小鼠，其骨髓细胞微核率及 SCE 频率与阴性对照比较差异不显著，而与阳性对照组相比，差异极显著。这表明鸡腿菇无致畸变作用。

此外，杜宇（2005）在鸡腿菇对果蝇的寿命延长实验表明 70% 的鸡腿菇醇沉部分对果蝇的寿命延长率最大，对雄果蝇的延长率为 17.2%，对雌果蝇的延长率为 17.9%。其中，雄果蝇的平均寿命延长率和最高寿命延长率分别为 17.2% 和 8.7%；雌果蝇的平均寿命延长率和最高寿命延长率分别为 17.9% 和 13.0%。

三、鸡腿菇胞外多糖发酵过程

（一）菌种活化及培养基制备

1. 原理

将低温保存的鸡腿菇菌株重新接种于新鲜培养基上培养，恢复生物学特性。

2. 仪器与材料

（1）仪器   全温振荡培养箱、冰箱、试管等。

（2）材料   鸡腿菇菌株 RCEF0986、马铃薯、葡萄糖、琼脂、KH_2PO_4、$MgSO_4 \cdot 7H_2O$、维生素 B_1 等。

3. 步骤

（1）菌种活化   4℃冰箱保存鸡腿菇菌株 RCEF0986 50μl 转接于新鲜 PDA 培养基，22℃恒温培养 48h，备用。

（2）培养基制备

1）固体斜面培养基（PDA 培养基）：马铃薯（去皮）20g，葡萄糖 2g，琼脂 2g，用于活化。

2）基础培养基：KH_2PO_4 0.2g，$MgSO_4 \cdot 7H_2O$ 0.15g，维生素 B_1 0.15g，是种子培养基。

3）液体培养基：玉米粉 3.0g，酵母粉 1.0g，葡萄糖 2.0g，KH_2PO_4 0.20g，$MgSO_4 \cdot 7H_2O$

0.15g，维生素 B_1 0.15g，是发酵培养基。

（二）多糖活性部分测定

1. 原理

黑腹果蝇，双翅目昆虫。其生命周期包括卵、幼虫、蛹、成虫 4 个阶段。其代谢途径、生理功能和发育同哺乳动物相似，具有寿命短和繁殖率高等优点。本实验用作生物试验模型，检验样品延缓衰老作用。

2. 仪器与材料

（1）仪器　高速离心机、冷冻干燥机、酸度计、全温振荡培养箱、光照培养箱等。

（2）材料　乙醇、乙醚、基础培养基等。

3. 步骤

1）将固体种子转接三角瓶，培养基 100ml，22±0.5℃ 170r/min 恒温培养 6d，接种量 10%。发酵结束后取发酵液备用。

2）乙醇分级沉淀。将发酵液离心除去菌丝体，发酵液调 pH 7.0，4℃放 1h 左右，待沉淀析出，5000r/min 离心 10min，上清液于 60℃浓缩至原体积 1/4，冷却，加 95% 乙醇溶液进行分级沉淀。起始浓度为 15%，4℃静置 24h，5000 r/min 离心 10min，分别收集上清液和沉淀，沉淀用 95% 乙醇和无水乙醇反复洗涤，低温真空干燥。上清液加 95% 乙醇溶液至终浓度 30%，离心，收集沉淀，洗涤，干燥。上清液再加 95% 乙醇溶液继续醇沉 2 次，乙醇终浓度分别是 50%、70%。50%、70% 醇沉沉淀部分收集同上，最后获得四部分干燥样品。

3）多糖活性测定。收集 12h 内羽化野生果蝇，乙醚麻醉鉴定性别，选取形态一致果蝇分成空白对照和给药两个处理组，每一处理组雌雄果蝇各设 3 个重复（无菌下进行），每只指形管装 10 只果蝇，进行饲喂。基础培养基采用玉米粉培养基，将多糖样品加入基础饲料，加量为 1%，用指形管制成斜面，不加样品饲料为对照。处理后于 25℃光照培养箱中培养（自然光）。每日观察记录果蝇存活情况，统计平均寿命和最高寿命，计算寿命延长率。

4. 注意事项

发酵液呈酸性（pH 6.3），实验前先调整发酵液 pH 7.0，低温度下浓缩，之后进行分级醇沉。

（三）菌株胞外多糖测定

1. 原理

苯酚－硫酸试剂与游离寡糖，多糖中己糖、糖醛酸（或甲苯衍生物）起显色反应，己糖在 490nm（戊糖及糖醛酸在 480nm）有最大吸收，吸收值与糖含量呈线性关系。

2. 仪器与材料

（1）仪器　紫外－可见分光光度计、全温振荡培养箱、三角瓶、试管、高速离心机等。

（2）材料　95.5% 浓硫酸、80% 苯酚、6% 苯酚、分析纯葡萄糖、乙醇等。

3. 步骤

（1）菌株胞外多糖提取　将 RCEF0986 菌株液体种子转接入装有 100ml 培养基三角瓶（250ml），接种量为 10%（*V/V*），22℃ 170 r/min 培养 6d。提取工艺流程如图 5-1。

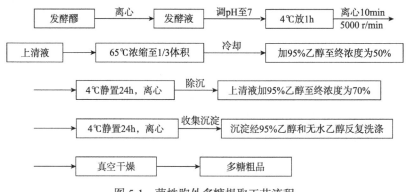

图 5-1　菌株胞外多糖提取工艺流程

（2）多糖含量测定

1）标准曲线绘制。分别取 0.4ml，0.6ml，0.8ml，1.0ml，1.2ml，1.4ml，1.6ml，1.8ml 上述多糖粗品溶液于试管，加水至 2ml，加 6% 苯酚 1ml 及 95.5% 浓硫酸 5ml，静置 10min，摇匀，室温放置 20min，490nm 处测吸光度值。葡萄糖微克数为横坐标，吸光度值为纵坐标绘制标准曲线。

2）样品测定。取 0.1g 粗多糖于小烧杯，85% 乙醇沉淀 3 次，沉淀用 50ml 水溶解，从中取 1ml 于 50ml 容量瓶定容。吸取 1ml，操作同标准曲线绘制，测吸光度值。

（四）多糖分离纯化

1. 原理

多糖是极性极大的大分子化合物，多糖的分离和纯化是除去多糖粗提物中非多糖组分并得到单一的多糖组分。离子交换层析技术是以纤维素或葡聚糖凝胶为固定相，蛋白质等样品为流动相，分离和提纯蛋白质、核酸、酶、激素和多糖等。纤维素结合葡聚糖分子离子基团，当结合阳离子基团时，可交换出阴离子，称阴离子交换剂。例如，二乙氨乙基（DEAE）-纤维素，纤维素上结合 DEAE，含有带正电荷的阳离子纤维素—O—$C_6H_{14}NH^+$，其反离子为阴离子（如 Cl^-），可与带负电荷蛋白质阴离子进行交换。当结合阴离子基团时，可置换阳离子，称阳离子交换剂，如羧甲基（carboxymethyl，CM）纤维素。纤维素分子上带有负电荷阴离子纤维素—O—CH_2—COO^-，其反离子为阳离子（如 Na^+ 等），可与带正电荷蛋白质阳离子进行交换。

2. 仪器与材料

（1）仪器　　布氏漏斗、冷冻干燥、高速离心机、水浴锅、检测仪、分光光度计等。

（2）材料　　多糖样品、DEAE-纤维素层析柱、SephadexG-150 层析柱、NaOH、Tris-HCl、NaCl、干凝胶、Na_2CO_3、$CuSO_4 \cdot 5H_2O$、酒石酸钾钠、福林酚试剂、酪蛋白溶液、氯仿、丁醇等。

3. 步骤

（1）多糖分离

1）DEAE-纤维素柱材料处理：将纤维素干粉浸泡于 0.1mol/L NaOH 溶液中（每克干粉约 15ml 碱液），使其自然沉降（不搅拌避免产生气泡）。浸泡 20min 后沥去水面漂浮的颗粒，于布氏漏斗中抽滤，用去离子水洗至滤液 pH 7.2。再加入 0.1mol/L HCL 溶液洗脱后浸泡 20min，抽滤，用水洗去游离的 HCl，再用 NaOH 洗，最后用水漂洗至 pH 7.2，与起始缓冲液（Tris-HCl）相同，加起始缓冲液（pH 7.2）浸泡 1h，备用装柱（缓冲液配比见表 5-1）。

2）装柱与平衡：将层析柱洗净垂直固定到层析架上，装入 1/5 高度的 0.02mol/L pH 7.2 Tris-HCl 溶液，打开下出液口，水流畅通，即刻将烧杯中的柱材（上述步骤中准备的）缓缓倒入层析柱中，待 DEAE 自然沉降至层析柱底部，且上端离柱口 2cm 处，停止装柱。层析柱上端进液口连接恒流泵，下出口连接蛋白质监测仪，控制平衡液（层析过程中的缓冲液）流速 4ml/30min，待层析柱平衡（下出口流出液的 pH 与平衡缓冲液的 pH 一致）。

表 5-1　Tris-HCl 缓冲液配比列表

pH	0.2 mol/L Tris/ml	0.2 mol/L HCl/ml	H_2O/ml
7.19	10.0	18.0	12.0
7.36	10.0	17.0	13.0
7.54	10.0	16.0	14.0
7.66	10.0	14.0	15.0
7.77	10.0	14.0	16.0
7.87	10.0	13.0	17.0
7.96	10.0	12.0	18.0
8.05	10.0	11.0	19.0
8.14	10.0	10.0	20.0
8.23	10.0	9.0	21.0
8.32	10.0	8.0	22.0
8.41	10.0	7.0	23.0
8.51	10.0	6.0	24.0
8.62	10.0	5.0	25.0
8.74	10.0	4.0	26.0
8.92	10.0	3.0	27.0

3）上样：上样量一般是据离子交换剂交换容量来确定，通常上样量不超过交换容量 10%～20%。上样量多少影响分离效果。一般来说，上样量尽量少些，分离效果较好。通常上样量应少于 20% 操作容量，体积应低于床体积的 5%；对于分析性柱层析，一般不超过床体积 1%。最大上样量经多次试验决定。注意加样时应缓慢将样品溶液加到固定相表面，避免冲击基质，保持基质表面平坦。

4）洗脱，收集：取 0.4g 粗多糖，溶解于 20ml 蒸馏水，10 000r/min 离心 15min，上清液过 DEAE- 纤维素交换柱（2.6cm×40cm），0～2mol/L NaCl 溶液梯度洗脱，流速 4ml/30min，苯酚‐硫酸法检测糖分布，收集含糖主峰部分，蒸馏水透析 48h，冷冻干燥，得胞外多糖主组分。

（2）多糖纯化　采用凝胶过滤色谱（SephadexG-150 层析柱）纯化多糖。

1）SephadexG-150 处理：据层析柱体积和干凝胶（SephadexG-150）膨胀度，计算出所需干凝胶用量。

$$干凝胶用量（g）= \frac{\pi r^2 h}{膨胀度}。$$

此法计算干凝胶用量还需增加 10%～20%，因凝胶在处理过程中会部分损失。将干凝胶缓慢倾入 1 倍～5 倍体积蒸馏水，20～25℃浸泡 72h 或 90～100℃浸泡 5h。除去悬浮颗粒，抽滤除去蒸馏水，加入 0.5mol/L NaOH-0.5mol/L NaCl 溶液，浸泡 0.5h。抽滤除去碱液，蒸馏水洗至中性。为了除去凝胶颗粒空隙气泡，本实验把处理过的凝胶浸泡于平衡液（Tris-HCl 缓冲液）中用抽气法去气泡（有时加热煮沸也能达到此目的，而且还能加快凝胶溶胀速度，但避免于酸或碱溶液加热）。

2）装柱与平衡：操作方法同上。

3）上样，洗脱，收集：取多糖样品 0.03g 溶于 10ml 蒸馏水，上 SephadexG-150 凝胶柱（1.6cm×80cm），蒸馏水洗脱，流速 4ml/35min，苯酚-硫酸法检测糖分布，收集含糖主峰部分，冷冻干燥得纯品。

（3）蛋白质含量测定（劳里法）

甲试剂：A 4% Na_2CO_3，B 0.2mol/L NaOH，C 1% $CuSO_4 \cdot 5H_2O$，D 2% 酒石酸钾钠。临用前 A、B 液等体积混合，C、D 液等体积混合，再将前后两种混合液按 50:1 混合，即试剂甲（临用前配制，只能使用 1d）。

乙试剂：福林酚试剂，可在冰箱长期保存，临用稀释 1 倍。

绘制标准曲线。取 7 支试管，分别加 0ml，0.2ml，0.4ml，0.6ml，0.8ml，1.0ml 标准酪蛋白液（0.5g/L），加蒸馏水至 1.0ml。按顺序向各试管加 5.0ml 甲试剂，摇匀，室温放置 10min。加 0.5ml 乙试剂，立即摇匀，室温反应 30min。用分光光度计在 500nm 处测 OD 值，以未加标准酪蛋白试管为对照。以 OD 值为纵坐标，加标准酪蛋白的体积为横坐标，绘制标准曲线。样液测定方法同标准曲线的绘制。

（4）多糖蛋白质去除（Sevag 法）　据蛋白质在氯仿等有机溶剂中变性特点，将氯仿按多糖溶液 1/5 体积加入，随之加入氯仿体积 1/5 丁醇，振摇，10 000r/min 离心 10min，变性蛋白处于水层与溶剂层交界处。此法条件温和，处理后多糖性质不变（即多糖连接键不易断裂），缺点是效率不高，一般重复 5 次左右才能去尽蛋白质，多糖损失较大。

（五）多糖纯度鉴定

1. 原理

聚丙烯酰胺凝胶电泳是依据分子量不同对样品进行分离，由于它具有简单、方便、不改变样品生物学活性等优点，使聚丙烯酰胺凝胶电泳成为分离纯化生物大分子一种重要手段，尤其对于一些大小不同、理化性质相似，用其他方法较难分开样品，聚丙烯酰胺凝胶电泳是一种合适方法。

2. 仪器与材料

（1）仪器　Sepharose-6B 柱、注射器、电泳仪、冰箱等。

（2）材料　HCl、Tris、TEMED、丙烯酰胺（Acr）、双丙烯酰胺（Bis）、过硫酸铵（Ap）、甘氨酸、0.1% 溴酚蓝、1% 琼脂（糖）溶液、核黄素、蔗糖等。

3. 步骤

（1）聚丙烯酰胺凝胶电泳

1）配制储备液。分离胶缓冲液：1mol/L HCl 48.0ml，Tris 36.6g，TEMED 0.23ml，定容至 100ml。保存期 3 个月。

分离胶贮液：Acr 30.0g，Bis 0.8g，定容至 100ml。棕色瓶保存 1 个月。

浓缩胶缓冲液：1mol/L HCl 48ml，Tris 5.9g，TEMED 0.46ml，定容至 100ml。

浓缩胶贮液：Acr 10g，Bis 2.5g，定容至 100ml。

过硫酸铵溶液：取 0.14g Ap，蒸馏水定容至 100ml，4℃保存期 2d，现配现用。

核黄素溶液：0.004g 核黄素，定容至 100ml。

40% 蔗糖：40g 蔗糖，定容至 100ml，过滤。

电极缓冲液：Tris 6.0g，甘氨酸 28.8g，调至 pH 8.3，蒸馏水定容至 1000ml。使用时稀释 10 倍。

0.1% 溴酚蓝溶液：溴酚蓝 0.1g，蒸馏水定容至 100ml。

1% 琼脂（糖）溶液：琼脂糖 1g，加稀释 10 倍电极缓冲液，加热溶解，4℃贮存。

2）配制胶液。分离胶：浓度 7.5%，pH 8.9。分离胶缓冲液 5ml，分离胶贮液 10ml，过硫酸铵溶液 20ml，蒸馏水 5ml。

浓缩胶（间隔胶、堆集胶）：浓度 3.75%，pH 6.7。浓缩胶缓冲液 2.5ml，浓缩胶贮液 7.5ml，核黄素溶液 2.5ml，蔗糖溶液 7.5ml。

3）制胶板。分离胶 4 种溶液混合，加 0.01ml TEMED 摇匀，缓慢倒入两玻璃之间（将板倾斜一定角度）直到距上端槽口 3.5～4cm。用注射器向分离胶上面注入一层清水（2mm）压平胶面，静置 20min。分离胶凝固后用吸水纸吸去水层，在浓缩胶中加 5μl TEMED 摇匀，倒入板内直到距槽口约 0.5cm，插入加样梳，齿下端不能有气泡。下槽倒入蒸馏水（增加压力，防止凝胶液渗漏），液面不超过上贮槽短玻璃板（防蒸馏水进入凝胶），静置 3.5～4h。

4）点样，电泳。为防样品扩散，样品加等体积 40% 蔗糖（内含少许溴酚蓝）。取 0.05ml 上样液，通过缓冲液，加到凝胶凹形样品槽底部，高度不超过 5mm。待凹形样品槽内都加了样品，即可电泳。

电泳槽置于 4℃冰箱，稳压电泳，开始时将电流调至 10mA 或电压调至 50V。待样品进入分离胶时，将电流调至 20～30mA 或电压调至 100～150V。当蓝色染料迁移至距橡胶框下缘约 1cm 时，将电流调回到零，关电源。分别收集上、下贮槽电极缓冲液置试剂瓶，4℃贮存还可用 1～2 次。旋松固定螺丝，取出橡胶框，用不锈钢铲轻轻将玻璃板撬开移去，胶板一端切除一角作为标记，将胶板移至培养皿染色。

5）染色，固定。本实验采用麝香草酚溶剂混合物染色液，染色与固定同时进行，先把胶浸入 0.2% 麝香草酚溶液，再浸泡在 80% 硫酸和 20% 乙醇混合物。

（2）Sepharose-6B 柱层析　　Sepharose-6B 处理，装柱，上样，洗脱与收集同 Seph-adexG-150。取多糖样品 0.005g 溶于适宜蒸馏水，上 Sepharose-6B 柱层析，蒸馏水洗脱，洗脱速度 4ml/40ml，分部收集，苯酚‐硫酸法检测糖分布。

（六）胞外多糖理化性质及成分分析

1. 原理

多糖制品经 DEAE-纤维素分离，用凝胶过滤法纯化得到均一多糖纯品。凝胶过滤是用具有一定孔径的凝胶颗粒为支持物的层析方法。可分离形状不同分了，用于分离不同聚合度糖类。

薄层层析测单糖组成，薄层层析法常用的层析板是硅胶层析板。多糖是由各种糖单元组成大分子化合物，是生物体重要组成成分。在酸或酶作用下，水解成单糖，硅胶对各种单糖吸附力不同，用硅胶制备层析板可分离单糖混合液。

2. 仪器与材料

（1）仪器　烘箱、电吹风、SephadexG-75 柱、容量瓶、层析缸、毛细管等。

（2）材料　胞外多糖（ESP）Ⅰ、乙醇、乙醚、丙酮、乙酸乙酯、氯仿、DextranT-110、DextranT-70、DextranT-40、DextranT-10、葡聚糖、D-葡萄糖、D-甘露糖、D-半乳糖、D-鼠李糖、D-木糖、正丁醇、丙酮、磷酸缓冲液（pH 5.0）、H_2SO_4、0.1mol/L NaCl、NaOH、甲醇、硝酸银、$BaCO_3$ 等。

3. 步骤

（1）多糖溶解性测定　取少许 EPS Ⅰ分别与水，乙醇，乙醚，丙酮，乙酸乙酯，氯仿等有机溶剂混合，观察 EPS Ⅰ溶解性。

（2）分子量测定　采用凝胶过滤。根据 DextranT-110（1.1×10^5Da）、DextranT-70（6.85×10^4Da）、DextranT-40（4.4×10^4Da）、DextranT-10（1.0×10^4Da）4 种多糖标准品，进行 SephadexG-75 柱层析，0.1mol/L NaCl 溶液洗脱，收集，洗脱速度 4ml/50min，分别求得其洗脱体积 V_e。用蓝色葡聚糖（分子量≥2000 kDa）测柱床外水体积 V_o。以 V_e/V_o 为纵坐标，分子量对数 lg Mw 为横坐标，绘制标准曲线。

样品测定：用上述同样方法，测其洗脱体积，由标准曲线求其分子量。

（3）多糖单糖组成分析

1）样品水解。取 0.01g EPS I 加 2mol/L H_2SO_4 4 ml，封管，100℃水解 9h，$BaCO_3$ 中和，离心，取上清液浓缩备用。

2）对照品溶液配制。取 D-葡萄糖、D-甘露糖、D-半乳糖、D-鼠李糖、D-木糖各 0.005g，蒸馏水溶解，定容于 5ml 容量瓶，摇匀，制成 1.0g/L 对照品溶液。

3）展开剂配制。正丁醇：丙酮：0.1mol/L 磷酸缓冲液（pH 5.0）＝4：5：1。

4）显色剂配制。

A：1ml 饱和硝酸银水溶液加 200ml 丙酮，混匀，振荡加 5ml 水。

B：6g NaOH 加 6ml 水加热溶解，加 300ml 甲醇，混匀。

5）点样。毛细管在距薄层板下端 1.5cm 处点样，点样间距为 1.0cm，点样斑点直径不大于 3mm，吹干。

6）展开。将点好样薄层板，置于盛有展开剂薄层层析缸，密闭式展开，在溶剂距薄层板上端约 1cm 取出。

7）显色。将展开过薄层板，室温晾干，浸入 A 中 1s，取出晾干，浸入 B 中 1s，晾干，120℃烘箱中显色。

8）分析。根据薄层板上显色出的斑点位置确定多糖的单糖组分。

第6章 灵芝生物活性物质深层发酵

一、前言

灵芝（*Ganoderma lucidum*），别名"石耳"，古称"瑞草"，俗称"仙草""还魂草"，在真菌分类中属于担子菌纲、多孔菌目、多孔菌科、灵芝属。它是我国医学宝库中一种滋补强壮、扶正固本的名贵中草药，在《神农本草经》《本草纲目》《名医别录》等医学专著中称其具有"益心气""益精气""滋补强身"等功效。在《美国草药药典》（*American Herbal Pharmacopoeia*）和《治疗纲要》（*Therapeutic Compendium*）中对灵芝也有记载。虽然古代医药学家通过临床实践早已认识到灵芝的药食兼备的重要价值，但限于当时的条件，灵芝较难获得，故未能广泛应用。自 20 世纪 50 年代我国开始大规模生产以来，灵芝的化学和药理作用研究得到快速的发展，一些灵芝制剂已用于临床防治疾病。灵芝作为药食兼备的保健品应用则更为普遍。

二、灵芝生物活性物质深层发酵概述

（一）我国野生灵芝分布情况和种质资源应用现状

我国是一个地域广阔，地理环境、气候、温度等自然条件多变国家，分布大量种类灵芝。据统计我国共有灵芝科真菌 98 种分布在 29 个省市，其中海南省收集到 64 种灵芝，占灵芝总种数 65.3%；云南省 45 种，约占 49%；福建省 31 种，约占 32%；广西 30 种，约占 20%；广东省 20 种，约占 20%。我国灵芝科真菌分布特点是东南部多而西北部少。树舌和灵芝是我国分布最广泛两个种，前者分布 27 个省而后者分布 19 个省。目前人工栽培种类除红芝外，松杉灵芝质量最佳，在韩国、日本及我国台湾人工栽培产量大而且普遍。我国人工栽培最多的是红芝和松杉灵芝，其次是密纹薄芝，紫芝产量低而不广泛。我国 98 种灵芝资源中 18 种已被人们开发利用。

灵芝是药用菌研究热点，但查阅灵芝文献时发现不同研究者对灵芝研究结果往往不同，有时甚至得出相反结果，这对合理、有效、科学利用这些成果产生负面影响。其原因主要是我国有大量灵芝种类，报道时都用灵芝，而实际使用原料不同；另一原因可能是我国幅员辽阔，各地地理环境、生态环境相差较大，即使是同一品种灵芝，在不同环境中生长，其子实体在营养成分和活性物质含量等方面也会有差异，这些差异造成学术界混乱。灵芝产品质量不稳定，阻碍灵芝相关行业发展，还妨碍我国灵芝产业走向国际市场。

（二）灵芝药理研究

1. 抗肿瘤作用

灵芝能防止肿瘤的发生和抑制肿瘤的生长。许杜娟等（2003）采用小鼠肉瘤 S180 和肝癌 HepA 实体型及小鼠 Ehrlich 腹水癌进行研究，前者观察瘤重抑制率，后者观察生存时间及 20d 生存率，结果发现灵芝胶囊对小鼠肉瘤 S180 和肝癌 HepA 实体型有明显的抑制作用，对 Ehrlich 腹水癌小鼠能明显提高其 20d 生存率。梁军等（2003）采用小鼠移植性肿瘤艾氏腹水癌 ECA，肉瘤 S180，肝癌 Hca, Lewis 肝癌模型，观察不同浓度灵芝 912 的抗肿瘤作用。结果发现其能抑制 S180, Hca 和 Lewis 小鼠移植瘤，并且能显著延长腹水型 Hca 和肉瘤 180 小鼠的生存时间。灵芝多糖被认为是灵芝具有抗肿瘤的主要活性之一。赵世华等（2003）从灵芝中分离到四种多糖，采用溴化四唑蓝法初步测定其体外抗肿瘤活性。结果发现 GLP-L1 和 GLP-L3 对鼻咽癌细胞增殖有明显的抑制作用，GLP-L3 还对人胃癌细胞，人结肠癌细胞增殖有一定的抑制作用。研究发现，微量元素硒和锗对灵芝多糖的抗肿瘤有协同作用。尚德静等（2002）用灵芝硒多糖溶液皮下注射 BALB/c 小鼠，连续注射 14d 后的次日，测定小鼠血液和肝脏中超氧化物歧化酶（SOD）、谷胱甘肽过氧化物酶（GSH-Px）活性、丙二醛（MDA）含量，并称肿瘤重量。结果发现灵芝硒多糖能显著抑制小鼠 Hcaf 肿瘤的生长，抑瘤率可达 40% 以上。并明显增加患有 Hca-F 肿瘤小鼠血液和肝脏 GSH-Px、SOD 的活性，降低小鼠血液和肝脏 MDA 含量。牛健伟（2000）利用接种肉瘤 S180 腹水型诱导的小鼠肿瘤模型，检测灵芝多糖对 S180 肉瘤的抑制率；利用酸性磷酸酶测定法，检测对荷瘤小鼠腹腔巨噬细胞活性的影响。结果灵芝多糖可抑制小鼠肉瘤 S180 的生长，能增强荷瘤小鼠腹腔巨噬细胞的活性。

2. 免疫调节作用

灵芝子实体、菌丝体、孢子粉，及灵芝水提液、灵芝多糖、灵芝蛋白均有免疫调节作用，主要表现在增强正常小鼠细胞免疫和体液免疫功能，并能对抗免疫抑制药环磷酰胺等多种因素引起的小鼠免疫功能低下。关于灵芝增强免疫的机理，可能是灵芝提取物能有效促进脾细胞产生白细胞介素 -2（IL-2），增加抗体细胞的产生，促进免疫细胞增殖。

3. 抗衰老作用

灵芝能明显增强老龄小鼠血清超氧化歧化酶的活性，降低老龄小鼠血清中过氧化脂质的含量，以及延长果蝇的寿命。灵芝水煎剂能促进血虚小鼠的自发活动，显著提高血虚小鼠脑、肝中 SOD 含量和显著降低脑、肝、心、脾、骨骼肌的 MDA 含量，提示灵芝有明显的抗衰老作用。

4. 护肝作用

灵芝及其提取物在一定程度上能预防乙醇性肝损伤，对四氯化碳和 D- 氨基半乳糖所致小鼠肝损伤有一定的保护作用，能降低模型动物的血清丙氨酸转氨酶（ALT）、一氧化氮（NO）和肝脏甘油三酯（TG）含量，并不同程度地减轻动物肝损伤程度。

5. 降血糖作用

灵芝对糖尿病大鼠糖、脂代谢紊乱均有明显调节作用，并可明显降低早期糖尿病肾病大鼠的尿微量蛋白排泄率及形态学异常，使糖尿病大鼠体重明显增加，肾指数降低，血清总蛋白、白蛋白增加，提示灵芝对糖尿病鼠早期肾脏病有一定的作用。机理方面，灵芝多糖可能通过促进胰岛细胞葡萄糖转运蛋白 -2（GLUT-2）蛋白的表达从而有助于葡萄糖转运入 B 细胞，促进葡萄糖的代谢，引起胰岛细胞外 Ca^{2+} 内流而起到促胰岛素释放的作用。

6. 对心血管系统的作用

灵芝对大鼠血管平滑肌细胞有抗脂质过氧化作用，其抗动脉粥样硬化的作用机制可能与其抗活性氧引发的脂质过氧化反应增强体内抗氧化酶的活性有关。张卫明等（2001）报道灵芝孢子粉有调节血脂作用。

7. 改善学习、记忆能力作用

灵芝能提高小鼠 5- 羟色胺和多巴胺的含量，能明显改善小鼠的学习、记忆能力。

8. 镇静、催眠作用

灵芝颗粒剂能明显减少小鼠自主活动，缩短戊巴妥钠致小鼠睡眠潜伏期，延长戊巴妥钠致睡眠时间，具有镇静、催眠的作用。

（三）灵芝的临床应用

1. 改善记忆

服用灵芝后，能明显提高联想学习和联想人像特点的回忆水平，明显提高记忆商值。表明灵芝确有较好的改善记忆力作用。

2. 辅助治疗肾病

采用用灵芝注射和激素联合用药治疗肾病综合征，观察治疗前后的临床症状、体征及血尿生化，肾功能，肾活检、肾组织的病理改变，结果显示临床治愈总有效率显著高于单用激素治疗组，并且病程缩短，复发率减少，药物副作用也相对减少。表明灵芝能改善肾功能，减轻肾组织的病理损害。

3. 美容

将灵芝的水溶液和半胱氨酸加入乳膏基质中制成外用乳膏，治疗黄褐斑，总有效率达到82%，而且不良反应率低。

4. 辅助治疗癌症

余艺等报道灵芝孢子粉可改善骨髓造血机能，增加外周血细胞尤其是白细胞数量和机体免疫功能，提高晚期癌症病人的生存质量。

5. 辅助治疗高血脂

灵芝中含有丰富的灵芝多糖、灵芝酸、微量元素有机锗，这些物质进入身体以后，可以促进血液的循环，而且其中的灵芝酸和灵芝多糖有抗氧化、清除自由基的作用，可以降低血清总胆固醇、脂蛋白浓度，减少血浆和胆固醇含量，从而降低血液黏稠度，有效的平稳血液，降低血脂。

（四）灵芝中的生物活性成分研究

灵芝的生物活性成分种类十分丰富，目前已分离到约 150 余种化合物，可分为多糖类、核苷类、呋喃类、生物碱类、氨基酸和蛋白质类、三萜类、油脂类、甾醇类、有机锗、矿质元素等 10 大类，而灵芝多糖、灵芝三萜类化合物和灵芝蛋白等是灵芝主要的活性成分。

1. 灵芝多糖及其分离纯化与结构研究

灵芝多糖是灵芝的主要活性成分。20 世纪 70 年代对灵芝多糖的研究主要集中在多糖和多糖组分的分离、制备及药理作用方面，80、90 年代则主要集中在灵芝多糖及多糖复合物的结构及其与功能的关系方面。灵芝多糖的种类很多，有葡聚糖、杂多糖、半乳糖聚、甘露糖聚、甘露岩藻半乳聚糖、阿拉伯木质葡聚糖等 200 多种。一般认为灵芝多糖的分子量大于10kDa 才具有生物活性，其主链越长、侧链频率越高、分子量越大，生物学活性则越高。从结构上讲，灵芝多糖主要分布于子实体、孢子粉、菌丝体及灵芝发酵胞外液中。

灵芝多糖主要来源于子实体、孢子粉、菌丝体、灵芝发酵胞外液。提取方法多样，从子实体、菌丝体和孢子粉中提取方法有水提取、热碱提取、冷碱提取等；发酵胞外液多采用乙醇沉淀法。灵芝多糖分离纯化手段分为两类：①分辨力较低的初级处理方法，如分级沉淀、超滤等；②分辨率较高的精细分离技术，如色谱、电泳等技术。灵芝多糖初级分离主要包括分级沉淀、脱色除杂及脱盐等；精细分离是据多糖分子量不同采用不同色谱（离子交换色谱和凝胶过滤色谱）进行分离纯化。采用超离心、电泳或凝胶色谱进行纯度鉴定。

灵芝多糖结构与生物活性密切相关，弄清灵芝多糖结构对揭示其药用机理很重要。测定一级结构包括以下内容：糖链的分子量；糖链糖基组成，各种组成单糖分子比例；单糖残基构型，如吡喃环或呋喃环形式；单糖残基间连接次序；糖苷键所取 α- 或 β- 异头异构形式；糖残基上羟基被取代情况；糖链及非糖部分（肽链、脂类物质）连接点信息。对有生物活性的多糖研究发现，其由三股单糖链构成，呈螺旋状，和 DNA、RNA 双螺旋结构相似，螺旋层之间靠氢键定位，分子量从数万到数十万至上百万。灵芝多糖中大部分多糖溶于热水，不溶于高浓度乙醇。

2. 灵芝三萜类化合物及其分离纯化与结构特点

灵芝三萜类化合物属于高度氧化的羊毛甾烷衍生物，是灵芝有效成分中极为重要、具有明显生理活性的一类化合物，一般将含有羧基的三萜物质称为灵芝酸。目前分离到的灵芝三萜类化合物有 122 种，分子量一般为 400～600Da，化学结构复杂，具有较高的脂溶性。灵芝三萜类化合物具有保肝、抗肿瘤、抑制胆固醇合成、抗氧化、镇痛、抑制血管紧张素转换酶（ACE）和抑制真核细胞 DNA 多聚酶活性等作用。

灵芝中三萜类化合物提取方法多种，包括回流浸提法、微波法、超声波法、超临界 CO_2 提取法等。提取分离方法分三类：①甲醇或乙醇提取原料，提取物进行层析分离；②甲醇、乙醇等提取原料，分出总酸部分，进行化合物分离；③利用制备衍生物方法进行分离。灵芝三萜化合物分离大多是硅胶柱层析，较纯部分经薄层、低压柱，高效液相色谱法（HPLC）等方法进行分离纯化。硅胶柱色谱常用展开剂为 $MeOH-CHCl_3$，$EtAc-C_6H_6$，$EtOAc-CH_3COCH_3$，$EtOAc-CHCl_3$，$CHCl_3-MeOH-H_2O$ 等系统。HPLC 多用乙腈-乙酸铵缓冲液以及 $MeOH-H_2O$ 洗脱。薄层层析使用展开剂为 $CHCl_3-MeOH$（9∶1，V/V）或苯-乙酸乙酯（3∶7，V/V），显色剂为香草醛-硫酸。

灵芝三萜类化合物分为四环三萜和五环三萜酸。从四环三萜类化合物结构来看，属羊毛甾烷衍生物。按分子所含碳原子数可分为 C_{30}、C_{27} 和 C_{24} 三大类，据其所含功能团和侧链不同可有 7 种基本骨架。三萜酸结构，环上双键大多位于 $\triangle^{8(9)}$ 位，C_{11} 位和 C_{23} 位且大部分有羟基，在 C_3、C_7、C_{15} 位也多被羟基或羧基取代。三萜醇、醛和过氧化物结构环上大多存在两个不饱和双键，其位置在 $\triangle^{7(8)}$ 和 $\triangle^{9(11)}$ 位，C_{11} 位和 C_{23} 位不存在羧基而且环上取代基明显减少。

3. 灵芝蛋白及其生物学活性

灵芝中含有 7.90%～11.83% 的粗蛋白。灵芝蛋白生物活性具体作用表现在免疫调节、防癌抗肿瘤、抗氧化性以及抗菌、抗病毒活性等方面。目前从深层发酵灵芝菌丝体中分离到一种蛋白质 LZ-8，它具有丝裂原的作用，能活化小鼠脾淋巴细胞，抑制牛血清蛋白刺激小鼠产生抗体，抑制迟发性过敏反应。从红芝菌丝体分离出灵芝免疫蛋白 LZ-8，LZ-8 在体外促进小鼠脾细胞及人的外周淋巴细胞的有丝分裂，促进羊红血细胞的凝聚，可作为小牛血清蛋白诱导的过敏性反应的抑制剂。另外，灵芝中还有多肽和氨基酸。

总体而言，灵芝蛋白的研究相对还是较少，而据有关分析，袋料栽培的灵芝中蛋白含量可达到 14.34%，而且灵芝中的蛋白有着明显的生理活性。随着生物技术在药物研究中的应用，特别是对中草药中基因、蛋白质和药理作用之间关系的逐渐探索，灵芝蛋白的研究将得到重视，具有广阔的开发前景。

（五）灵芝生物活性物质深层发酵研究现状及调控

1. 灵芝生物活性物质深层发酵研究现状

液体深层发酵是现代生物技术之一。20 世纪 40 年代，美国弗吉尼亚大学 Elmer L. Gaden Jr. 设计出培养微生物生物反应器。美国的 H. Humfeld（1947）首次应用该技术培养出蘑菇菌丝体。国内报道是在 20 世纪 60 至 70 年代，上海植物生理研究所（1960）进行了香菇等深层发酵研究；林忠平等（1973）进行了灵芝深层发酵研究。80 年代后，国内外广泛开展这一技术研究与应用探讨。研究目标集中于发酵条件优化，促进发酵过程向提高目的产物方向进行；提高产品质量，降低生产成本，使投入与产出比达到最小。发酵条件改进的研究主要为营养因子和非营养因子优化。营养因子包括碳源、氮源、无机盐、水、生长因子等；非营养因子有 pH、温度、溶解氧等。灵芝深层发酵目的产物有生物碱、灵芝多糖（胞外多糖、胞内多糖）、灵芝三萜（胞内三萜、胞外三萜）。至今为止已有大量关于以生物碱和胞外多糖为目标产物的研究报道，而以胞内多糖、胞内三萜为目标产物的研究较少。

2. 灵芝三萜液态深层发酵调控

目前，利用代谢调控手段提高液态深层发酵灵芝三萜的得率是现在研究的一个热点。在发酵过程中，通过选择合适的培养基，调节发酵过程的营养因子和环境因子参数，或者在发酵体系中加入外源物质等手段都可以用来影响三萜的合成代谢，达到提高灵芝三萜得率的目的。

（六）灵芝新型固体发酵工艺研究现状

高文庚等（2007）利用灵芝固体发酵玉米、小麦等获得含有菌丝体的菌质，从灵芝多糖测定时提取条件优化，以玉米为基质的灵芝固体发酵条件优化、发酵基质优化及菌质营养成分等三方面对灵芝固体发酵工艺条件进行研究，此研究可以生产保健类灵芝食品。

通过 Box-Behnken 的中心组合试验建立了多糖提取过程中关键因素对提取率影响的数学模型，并经 SAS 岭回归分析最终确定灵芝多糖提取条件为：料、水比 58 : 1，提取温度 86℃，提取时间 2.5h。菌质中残留淀粉对于多糖含量的测定影响较大，多糖提取时应该经过去淀粉处理。提纯的多糖主要是灵芝多糖，其水解液组成成分主要是半乳糖、葡萄糖及另一种未知单糖。

在单因子实验的基础上，通过正交实验确定了以玉米为基质的灵芝固体发酵条件为：10 目玉米颗粒、液体菌种接种量 12%、发酵温度 28℃、发酵时间 20 天。经过优化后，多糖含量可以达到 3.37%，还原糖、蛋白质、氨基酸也优于其他处理组。

通过对发酵前后营养成分分析发现，灵芝固体发酵能降低基质中淀粉、粗脂肪含量（分别降低了 43.27%、9.76%），增加还原糖、蛋白质、维生素 B_1 的含量。氨基酸分析发现灵芝菌发酵后，基料中氨基酸含量增加了 7%，人体必需氨基酸含量得到提高（赖氨酸除外）。

（七）富硒灵芝培养研究进展

富硒灵芝的培养有两种方法：一是人工栽培富硒灵芝子实体，二是用深层液体发酵法培养富硒灵芝菌丝体。这两种方法均在培养基中添加亚硒酸钠，利用灵芝菌种自身的生长代谢过程，从而将无机硒转化为有机硒，并自然地达到一定程度的生物富集作用。一般来说，栽培的富硒灵芝子实体富硒水平低于液体发酵制备的富硒灵芝菌丝体。姚敏、康中云和金华市晓明真菌研究所人工培育的富硒灵芝的硒含量分别达到 $1.24\times10^{-4}g/g$，$2.4\times10^{-5}g/g$ 和 $0.4\times10^{-5}g/g$，基本在几十至一百多 $10^{-6}g/g$ 的水平；而石玉娥、王关林、邓百万和中德联合研究所液体培养的灵芝菌丝体硒含量分别达到 $4.32\times10^{-3}g/g$，$6.0\times10^{-3}g/g$，$4.0\times10^{-4}g/g$ 和 $1.923\times10^{-3}g/g$，一般在几百至几千 $10^{-6}g/g$ 的水平。由于液体发酵要求的设备和发酵技术水平较高，而且不能获得完整形态的灵芝子实体包括孢子粉，因此在一定程度上影响了灵芝产品的开发与推广应用。

研究结果表明，无论是人工栽培还是液体发酵，灵芝对硒有一定的耐受性，而且在一定范围内，灵芝中的硒浓度随培养基中的亚硒酸钠浓度增加而增加，同时所获得的产量却表现出一定程度的下降。姚敏等（1997）的研究结果显示，当培养基中硒浓度低于 $9.0\times10^{-4}g/g$ 时，灵芝子实体中富集硒的水平与培养基中硒的浓度线性相关，但只有培养基中硒浓度低于 $3.0\times10^{-5}g/L$ 时，灵芝的产量才没有明显受到影响。石玉娥（1999）的实验也显示当培养基中的亚硒酸钠浓度超过 1% 时，灵芝菌丝体已死亡，但在 0.1% 以下时，菌丝体中硒的浓度则随着培养基中硒浓度的增加而显著增加。邓百万（2008）则证明液体发酵云芝（灵芝的另一品种），培养基中最佳的硒浓度为 $2.0\times10^{-5}g/g$，因为得到的菌丝体数量随着培养基中硒浓度的增加而减少。

三、灵芝生物活性物质深层发酵

（一）灵芝发酵培养基

1. 碳源

灵芝液体深层发酵常用的碳源主要有葡萄糖、果糖、淀粉、玉米粉、木糖、蔗糖、乳糖、麦芽糖、酒糟等。

2. 氮源

氮作为构成生物体的蛋白质、核酸及其他含氮化合物的重要成分，是影响细胞生长及代谢的重要因素。因此选择合适的氮源种类并确定其最佳用量对促进灵芝三萜的合成也至关重要。一般用到的氮源有酵母粉、蛋白胨、豆饼粉、麸皮、硝酸铵、硫酸铵、氯化铵、谷氨酸等。

3. 无机盐

在灵芝液体发酵过程中添加少量的无机盐有利于目标产物的产生，通常 Mg^{2+}、K^{+} 和 P^{5+} 是灵芝菌丝体正常生长的必要条件。其中，磷主要参与糖代谢，镁离子存在于细胞膜和细胞壁，与碳源的氧化有关。两者的用量与菌体生长有着直接的关系。

4. 维生素

据报道，在灵芝发酵培养中添加维生素类物质可促进菌丝体的生长，其中维生素 B_1 的使用最为广泛，因此诸多研究者选择添加维生素 B_1 作为灵芝发酵培养基的一种生长因子来促进菌丝体的生物量和活性物质的含量。

（二）发酵条件

1. 温度

灵芝液态发酵的温度范围在 22~35℃，较高或较低温度都不利于菌丝体生长。低温时，菌丝体生长缓慢，高温时菌丝容易老化，随着时间延长菌体逐渐自溶，并且发酵液颜色加深。不同温度可影响灵芝中活性成分的产量。

2. pH

pH 可影响代谢途径中各种酶的活性，是影响真菌菌丝体生长及产物分泌的重要因素。研究 pH 在灵芝发酵过程中的变化规律，并通过一定方法控制发酵过程中 pH 的变化，对提高灵芝发酵的灵芝酸的产量具有重要意义。

3. 转速

在发酵过程中搅拌剪切力对灵芝的生长有显著影响，实验室摇床培养过程中直接控制搅拌剪切力的途径即为调节转速。

4. 通气量

灵芝菌丝体的代谢过程需要消耗氧气。发酵中合适的通气量是确保溶解氧浓度的直接手段，不仅可使细胞在生长时有充足的氧气，而且会影响菌丝体代谢过程中各种关键酶的活性。因此在灵芝液态发酵过程中必须保证稳定而合适的溶解氧环境，即稳定合适的通气量。在发酵初期，菌丝量较少，可使用较低的通气量。随着菌丝生长不断加快，通气量需增加，发酵后期，菌丝衰老，代谢能力减弱，通气可适当降低。

5. 外源添加物

近几年，采用外源添加物对灵芝三萜的生物合成进行调控成为灵芝菌丝体液态深层发酵调控的新策略和新手段。

（三）胞内多糖高产菌株筛选

1. 原理

高产菌株筛选，是从菌丝生物量和代谢产物这两个角度来提高菌株发酵产量。通常将胞内多糖产量作为确定高产菌株筛选指标。灵芝胞内多糖产量＝菌丝生物量 × 胞内多糖含量。

2. 仪器与试剂

（1）仪器　电子天平、旋转式摇床、烘箱、分光光度计、水浴锅、接种环、刻度吸管、微量加样器、三角瓶、容量瓶、试管等。

（2）材料

1）用于高产菌株筛选的灵芝菌株编号、名称：G1 佘山灵芝、G2 红芝、G5 松杉灵芝、G6 汉城 2 号、G7 圆芝、G8 泰山赤灵芝、G9 南韩灵芝、G12 大仙 823、G13 灵芝 10、G14 灵芝 BFW、G16 灵芝 0771、G17 灵芝 0772、G18 灵芝 slove、G19 日本灵芝、G21 密纹灵芝 2306、GL31 南韩灵芝、GL32 延古日本灵芝、GL33 金寨韩芝、G0081 斯洛文尼亚灵芝。

2）母种培养基：20% 马铃薯，2% 葡萄糖，1.5% 琼脂，pH 自然。

液体种子（一级、二级）培养基：2% 豆饼粉，2.5% 葡萄糖，0.15%MgSO$_4$，0.3%KH$_2$PO$_4$， pH 自然。

筛选高产菌株液体培养基：2% 豆饼粉，2% 葡萄糖，1% 可溶性淀粉，0.15%$MgSO_4$，0.3%KH_2PO_4，pH 自然。

3）H_2SO_4、苯酚等。

3. 步骤

（1）菌株培养　　将菌株复壮，待斜面长满将菌苔转接到装种子液 100ml 三角瓶（250ml），26℃ 150r/min 培养 5～7d，待小菌球基本布满摇瓶，取下摇瓶，按等湿重接种法，即每个菌株均接含 1g 湿菌球培养液到用于筛选高产菌株培养基中，摇床培养 7d，重复多次。

湿重接种法：每个菌株取 10ml 培养液，离心，称重，计算每毫升培养液所含菌球的湿重，最后换算得含 1g 湿菌球的培养液体积。

（2）菌丝生物量测定　　发酵液过滤后，用蒸馏水冲洗菌丝至洗出液澄清无色，收集菌丝于 65℃烘干至恒重，称重，求 3 个重复均值。

（3）菌丝胞内多糖测定　　菌丝研磨成粉末后，以料、水比为 1∶100，沸水浴提取 3h，提取液以苯酚－硫酸法测定总糖，DNS 法测定单糖，单糖与总糖测定均以标准葡萄糖溶液做标准曲线，计算胞内多糖含量及产量，多糖＝总糖－单糖。

（4）总糖测定

1）标准曲线绘制。取葡萄糖（105℃烘干至恒重）0.01g（分析纯），溶解定容至 100ml，取 21 支试管，编号为 1～7，设 3 个重复，向各试管加葡萄糖溶液分别 0ml，0.2ml，0.4ml，0.6ml，0.8ml，1.0ml，1.2ml，加蒸馏水至 2ml，加 5% 苯酚（重蒸苯酚）1ml，混匀，加 5ml H_2SO_4，振荡，沸水浴 15min，冰水冷却。490nm 处检测，并绘制双曲线。

2）样品测定。取样品提取液或样品稀释液 1ml 加入试管（设 3 个重复），加蒸馏水至 2ml，加 5% 苯酚（重蒸苯酚）1ml，混匀，加入 5ml H_2SO_4，振荡，沸水浴 15min，冰水冷却。490nm 处检测，将所得数据代入双曲线获得结果。

（5）单糖测定

1）标准曲线绘制。取葡萄糖（105℃烘干至恒重）0.1000g（分析纯），定容至 100ml，取 18 个具塞刻度试管（25ml），编号为 1～6，设 3 个重复，向具塞刻度试管加葡萄糖溶液，1～6 号分别为 0ml，0.2ml，0.4ml，0.6ml，0.8ml，1.0ml，加 3ml DNS 试剂，混匀，加热 5min，冷却，定容至 25ml。520nm 处比色，并绘制双曲线。

2）样品测定。取样品提取液或样品稀释液 1ml 加入 25ml 容量瓶（设 3 个重复），加 3ml DNS 试剂，混匀，加热 5min，冷却，定容至 25ml，混匀。520nm 处比色，将所得数据代入双曲线获得结果。

（四）胞内三萜高产菌株筛选

1. 原理

为了获得纯度更高，产量更高的菌株，利用载体转化、DNA 直接导入、种质转化等方法将外源基因转入或是自身基因发生突变所获得新的形状以达到高产的目的。确定高产菌株筛选指标的计算公式如下。

灵芝胞内三萜产量＝菌丝生物量 × 胞内三萜含量。

2. 仪器与材料

（1）仪器　　电子天平、旋转式摇床、分光光度计、刻度吸管、微量加样器、接种环、三角瓶、容量瓶、试管等。

（2）材料

1）待筛选菌株。

2）母种培养基：20% 马铃薯，2% 葡萄糖，1.5% 琼脂，pH 自然。

液体种（一级种、二级种）培养基：2% 豆饼粉，2.5% 葡萄糖，0.15%$MgSO_4$，0.3% KH_2PO_4，pH 自然。

筛选高产菌株液体培养基：2% 豆饼粉，2% 葡萄糖，1% 可溶性淀粉，0.15%$MgSO_4$，0.3% KH_2PO_4，pH 自然。

3）乙醇、香草醛、高氯酸、冰醋酸、标准品溶液等。

3. 步骤

（1）菌株培养　　同胞内多糖高产菌株筛选。

（2）菌丝生物量的测定　　同胞内多糖高产菌株筛选。

（3）菌丝胞内三萜的测定（比色法测定三萜）

1）胞内三萜标准曲线绘制。取试管 18 支，编号为 1～6（设 3 个重复），向各试管加标准品溶液，1～6 分别为 0ml、0.02ml、0.04ml、0.06ml、0.08ml、0.1ml，分别加乙醇至 0.1ml，加香草醛 0.2ml，高氯酸 0.5ml，混匀，60℃水浴 20min 置冷水 15min，加冰醋酸 5ml。550nm 处测吸光度，并绘制双曲线。

2）样品测定。菌丝研磨成粉末，取 1g 菌丝加 50ml 95% 乙醇，超声波提取 3h。加待测样品溶液或样品稀释液 0.1ml 于试管（设 3 个重复），加香草醛 0.2ml，高氯酸 0.5ml，混匀，60℃水浴 20min，置冷水 15min，加冰醋酸 5ml。550nm 处测吸光度，将所得数据代入双曲线获得结果。

（五）发酵过程中三萜提取方法及高效液相色谱检测

1. 原理

胞内三萜采用高效液相色谱检测。高效液相色谱法（high performance liquid chromatography，HPLC）是根据样品中各组分之间带电性、极性、疏水性、分子大小、等电点、亲和性、螯合性等理化性质差异对样品进行分离。

2. 仪器与材料

（1）仪器　　漏斗、水浴锅、分光光度计、离心机、高液相色谱仪等。

（2）材料

1）各阶段菌丝体。

2）母种培养基：20% 马铃薯，2% 葡萄糖，1.5% 琼脂，pH 自然。

液体种（一级种、二级种）培养基：2% 豆饼粉，2.5% 葡萄糖，0.15%$MgSO_4$，0.3% KH_2PO_4，pH 自然。

3）乙醇、甲醇、正丁醇等。

3. 步骤

（1）子实体三萜提取

1）取 1g 样品加 95% 乙醇静置过夜，过滤，上清蒸干，加甲醇定容至 5ml。

2）残渣中加 50ml 蒸馏水沸水浴 3h，过滤，上清蒸干，加甲醇定容至 5ml。

（2）菌丝体三萜提取

1）取 1g 样品加 95% 乙醇静置过夜，过滤，上清蒸干，加甲醇定容至 5ml。

2）残渣加 50ml 蒸馏水沸水浴 3h，过滤，上清蒸干，加甲醇定容至 5ml。

（3）灵芝菌丝三萜 HPLC 分析　　将各阶段菌丝体用 95% 乙醇（菌丝体：5% 乙醇为 1：50，*W/V*）浸提 14h，取 10ml 浸提液，水浴蒸干，加 1.4ml 甲醇，10 000r/min 离心 5min，取上清进行 HPLC 分析。

HPLC 色谱柱为 C18 柱（46mm×300mm，5μm），色谱条件：流动相（A 甲醇：冰醋酸＝99：1，B 蒸馏水：冰醋酸＝99：1，A：B＝1：1），流速为 1ml/min，洗脱 90min。254nm 处比色。

（4）灵芝胞外三萜 HPLC 分析　　将发酵液过滤，收集胞外液，记录其总体积，取胞外液 15ml 用 3 倍体积水饱和正丁醇萃取 3 次，合并正丁醇提取液，减压蒸干，加 10ml 95% 乙醇，将这 10ml 95% 乙醇溶解液蒸干，加 1.4ml 甲醇，10 000r/min 离心 5min，取上清进行 HPLC 分析。色谱条件同上。

（六）不同发酵阶段胞内三萜对肿瘤细胞抑制实验

1. 原理

三萜类化合物是灵芝主要成分之一，具有强烈药理活性，有杀伤肿瘤细胞等功能。三萜类化合物是灵芝辅助治疗高血压、高血脂、失眠和多种呼吸系统疾病以及抗肿瘤的物质基础。三萜类有效成分与端粒酶（细胞增殖相关酶）形成有机共价结合，破坏端粒酶活性，达到校正细胞失衡、校正端粒系统的目的，从而影响细胞核分裂和 DNA 复制，直接杀伤癌细胞。同时，三萜类化合物能抑制 DNA 拓扑异构酶 I，延迟 G1 向 S 期移行，直接干扰 DNA 合成代谢；能抑制 DNA 拓扑异构酶 II 的 DNA 断裂重新连接反应，使染色体畸变和细胞死亡。

2. 仪器与材料

（1）仪器　　CO_2 培养箱、离心机、分光光度计、微量加样器等。

（2）材料

1）细胞株：K562 人慢性骨髓白血病细胞。

2）肿瘤细胞 K562 细胞培养基：RPMI 1640 培养基，0.44g/L 谷氨酰胺，10% 胎牛血清，0.1g/L 链霉素，100IU/ml 青霉素。

母种培养基：20% 马铃薯，2% 葡萄糖，1.5% 琼脂。

液体种（一级种、二级种）培养基：2% 豆饼粉，2.5% 葡萄糖，0.15%$MgSO_4$，0.3%KH_2PO_4。

3）乙醇、二甲基亚砜、Alamar Blue 显色剂等。

3. 步骤

（1）灵芝菌丝粗三萜制备　　取各阶段菌丝体用 95% 乙醇（菌丝体：95% 乙醇为 1：10）冷浸过夜，过滤，取上清，残渣加 95% 乙醇（重复操作两次），合并上清夜，减压浓缩，蒸干。收集干品即为粗三萜。将粗三萜溶解二甲基亚砜（DMSO），浓度为 10g/L，待用。

（2）肿瘤细胞 K562 培养　　K562 细胞接于 RPMI 1640 培养基，于饱和湿度 5% CO_2 培

养箱中培养。

（3）对肿瘤细胞 K562 抑制实验　　取对数生长期 K562 细胞离心，去除上清液，用 RPMI 1640 完全培养基稀释至 1×10^4 个 /ml。取 0.199ml 细胞液加于 96 孔板，加 0.001ml 各待测三萜样品，1μl DMSO 作对照。细胞培养 72h，570nm 和 600nm 处测吸光度。加 0.02ml Alamar Blue 显色剂于每孔，培养 6h，570nm 和 600nm 处测吸光度，并设置空白对照组。细胞增殖率按照 Alamar Blue Assay 公式计算。

$$\text{细胞增值率（\%）} = \frac{80\,856 \times A_{570nm}\,（样品）- 117\,216 \times A_{600nm}\,（样品）}{80\,856 \times A_{570nm}\,（对照）- 117\,216 \times A_{600nm}\,（对照）\times 100},$$

$$\text{细胞抑制率（\%）} = 100\% - \text{细胞增殖率。}$$

（七）不同发酵阶段菌丝胞内多糖对小鼠巨噬细胞激活

1. 原理

多糖具有对小鼠巨噬细胞激活作用。灵芝多糖是灵芝有效成分之一，现已证明这些多糖对机体非特异、特异细胞以及体液等免疫均具有调节作用，可有效地维持机体免疫功能，达到预防肿瘤和抗衰老目的。灵芝多糖还有抗肿瘤作用，能抑制纤维肉瘤、黑色素瘤、肝肉瘤等肿瘤细胞生长，抑制肺癌转移等；从体外培养的灵芝发酵液中分得的多糖可增强机体 NK 细胞和吞噬细胞对肿瘤细胞的杀伤力。

2. 仪器与材料

（1）仪器　　发酵罐、水浴锅、离心机、冷冻干燥机、CO_2 培养箱、分光光度计等。

（2）材料

1）菌株 G21、小鼠。

2）DMEM 培养基。

母种培养基：20% 马铃薯，2% 葡萄糖，1.5% 琼脂。

液体种（一级种、二级种）培养基：2% 豆饼粉，2.5% 葡萄糖，0.15%$MgSO_4$，0.3% KH_2PO_4。

3）乙醇、Alamar Blue 显色剂等。

3. 步骤

（1）菌丝胞内多糖制备

1）菌丝体获得。菌株 G21 在 3L 发酵罐中发酵而得。条件：26℃ ，150r/min，装液量 2L。

2）胞内多糖制备。菌丝体中加水（菌丝体：水 = 1 : 2，W/V），沸水煮 1h，过滤，收集上清，将残渣再次按上述比例加水，重复上述操作两次。合并三次收集上清液，减压浓缩至原体积 1/5，加乙醇至乙醇浓度为 30%，静置过夜，离心收集沉淀，在上清中加乙醇至乙醇浓度为 60%，静置过夜，离心收集沉淀，在上清中加乙醇至乙醇浓度为 80%，静置过夜，离心收集沉淀，将沉淀物分别溶于水，沸水浴蒸去乙醇。将 30%、60% 和部分 80% 的沉淀物均冷冻干燥。

3）不同发酵阶段菌丝胞内多糖样品制备。取不同发酵阶段菌丝，加水，样品：水 = 1 : 12，沸水煮 1h，过滤，收集上清，将残渣再次按上述比例加水，重复上述操作两次。合并 3 次收集上清液,减压浓缩至原体积 1/5,加乙醇至浓缩液含乙醇 30%,静置过夜,离心收集沉淀。

(2)小鼠巨噬细胞制备 选择 8~10 周龄、体重 28±1g 小鼠,处死,抽取小鼠大腿、小腿骨中的骨髓,分散后培养于含 10% L929 细胞培养上清(L929 细胞株培养 3d,去除细胞培养基)的完全 DMEM 培养基中。3d 后,去除贴壁细胞,非贴壁细胞置于添加 10% L929 细胞培养上清的完全 DMEM 培养基中。继续培养 3d 后,去除非贴壁细胞,收集贴壁细胞,即为来源骨髓的小鼠巨噬细胞。

(3)不同发酵阶段菌丝胞内多糖对小鼠巨噬细胞激活率测定 取 0.18ml 1×10^8 个/L 细胞悬液于 96 孔板,加 0.02ml 5g/L 胞内多糖和 0.01g/L LPS,于 37.5% CO_2 培养箱培养 3d,加 0.02ml Alamar blue 显色剂,培养 6~8h,570nm 和 600nm 处测吸光度,并设置空白对照组。据 Alamer Blue Assay 公式,计算胞内多糖对小鼠巨噬细胞激活率。

$$激活率(\%) = \frac{80\,856 \times A_{570nm}(样品) - 117\,216 \times A_{600nm}(样品)}{80\,856 \times A_{570nm}(对照) - 117\,216 \times A_{600nm}(对照) \times 100}。$$

第7章　维生素 C 发酵

一、前言

维生素 C，又称抗坏血酸，作为人体必需的一种水溶性维生素和抗氧化剂，因其具有广泛的生理作用和理化性质，所以在医药、食品以及饲料等领域中均有重要用途。随着维生素 C 市场需求量的不断增长，其发酵工艺也得到了不断改进。目前，发酵工艺有莱氏法、二步发酵法、新二步发酵法和一步发酵法，其中前两种方法已用于工业生产。

二、维生素 C 发酵概述

（一）维生素 C 的来源

维生素 C 是简单结构的有机化合物，与单糖有密切关系。维生素 C 广泛分布在植物组织中，特别是新鲜水果及蔬菜中具有较多含量。研究表明植物中含有抗坏血酸氧化酶，能催化维生素 C 氧化。多数哺乳类和禽类也都能由葡萄糖合成足够数量的 L- 抗坏血酸。但人、豚鼠、猴子、蝙蝠、某些爬行动物及大多数人工养殖的鱼类、甲壳类体内缺乏古洛糖酸内酯氧化酶，不能将古洛糖酸内酯转化成 L- 抗坏血酸，不能生物合成维生素 C，因此体内维生素 C 储量较少，必须经常从外界中摄取维生素 C 补充自身所需。维生素 C 广泛存在于新鲜水果及蔬菜中，尤以猕猴桃、板栗、草莓、橘子及辣椒等含量丰富。中草药如沙棘、苍耳子等也含有很多维生素 C。

（二）维生素 C 理化性质

纯品的维生素 C 为白色单斜晶系的结晶或结晶性粉末，无臭，味酸，久置色渐微黄。易溶于水，略溶于乙醇，不溶于乙醚、氯仿。它是一种不饱和的多羟基六碳化合物，以内酯形式存在，在 2,3 位碳原子之间烯醇式羟基上的氢可游离出来，故具有酸性。因为维生素 C 具有很强的还原性，所以极不稳定，容易为热或氧化剂所氧化，在中性或碱性溶液中更加容易被光降解，与光发生氧化反应。微量重金属（特别是 Fe^{2+}，Cu^{2+}）或荧光物质（如核黄素）更能加快其被氧化速度。微量金属元素对维生素 C 有氧化分解作用，其顺序为 $Cu^{2+}>Co^{2+}>Mn^{2+}>Zn^{2+}>Fe^{2+}$。在低于 pH 5.5 的溶液中，维生素 C 较为稳定，所以提取维生素 C 时，草酸和偏磷酸是较好的稳定剂。

（三）人体对维生素 C 的代谢

人体可通过简单扩散或主动转运从胃肠道快速吸收食物中的维生素 C。维生素 C 的吸收率随摄入量增加而相对减少，如摄入 100mg 以下几乎 100% 吸收，若摄入 200mg 仅吸收 70%。因此医生和营养保健专家认为应该小量多次的服用各种维生素 C 含片，研究表明每日摄入 500～1000mg 无任何毒副作用。水杨酸类药物可抑制维生素 C 在胃肠道的吸收，增加维生素 C 的排泄，长期服用此类药物应注意维生素 C 的补充。

与其他众多的水溶性维生素不同，人体会有少量维生素 C 贮藏在体内，因此几周内不摄入维生素 C 也不会出现维生素 C 缺乏症症状。健康成人每 100ml 血浆含 0.6mg 抗坏血酸表明组织饱和，相当于体内贮存了 1500mg。吸收后的维生素 C 广泛分布于人体各个部位，其在各部的浓度大致与组织的代谢活动一致没有明显的储存，其中以肾上腺和脑垂体中维生素 C 含量最高，肝、肾、脂肪组织内含量最少。维生素 C 在组织中以抗坏血酸和脱氧抗坏血酸两种形式存在，但前者含量远高于后者，人血浆中为 15：1。维生素 C 在体内的代谢产物主要为 CO_2 和草酸，草酸随尿排出体外。

（四）维生素 C 生理功能及其缺乏症

维生素 C 具有广泛的生化作用，对生命活动过程中的很多生理代谢具有极重要的影响。

1. 在抗病毒、抗肿瘤方面的作用

已知亚硝胺类物质能诱发癌肿，食入的亚硝酸盐在胃酸作用下与仲胺合成亚硝胺。维生素 C 能与食物中的亚硝酸盐起作用，阻止亚硝胺合成并促进其分解。

此外，有人认为癌症是一种维生素 C 缺乏症。使用大剂量维生素 C 可使晚期癌症患者平均生存时间延长 4 倍。因为阻碍恶性肿瘤生长的第一道屏障是细胞间基质，维生素 C 是保持这道屏障结构完整所必需的。

2. 参与体内的羟化作用

体内物质代谢的很多过程均需羟化，而维生素 C 在羟化反应中起着必不可少的辅助作用。

（1）参与胆固醇的转化　　维生素 C 可以防治动脉粥样硬化，其作用主要是降低血中甘油三酯和胆固醇，并对肝、肾的脂肪浸润有保护作用。

（2）参与芳香族氨基酸的代谢　　苯丙氨酸羟化成为酪氨酸的反应，酪氨酸转变为对羟苯丙酮酸后的羟化，脱羧，移位等步骤以及转变为尿黑酸的反应均需维生素 C 参与。维生素 C 缺乏时，尿中大量出现对羟苯丙酮酸。

（3）促进胶原蛋白的合成　　当胶原蛋白合成时，多肽链中的脯氨酸及赖氨酸等残基分别在胶原脯氨酸羟化酶及胶原赖氨酸羟化酶催化下羟化成为羟脯氨酸及羟赖氨酸等残基。维生素 C 是此等羟化酶维持活性所必需的辅助因子之一。

3. 参与体内的氧化还原反应

由于维生素 C 既可以氧化型，又可以还原型存于体内，所以它既可作为受氢体，又可作为供氢体，在体内极其重要的氧化还原反应中发挥作用。

1）促进造血作用。维生素 C 能将 Fe^{3+} 还原成 Fe^{2+}，使食物中的铁易于吸收。

2）解毒作用。在工业上或药物中有些毒物，如 Pb^{2+}、Hg^{2+}、Cd^{2+}、As^{2+} 及某些细菌的毒素进入人体内，迅速给予大量的维生素 C，可缓解其毒性。

3）维生素 C 能保持维生素 A、B、E 免遭氧化。

4）维生素 C 能使红细胞中高铁血红蛋白（MetHb）还原为血红蛋白（Hb），恢复其运输氧的能力。维生素 C 有促进组织的新生和修补作用，刺激造血功能。

5）促进抗体合成。血清中维生素 C 的水平和免疫球蛋白 IgG 和 IgM 浓度呈正相关，免疫球蛋白分子中的多个二硫键是通过半胱氨酸残基的巯基（—SH）氧化而生成，此种反应需维生素 C 参加。

（五）维生素 C 商品市场现状

目前，维生素 C 主要应用于医药制剂、食品饮料营养添加剂和动物饲料强化添加剂。

作为一种十分重要的医药产品，维生素 C 已广泛应用于临床，除治疗因维生素 C 缺乏而导致的坏血症和儿童的出血性骨骼病外，还用来补充因感冒发烧、伤口感染、体力消耗过度等所致维生素 C 需要量增加而引起的缺乏症。

在食品工业上，维生素 C 作为一种营养强化剂和抗氧化剂而被广泛应用。它可用作酒类和某些饮料的抗氧化剂，保持其味道、颜色不变。此外，维生素 C 还广泛地用于多种饲料的添加剂、某些作物的催熟剂、农产品保鲜剂、化妆品工业防锈剂，以及用于冶金工业和摄影行业中。

由于维生素 C 分子中的联烯二醇结构受水分、光线和温度的影响易被氧化，易发生多种降解反应，使维生素 C 含量和功效下降。工业上为克服其易于被氧化的缺点，同时又保持功效，目前已开发出不同维生素 C 新产品、新剂型。例如，作为营养增补剂和抗氧化剂使用的维生素 C 钠盐；在汤、羹类食品中应用的维生素 C 磷酸酯镁（L-ascorbyl-2-phosphate-magnesium）；在婴儿食品、人造奶油等食品里添加的维生素 C 棕榈酸酯（ascorbyl palmitate）；在油脂或含脂食品（如奶油、硬糖等）中使用的硬脂酰 -L- 抗坏血酸酯；可克服大量服用普通维生素 C 易生成草酸引起结石副作用的稳定维生素 C——2-O-α-D- 吡喃葡萄糖基 -L- 抗坏血酸；主要用作饲料添加剂的 L- 抗坏血酸基 -2- 聚磷酸酯［L-ascorbyl-2-polyphosphate，现属瑞士罗氏（Roche）公司，商品名 Stay-C］。此外还开发了可压片的维生素 C 钠盐微胶囊［现属德国巴斯夫（BASF）公司的日本武田公司，商品名 SA-99］，以及多种维生素 C 的复方制剂，如烟酰胺－维生素 C，降血脂的维生素复合剂。随着维生素 C 成为多用途商品，世界市场维生素 C 需求量越来越大，产量也稳步增长。随着产量的不断增加，供不应求的局面被打破，国际维生素 C 市场的竞争在 1995 年底随同东北制药厂 1 万吨维生素 C 上马而趋于白热化。1995 年，一直操纵国际市场价格的瑞士 Roche 公司联合法国的 Avantis 公司、德国 Merck 公司、日本 Daiichi 公司打响价格战。到 1999 年，原先 26 家业内企业仅剩 4 家：东北制药、华北制药、石家庄制药、江山制药公司。在 2002 年 6 月的我国医药十五规划中，将维生素 C 的"一步发酵法"工艺研究列为国家重点项目。因此加强对维生素 C 工业的研究，改进工艺，降低成本，已成为目前我国维生素 C 生产企业所面临的重大问题。一系列具有不同生理特点的微生物通过多种酶促反应和己糖化合物的代谢及作用，并与电子传递链相偶联，都可以进行维生素 C 的合成，并具有一定的代表性，因而研究维生素 C 大生产工艺优化将加深对其生理生化基础理论的理解，同时对微生物种属的进一步开发利用具有重要的实践指导作用。

（六）维生素 C 生产的发展简史

维生素 C 的天然来源是蔷薇果品、柑橘果品及蔬菜，从它被作为还原性因子，由动植物器官组织中浓缩分离开始，即迅速进入工业化生产。维生素 C 的工业化生产从其历史发展进程看可划分为浓缩提取，化学合成和细菌发酵三个阶段。

1. 浓缩提取

20 世纪 20 至 30 年代，人们对于维生素 C 的结构、性质还不了解，获取其产品的途径只是经验性地由富含"还原性因子"的生物组织，如柠檬、胡桃、野蔷薇、辣椒、肾上腺等提取获得。此法生产成本高，产量有限，远不能满足人类社会日益增长的需求。直至20世纪50年代，仍有企业使用此法生产维生素C。

2. 化学合成

1933年，Reichstein等和Ault等两个研究小组分别独立发表了维生素C的合成方法。从1937年开始，以Reichstein和Grussner的发明为基础，建立了以D-葡萄糖为原料，加氢还原成D-山梨醇，然后利用一步发酵方法和化学方法合成维生素C的"莱氏法"（Reichstein procedure），维生素C生产开始进入化学合成阶段。"莱氏法"生产的工艺流程主要包括以下五个步骤。

1）D-葡萄糖在镍的催化作用下，高温高压，加氢还原成D-山梨醇。

2）D-山梨醇经微生物如生黑葡糖杆菌或弱氧化醋杆菌发酵氧化成L-山梨糖。

3）L-山梨糖在丙酮和硫酸的作用下，经酮化生成双丙酮-L-山梨糖（简称双酮糖），生产上俗称丙酸化。再用苯或甲苯提取，提取液经水法除去单酮山梨糖后，蒸去溶剂而后分离出双酮糖。

4）双酮糖在高锰酸钠氧化，铂催化下，经水解生成2-酮基-L-古龙酸。

5）2-酮基-L-古龙酸通过烯醇化和内酯化，在酸性或碱性条件下，转化生成维生素C。

"莱氏法"工艺应用于大生产的早期，从D-山梨醇到维生素C的总收率仅为15%～18%。此后经过不断的工艺优化，目前总收率已达到60%～65%。由于葡萄糖为大宗原料，便宜易得，中间体尤其是双丙酮-L-山梨糖的化学性质稳定，以及工艺流程的不断改进，且产品质量好，收率较高，目前在国外发达国家仍为维生素C生产的主要工艺。主要采用"莱氏法"生产的公司包括：瑞士豪大迈－罗氏公司（Hoffmann-La-Roche Ltd.，2003年1月维生素业务转让荷兰帝斯曼公司），德国BASF公司和Merck公司。但是，"莱氏法"仍存在着许多不足之处，如生产工序复杂，工艺路线较长，较难连续化操作，劳动强度大，耗费大量有毒、易燃化学药品，造成严重的环境污染等。自20世纪60年代以来，各国研究机构对"莱氏法"工艺改进作了大量的研究工作，试图简化或以生物氧化法替代以化学合成为主的"莱氏法"，现在许多重要研究成果已经在大生产中广泛应用。

3. 细菌发酵

20世纪60年代以后，各国生产企业及科学家开始探索以细菌生物酶转化的方法来取代"莱氏法"，相继提出了诸多反应路线，并在此基础上对有关反应工艺的问题进行了探索。已成功应用于大生产的细菌发酵法是我国70年代初开发的"二步发酵法"。由中国科学院微生物研究所、北京制药厂、东北制药总厂尹光琳、宁文珠等人发明的"二步发酵法"从70年代后期开始正式投产，逐渐在国内生产企业普遍采用，现在国内四大维生素C生产企业都采用此法。"二步发酵法"生产维生素C的新工艺在1980年获得国家技术发明二等奖。"二步发酵法"已经在中国、欧洲、日本和美国申请了专利，上海三维制药有限公司当时具有坚实的科研开发力量，1985年成功地将维生素C二步发酵技术转让给瑞士豪大迈－罗氏公司，成为新中国成立以来最大的一项医药技术出口项目。该法应用于大生产初时，从D-山梨醇到维生素C的总收率平均为40%，但经过近几年的激烈市场竞争后，一些厂家可超过65%，最高为72%。"二步发酵法"的工艺路线与"莱氏法"不同之处在于采用大、小混合菌发酵法代替化学法转化 L- 山梨糖合成 2- 酮基 -L- 古龙酸。简化了生产工艺，减少了生产设备投资，降低了生产成本，去除了大量有机溶媒等有毒物品的使用，极大地减少了"三废"排放。

Huang 等于 1962 年首次发现假单胞菌属的某些种具有氧化 L- 山梨糖积累 2- 酮基 -L- 古龙酸的能力，不过其产酸量仅为 1g/L（发酵液含糖为 20g/L）。此后相继发现了不少具有此氧化能力的细菌，但糖酸转化率均非常低。"二步发酵法"转化 L- 山梨糖合成 2- 酮基 -L- 古龙酸用的产酸菌为氧化葡糖杆菌（俗称小菌），巨大芽孢杆菌（俗称大菌）最初为条纹假单胞菌，目前大多数企业生产上使用芽孢杆菌作为大菌。最初从 L- 山梨糖到 2- 酮基 -L- 古龙酸的转化率仅为 39.7%（糖浓度 7%，6d），经过多方面的改进，发酵时间已经缩短至 35～60h，转化率达 82% 左右，目前工厂最高已超过 85%（发酵液含酸量 8%～10%）。

"二步发酵法"第一步是 L- 山梨糖发酵，与"莱氏法"相同。在 20 世纪 70 年代曾发现有染噬菌体现象，经过筛选获得抗噬菌体菌体，在此基础上，应用于生产上已近 20 年，糖酸转化率一直保持在 98% 以上，且遗传特性稳定。

"二步发酵法"尽管比"莱氏法"在工艺流程上有了极大改进，但此法仍需以 D- 山梨糖为底物，大生产发酵过程包括 3 种菌，菌种操作通常比其他生物发酵工艺繁琐，易于污染杂菌；第二步发酵涉及大小菌株的混合发酵，其产酸小菌单独培养，产酸率低，且难以稳定传代，必须要有适宜的大（伴生）菌搭配。为了适应日益激烈的维生素 C 市场的要求，我国各生产企业非常有必要及时寻求开发对自身发展有利的"二步发酵法"工艺流程的简化或优化。

（七）维生素 C 前体的生物合成途径

1. 生物合成 2- 酮基 -L- 古龙酸的代谢途径

随着科学发展和人类社会的进步，维生素 C 的生产工艺逐步向完全的生物转化发展。能够合成维生素 C 或其中间代谢产物的生物种类繁多，其中以细菌转化法倍受人们的关注。微生物通常不能直接合成维生素 C，而是合成维生素 C 的前体——2- 酮基 -L- 古龙酸（2-KLG）。依据现有的文献，微生物合成 2-KLG 的途径可分为两类。一类是从 D- 葡萄糖由 2 种或 2 种以上菌经过二步或多步发酵，或由 1 种基因工程菌一步发酵生成 2-KLG。2001 年，美国伊士曼化学公司已开发出部分采用生物催化剂来生产 L 抗坏血酸的工艺。在加入葡萄糖后，微生物可合成为一种维生素 C 的中间产品 2-KLG。2-KLG 可再用常规的化学合成方法分离出来并转换成 L- 抗坏血酸。从投资上看，生产同样数量的抗坏血酸，用户在建厂方面的投资可减少 50%～80%。同时韩国 inBioNET 公司也有此方面的研究成果。另一类是由 D- 山梨醇或 L- 山梨糖通过单菌或混合菌发酵生成 2-KLG。D- 山梨醇可由 D- 葡萄糖加氢化学催化还原，还原效率可达 99% 以上，此外还可用糖化酶水解淀粉后的水解物直接还原，可获得 20% 或更高浓度的 D- 山梨醇，但产物不易分离。L- 山梨糖可由 D- 山梨醇生物转化获得。以 D- 葡萄糖或 D- 山梨醇为最初底物，已发现细菌中有 7 种途径可以合成 2-KLG。

2. D- 山梨醇途径

最早研究此方面的是 Okazaki 等（1969），通过纸电泳和纸层析的方法，对生黑葡糖杆菌的休止细胞代谢 D- 山梨醇的中间产物进行了研究，最终阐明此菌中 D- 山梨醇的代谢途径。D- 山梨醇在菌体中的代谢途径复杂，除经 D- 山梨糖—L- 艾杜糖—2- 酮基 -L- 古龙酸外，通过形成 D- 果糖，进而形成许多其他副产物，或氧化成 CO_2。若切断其他代谢途径，可使 2- 酮基 -L- 古龙酸累计量增加。此途径的底物 D- 山梨醇需由 D- 葡萄糖高压加氢还原合成。直接发酵 D- 山梨醇生成 2- 酮基 -L- 古龙酸的菌株有醋杆菌、葡糖杆菌、假单胞杆菌等。D- 山梨醇途径转化率不高，通常不超过 10%。Motizuki（1976）利用生黑葡糖杆菌 IF03292 菌株发酵，从 50g/L 的 D- 山梨醇仅获得 6.5g/L 的 2- 酮基 -L- 古龙酸，转化率为 12%。Sugisawa 等（1990）用诱变方法从 IF03292 菌株获得突变株 Z84，此菌在 100g/L 的 D- 山梨醇发酵液中发酵 4 天可获得 60g/L 的 2- 酮基 -L- 古龙酸，转化率达 56%。我国曾在 60 至 70 年代开展过此方面的工作，终因转化率太低而放弃。

3. L- 山梨糖途径

L- 山梨糖途径将 D- 山梨醇途径发酵分为两步进行，即 D- 山梨醇—L- 山梨糖—2- 酮基 -L- 古龙酸。目前我国用于大生产的"二步发酵法"就属此途径。第一步酶转化 D- 山梨醇—L- 山梨糖的微生物有醋化醋杆菌、生黑葡糖杆菌、木质醋杆菌、弱氧化醋杆菌、拟胶杆菌等。在"莱氏法"或"二步发酵法"中广泛使用的弱氧化醋杆菌和生黑葡糖杆菌转化 D- 山梨醇—L- 山梨糖的转化率可达 98% 以上。第二步转化 L- 山梨糖—2- 酮基 -L- 古龙酸的微生物有 13 个属：葡糖杆菌属、芽孢杆菌属、假单胞菌属、黄单胞菌属、固氮菌属、埃希氏菌属、醋杆菌属、沙雷氏菌属、微球菌属、克雷伯氏菌属、顶孢属、产碱菌属、气杆菌属。

（八）新型稳定维生素

1. 维生素 C 合成相关酶基因的克隆

近年来，基因工程技术的不断发展，在植物维生素 C 合成相关方面的研究也取得了巨大的进展。有研究对维生素 C 合成过程中关键酶的基因进行克隆，并且进行了功能鉴定。关键酶基因的研究能够极大的提高将来生化水平上的研究和新型稳定维生素 C 的合成。现阶段已实现在植物体内分离出 L- 半乳糖苷 -1,4- 内酯脱氢酶（Gal LDH），已经可以从甘薯和烟草等多种植物中获取编码 Gal LDH 的基因克隆。这种酶是 L- 半乳糖合成维生素过程中最后一步的催化酶，它能够催化 L- 半乳糖苷 -1,4- 内酯转化为维生素 C，Gal LDH 相关酶一般存在于线粒体的内膜上，它包含的半胱氨酸残基对自身的活性具有重要意义并且这种酶对 L- 半乳糖具有专一性。与此同时，Gal LDH 的酶催化反应产物维生素 C 不需要载体就能直接运出合成区域。

2. 维生素 C 代谢相关酶基因的克隆

在植物体内的维生素 C 含量不仅受各种合成相关酶影响，还受到各种循环代谢相关酶的影响。在植物的细胞里，维生素 C 被氧化后转化为单脱氢抗坏血酸（MDHA），最终转化成不饱和脂肪酸（DHA），而 MDHA 又可以在单脱氢抗坏血酸还原酶（MDAR）的作用下被还原成维生素 C，从而达到维生素 C 再生的目的。在维生素 C 的代谢中，现阶段已经从黄瓜、烟草等植物中获得了编码抗坏血酸氧化酶（AAO）的基因；并且在拟南芥、菠菜、大豆等植物体中分离获取到了编码抗坏血酸过氧化物酶（APX）的基因；在黄瓜、水稻及番茄等多种植物中克隆了编码 MDAR 和脱氢抗坏血酸还原酶（DHAR）的基因。AAO、APX、MDAR、DHAR 这 4 种维生素 C 代谢相关酶，能够通过基因调控提高植物体内的维生素 C 含量。DHAR 是调控植物体内维生素 C 氧化还原态的重要酶，它在植物细胞内对抗氧化和维生素 C

再生起到重要作用。通过把黄瓜、水稻等植物中克隆的 *DHAR* 基因导入到玉米中, 转基因玉米叶片和籽粒中的维生素 C 含量提高了 2～3 倍。

3. 新型稳定维生素 C 的合成发展趋势

据资料分析, 新型稳定的维生素 C 合成的发展将有以下几种趋势。维生素 C 的常见生产工艺是"莱氏法"和"两步发酵法", 这两种方法都存在一定的工艺路线长, 对生产控制极为不便, 往往会导致质量不稳定等现象。因此当今许多企业将发展前景定位于计算机控制技术、超滤膜技术在维生素合成生产方面的应用, 并且在一定程度上取得了成功, 不仅降低了劳动强度和生产成本, 还使质量得到相当的提高。据报道, 已有相关研究能够将葡萄糖直接转化为 2- 酮基 -L- 古龙酸, 这项技术将会使山梨醇生产维生素 C 的传统工艺过程极大的缩减, 为维生素 C 生产技术带来技术性变革。

4. 维生素 C 衍生物的开发

维生素 C 衍生物的开发、生产趋于规模化, 如维生素 C- 钠晶体、维生素 C- 钠粉末、维生素 C- 钙、维生素 C- 棕榈酸酯、维生素 C- 磷酸酯等多种维生素 C 衍生物, 这些产品的售价高于维生素 C。

5. 维生素 C 复合制剂的开发

开发维生素 C 复方制剂是对选择性添加剂（VCN）进行研究的捷径之一。现阶段, 与维生素 C 相关的复合制剂有很多, 例如, 水溶性维生素、维生素 C 衍生物、脂溶性维生素等, 多种品种为人们生活带来了极大的便利。

三、维生素 C 发酵

（一）"莱氏法"制备维生素 C

瑞士化学家 Reichstein 发明了"莱氏法", 以下为其主要流程（图 7-1）。

D-葡萄糖 $\xrightarrow[\text{高压}]{\text{H}_2}$ D-山梨醇 $\xrightarrow{\text{生黑醋杆菌}}$ L-山梨糖 $\xrightarrow[\text{H}_2\text{SO}_4]{\text{丙酮}}$ 双丙酮-L-山梨糖

双丙酮-2-L-古龙酸 $\xrightarrow{\text{水解}}$ 2-酮基-L-古龙酸 $\xrightarrow{\text{化学转化}}$ 维生素C

图 7-1 "莱氏法"发酵流程图

"莱氏法"是一种化学合成与一步发酵相结合的生产方法, 生产工艺路线成熟, 生产原料便宜易得, 产品质量好, 收率高。因此至今瑞士的 Roche、日本的 Takeda、德国的 Merk 和 BASF 等国外生产维生素的主要公司均采用该方法。该方法也有不足之处, 如生产工序多、过程长, 难以连续化操作, 使用大量有毒、易燃化学药品, 造成环境污染等。为此, 自 20 世纪 60 年代开始, 世界各地的科学家都致力于简化该生产路线的研究。

（二）二步发酵法制备维生素 C

1. 原理

二步发酵法是相对"莱氏法"而言的, 过程为山梨醇发酵生成山梨糖后, 山梨糖又经第二步细菌氧化, 直接生成 2-KLG, 而废除了丙酮化和化学氧化两个步骤（图 7-2）, 此法进一步发展了维生素 C 的生产，是目前唯一成功应用于维生素 C 工业生产的微生物转化法。

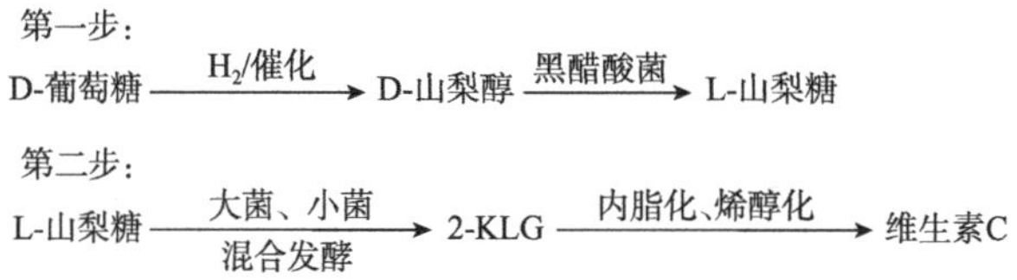

第一步：
$$D\text{-葡萄糖} \xrightarrow{H_2/催化} D\text{-山梨醇} \xrightarrow{黑醋酸菌} L\text{-山梨糖}$$

第二步：
$$L\text{-山梨糖} \xrightarrow[混合发酵]{大菌、小菌} 2\text{-KLG} \xrightarrow{内脂化、烯醇化} 维生素C$$

图 7-2　二步发酵法合成维生素 C 的工艺路线

2．仪器与材料

（1）仪器　　摇瓶、培养皿、试管、锥形瓶、2m³ 发酵罐等。

（2）材料

1）菌种：1045 醋杆菌、2252 巨大芽孢杆菌（俗称大菌）、2152 氧化葡糖杆菌（俗称小菌）、蜡状芽孢杆菌。

2）药品：山梨醇、酵母粉、碳酸盐、山梨糖、玉米浆、肉汤汁、骨粉等。

3．步骤

（1）第一步发酵　　以 D- 葡萄糖为原料，加氢催化生成 D- 山梨醇，再加入醋杆菌氧化获得 L- 山梨糖。

（2）第二步发酵　　L- 山梨糖通过小菌氧化葡糖杆菌和大菌巨大芽孢杆菌、蜡状芽孢杆菌等伴生菌在发酵罐中混合发酵得维生素 C 前体 2- 酮基 -L- 古龙酸。

（3）提取　　采用弱碱性离子交换树脂从发酵液中直接提取 2- 酮基 -L- 古龙酸，用甲醇－硫酸溶液洗脱，将洗脱液直接内酯化、烯醇化为维生素 C。

（4）精制　　将上述维生素 C 通过活性炭脱色，于结晶罐内加入晶种结晶，冷乙醇洗涤，低温干燥，即可获得精品维生素 C。

在生产中，第一步要严格控制反应过程的 pH 为 8.0～8.5，避免葡萄糖的 C-2 位差向异构物被还原成甘露醇。整个发酵期间，要保持葡糖杆菌数量一定，小菌将 L- 山梨糖转化为 2-KLG，而大菌本身不产酸，是搭配菌，其作用仅是通过刺激小菌生长而促进小菌产酸。

（三）山梨醇含量的测定

1．原理

不同密度的山梨醇水溶液折射率不同，可根据公式计算出山梨醇的含量。

2．仪器与材料

（1）仪器　　2W 型阿贝折射仪、玻璃棒等。

（2）材料　　菌液样品、乙醇、棉球等。

3．步骤

（1）测定　　将进光口及棱镜打开，移去夹在中间的镜头纸，用无水乙醇轻擦镜面，待干后，用玻璃棒蘸取一滴样品，滴在折射棱镜的磨砂面上，使液体均匀无气泡，迅速关闭棱镜，调目镜在视野中，有清晰的黑白界线交于交叉十字线的交点上，在投影窗中读数。折光

率以 n_D^t 表示，D 为钠光灯的 D 线，t 为测定时的温度。

（2）结果表示与计算

$$山梨醇（\%）= \frac{n_D^{20} - 1.3330}{0.000\ 143\ 3}$$

式中，1.3330：水在 20℃时的折光率；0.000 143 3：1g/L 山梨醇的折光率；n_D^{20}：样品在 20℃的折光率。

4. 注意事项

测定前，折射仪读数应用棱镜或水校正，20℃时水的折光率 1.3330，25℃时为 1.3325，40℃时为 1.3305。

蘸取的样品不要过多或过少；所用的玻璃棒用乙醇擦干净待乙醇挥发掉再蘸取样品；用酒精棉擦棱镜时要小心轻擦，注意不要将棱镜边上的树脂擦掉；实际测定时，温度不一定为 20℃，故对测后的折光率要根据温度进行修正；所用的折射仪要定期校对，发现问题时找有关部门检修；测定完毕要先用棉球将山梨醇擦净，再用湿棉球擦，最后用无水酒精棉擦后再用干棉球擦，夹好镜头纸，关闭仪器。

（四）山梨糖含量的测定

1. 原理

维生素 C 生产中一步发酵是以山梨醇为原料，细菌发酵转化成山梨糖。发酵过程中山梨糖的含量检测采取甘油铜滴定法，山梨醇仅在接种前用折光法检测含量，发酵过程中无监控；发酵终点无法检测发酵液中残留山梨醇的量，而是通过检测山梨糖含量不增加作为判定标准。

2. 仪器与材料

（1）仪器　　250ml 锥形瓶、0.5ml 吸管、25ml 滴定管等。

（2）材料　　10.0mg/ml 标准山梨糖溶液、甘油铜（称取 $CuSO_4 \cdot 5H_2O$ 35g，溶于 400ml 蒸馏水中，溶解后加 15ml 甘油摇匀，另取 70g NaOH 溶于 400ml 蒸馏水中冷至室温，将此两种溶液混合，用蒸馏水稀释到 1000ml，于棕色瓶中暗处保存，放置 7d 后即可用；注：先加硫酸铜，后加甘油，再加氢氧化钠）、0.5% 亚甲蓝指示剂。

3. 步骤

（1）测定　　准确吸取样品 0.5ml（含量高可吸取 0.25ml）于 250ml 锥形瓶中，加入 20ml 甘油铜试液，以蒸馏水冲洗瓶壁，使总体积为 50ml 左右，由滴定管加入适量的标准糖，加 0.5% 亚甲蓝指示剂 3 滴，以每 2s 1 滴的速度滴至终点（蓝色消失出现砖红色）。

（2）结果表示与计算

$$山梨糖（mg/ml）= \frac{(V_1 - V_2) \times C}{0.5}$$

式中，V_1：空白（即 20ml 甘油铜）消耗标准糖的体积（ml）；V_2：加入样品后消耗标准糖的体积（ml）；C：标准山梨糖溶液的浓度（mg/ml）；0.5：吸取样品的体积（ml）。

4. 注意事项

1）滴定速度每 2s 1 滴，且滴定应在 1min 内完成。

2）预加标准糖离终点前 0.5～1.5ml。

3）配制甘油铜时注意用珐琅筒溶氢氧化钠，不要用玻璃杯，以免破损烧伤。

4）加热所用电炉要经常检查，有安全隐患找电工修理。

5）作空白要和作样品的加热条件、滴定速度保持一致，否则有误差。

6）终点样要求平行，取其平均值，平行误差≤0.3g/100ml，即 3mg/ml。

（五）2- 酮基 -L- 古龙酸含量的测定

1. 原理

2- 酮基 -L- 古龙酸在强酸介质中，加热经内酯化、烯化反应转化为维生素 C，利用维生素 C 与 I_2 起氧化还原反应测定出维生素 C 的含量，根据测得维生素 C 的量，折算样品中 2- 酮基 -L- 古龙酸的量。

维生素 C 分为还原型和脱氢型两种，根据它具有的还原性质可测定其含量，测定方法一般有 2,6- 二氯酚滴定法，2,4- 二硝基苯肼法和荧光分光光度法。《中华人民共和国药典》（2015 年版）采用碘量法测定维生素 C 的含量。利用维生素 C 在酸性溶液中与碘发生氧化还原反应，生成脱氢维生素 C 和碘化氢，终点时过量 1 滴，碘遇淀粉指示剂形成蓝色。

2. 仪器与材料

（1）仪器　　试管、三角瓶、水浴锅等。

（2）材料　　7mol/L 硫酸、1% 淀粉指示剂、0.1mol/L 碘滴定液。

3. 步骤

准确吸取样品 2ml，于 25ml 试管中，加入 2ml 7mol/L 的硫酸，摇匀，于沸水中加热煮沸 25min，取出待稍冷后用蒸馏水分次洗入 250ml 三角瓶中，以淀粉为指示剂，用 0.1mol/L 碘标准液滴至蓝色（30s 不褪）即为终点。

每 1ml 的 0.1mol/L 碘滴定液相当于 8.806mg 的维生素 C。

4. 说明

1）滴定反应在酸性溶液中进行，可使维生素 C 受空气中氧的氧化速度减慢。

2）溶液显蓝色并持续 30s 不退为终点。

3）如有还原性物质存在时，易使结果偏高。

（六）古龙酸发酵液中残糖的测定

1. 原理

在浓硫酸溶液中，糖类经硫酸脱水成羟基呋喃，再和蒽酮的醇式异构物蒽酚缩合成蓝绿色的化合物。生成颜色的深浅与碳水化合物的浓度成正比，因此，根据产生蓝绿色的深浅，可以测定碳水化合物的浓度。

2. 仪器与材料

（1）仪器　　7230 型分光光度计、100ml 容量瓶等。

（2）材料　　0.2% 蒽酮（精密称取蒽酮试剂 0.2g，溶于 100ml 80% 浓硫酸）、山梨糖等。

3. 步骤

（1）测定　　取滤清的发酵液 1ml 于 100ml 容量瓶中，加水至刻度，再吸 1ml 于干燥的试管中，加入蒽酮试剂 6ml，摇匀后放置 10min 显色，放至室温进行比色。同时做一空白，以 1ml 水加 6ml 蒽酮，同法放置 10min，以 7230 型分光光度计，620nm 波长，1cm 比色杯进行比色。根据测得的吸光度查表（标准曲线）结果乘以 100（稀释倍数）即为发酵液中残糖的含量（mg/ml）。

（2）标准曲线的绘制　　准确称取烘干的精制山梨糖 1.0000g，于 100ml 容量瓶中，加水稀释至刻度。吸出 10ml 至 1000ml 容量瓶中，稀释至刻度，此时山梨糖浓度是 0.1mg/ml。再各取 10ml，30ml，50ml，70ml，90ml 于 100ml 容量瓶中，分别稀释至刻度，各取 1ml 于试管中，按上述方法操作，根据吸光度作一曲线。

（3）结果表示与计算

$$溶液吸光度\ A = C \times M + N$$

式中，C：溶液浓度；M，N：仪器所给出的曲线常数。

$$残糖浓度（mg/ml）= \frac{(A-N) \times 100}{M}。$$

4. 注意事项

1）发酵液要用细滤纸过滤所用吸管、试管、比色杯等都应是干燥洁净的加入蒽酮后放置 10min，时间不要过长也不要过短，以免结果偏高。

2）蒽酮是浓硫酸配制而成，在操作中严禁溅洒在外面或比色槽内。

（七）2- 酮基 -L- 古龙酸的分离提纯

1. 加热沉淀法

加热沉淀法是 2-KLG 分离提纯的传统工艺（图 7-3，a）。该方法能耗多，离子交换树脂容易污染，加热会破坏少量 2-KLG，因而生产成本较高。

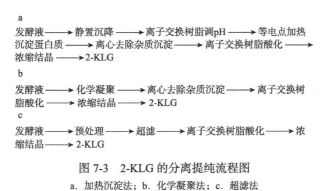

图 7-3　2-KLG 的分离提纯流程图

a. 加热沉淀法；b. 化学凝聚法；c. 超滤法

2. 化学凝聚法

同加热沉淀法相比，化学凝聚法（图 7-3，b）采用化学絮凝剂沉淀各种杂质，从而避免了前者能耗较多的问题。季光辉等（1997）研制的新型化学絮凝剂能使维生素 C 的总收率提高 2.5%。张秋荣等（1999）通过摸索絮凝处理的最佳条件，使 2-KLG 的提取收率比加热沉淀法高出 4.49%。但是发酵液经化学絮凝剂处理以后，离心所得的上清液中仍含有一定量的蛋白质等杂质，这些杂质可能影响 2-KLG 的质量。此外，该方法所使用的化学絮凝剂也可能对环境造成污染。

3. 超滤法

超滤法是一种新兴的膜处理技术（图7-3，c）。由于该方法在提高2-KLG收率、改善生产环境、减少离子交换树脂损耗、实现自动化连续化生产等方面具有明显优势，因此在2-KLG分离提纯中的应用日益广泛。1995年，我国的东北制药厂从丹麦引进了当时全国最大膜面积的平板超滤装置。采用这套设备后，2-KLG的分离提纯成本比原先的化学凝聚法节约了600万元，并且大大提高了2-KLG的收率和生产的自动化、连续化程度。但是超滤法也具有一定的缺陷。例如，设备一次性投资较大，超滤装置的通量、抗污染能力尚待提高等。目前，国内外学者正在探索反渗透、纳滤等新的超滤法工艺。除了上述3种分离提纯方法之外，离子交换、溶媒萃取等新的工艺方法也正在探索之中。

（八）2-酮基-L-古龙酸的化学转化

由于至今未能找到使葡萄糖直接发酵产生维生素C的微生物菌种，因此发酵产生的重要中间产物2-KLG必须通过化学方法转化成维生素C。根据所用化学试剂不同将化学转化方法分为酸转化法和碱转化法（图7-4）。由于前者所用的浓盐酸对设备腐蚀较严重，且易造成环境污染，因此逐渐为后者所取代。碱转化法的2-KLG转化率可达到92.6%，并且操作简便，对设备的腐蚀较轻，所以适于维生素C的规模化生产。

$$2\text{-KLG} \xrightarrow[\text{离子交换树脂}]{CH_3O} 2\text{-酮-古龙酸甲酯} \xrightarrow{CH_3O} \text{维生素C-钠} \xrightarrow{\text{离子交换树脂}} \text{维生素C}$$

图7-4　2-KLG的碱转化法

（九）2-KLG废液处理

二步发酵法发酵液经分离提纯后，仍含有大量的2-KLG。如果将其直接排放，不仅浪费了宝贵的2-KLG资源，而且会对环境造成严重污染。王辉等（1998）运用离子交换树脂处理废液，可大大降低其中的杂质（如色素）含量，从而从废液中再结晶出2-KLG合格产品。王燕等（1999）则对利用2-KLG废液生产草酸进行了小试和中试。因此，对2-KLG废液进行有效处理，不仅有利于环境保护，还能够生产出对人类有益的产品，节约了能源，提高了产业化生产力，具有重大意义。

第四篇　微生物制药

第8章　纳他霉素发酵

一、前言

纳他霉素（natamycin）是一种26元多烯大环内酯类抗生素，由纳塔尔链霉菌（*Streptomyces natalensis*）、查塔努加链霉菌（*Streptomyces chattanoogensis*）和褐黄孢链霉菌（*Streptomyces gilvosporeus*）等经发酵产生，是一种高效、广谱抗真菌剂，能有效抑制酵母菌和霉菌的生长，且具有毒性低、对产品口感特性无影响等特点。现已广泛应用于食品、医疗等领域。目前纳他霉素发酵的水平较低，导致成本高、应用前景受到限制，因此，研究纳他霉素发酵规律，指导和改进发酵工艺以提高纳他霉素发酵水平，具有巨大的社会效益和经济效益。

二、纳他霉素发酵概述

（一）纳他霉素发现及理化性质

1. 纳他霉素发现

Struyk 等（1955）从南非 Natal 州 Pietermarizburg 镇附近的土壤中分离得到纳塔尔链霉菌（*Streptomyces natalensis*），并从中提取出一种新的抗真菌药；Sturyk 等（1957）将其称为匹马菌素（pimaricin）；Bums 等（1959）在美国田纳西州查塔努加（Chattanooga）的土壤中分离得到查塔努加链霉菌（*Streptomyces chattanoogensis*），并从其培养物中分离出田纳西菌素（tennecetin）。此后研究证明匹马菌素和田纳西菌素是同一种物质，并被世界卫生组织（WHO）统一命名为纳他霉素。现在纳他霉素是由纳塔尔链霉菌和查塔努加链霉菌等链霉菌发酵，经生物技术精炼而成的新型生物防腐剂。

2. 纳他霉素理化性质

纳他霉素外观呈白色或奶油色，为无气味、无味道的白色结晶粉末，含有三分子以上的结晶水。纳他霉素属于多烯大环内酯类化合物，分子式为 $C_{33}H_{47}NO_{13}$，分子量为 665.73，其分子结构如图 8-1 所示。纳他霉素具有 26 个原子的内酯环，4 个共轭双键的多烯发色团，含有 1 分子氨基二脱氧甘露糖，但不含中性糖。

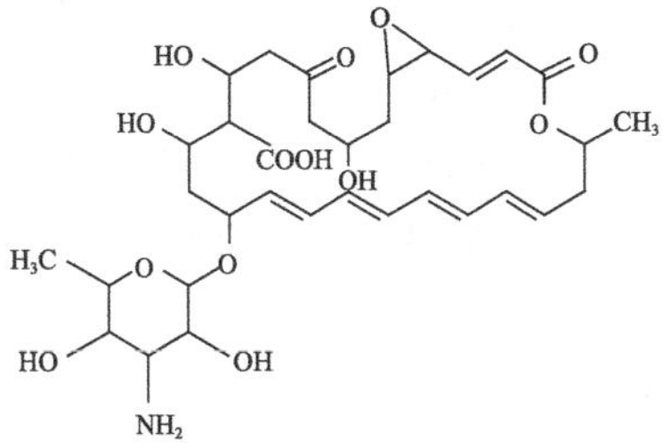

多烯大环内酯类抗生素的生物学和化学特点是能抑制

图 8-1　纳他霉素分子结构

或杀灭某些酵母、霉菌和丝状真菌，对细菌无作用；分子结构中有一系列共扼不饱和的碳双键，大多数为不稳定化合物，易为酸、碱所降解，易自氧化，光也能促进这种氧化作用；可通过与真菌细胞膜里的固醇类化合物相互作用，改变细胞的渗透性，从而抑制和杀灭被作用的真菌；多数易溶于吡啶和乙酸水溶液，可溶于二甲基甲酰胺；难溶于一般的有机溶媒，除极个别外，几乎不溶于水，但在含水低级醇里的溶解度较大；都具有极性特征的多烯发色团的紫外吸收光谱；当注射到动物体内时，呈现较强毒性，但口服由于吸收差，毒性较小。

　　纳他霉素是一种两性物质，分子中有一个碱性基团和一个酸性基团，熔点为280℃，等电点为6.5。纳他霉素在水中和极性有机溶剂中溶解度很低，不溶于非极性溶剂，溶于稀酸、冰醋酸及二甲基甲酰胺。常温下纳他霉素在几种溶剂中的溶解度情况见表8-1。

表 8-1　常温下纳他霉素在溶剂中的溶解度

溶剂	溶解度 / (g/100ml)	溶剂	溶解度 / (g/100ml)
水	0.005～0.01	乙醇：水（80：20）	0.07
丙二醇	1.4～2.0	丙三醇	1.5
乙醇	0.01	冰醋酸	18.5

　　纳他霉素在室温条件下活性稳定，50℃放置几天或经100℃短时处理，其活性几乎没有损失。120℃加热1h仍能保持部分活性。纳他霉素在 pH 3.0～9.0 具有活性，在 pH 5.0～7.0 活性最强。即使 pH 低于 3.0 或高于 9.0，活性损失也不会超过 30%。从图 8-2 可看出纳他霉素分解过程。

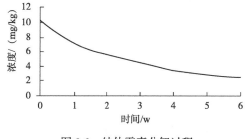

图 8-2　纳他霉素分解过程

　　因为纳他霉素的活性除了受 pH 和温度的影响外，还受光照强度、氧化剂及重金属的影响，所以产品应避免与氧化物和硫氢化合物等接触，同时应存放在玻璃、塑料或不锈钢容器中。

（二）纳他霉素生物合成途径

　　大环内酯类抗生素是以一个大环内酯为母体，经糖苷键和1～3分子糖连接的一类抗生素物质。根据大环内酯结构的不同，这类抗生素又分为3类，多氧大环内酯、多烯大环内酯和安莎大环内酯。1950年发现制霉菌素以来，已报道的多烯大环内酯抗生素有100余种，其分子结构是具有 26、28 元大环内酯，内酯环内含有数目不同的双键。该类抗生素分子中一般含有1分子的氨基糖，有的还含有对氨基苯乙酮或其衍生物。

　　大环内酯类抗生素合成过程中要经过一些后修饰，如羟基化、甲基化和糖基化等，这些后修饰基团都有着重要的生物学功能。其中，通过糖基化后修饰连接于内酯环上的糖基，特别是脱氧糖基，有参与靶位点的分子识别作用，是抗生素表现抗菌活性的必要组成成分。

　　纳他霉素属于多烯大环内酯抗生素，为次级代谢产物，其化学结构比较复杂，它的合成途径是典型的多烯大环内酯类抗生素生物合成途径，所需的前体物质也较多，合成代谢途径受到菌体的代谢调节。合成过程具体可分解为前体的生成（乙酰辅酶 A 和丙酰辅酶 A）、内酯大环的生物合成（多聚乙酰途径）和氨基糖的形成。

（三）纳他霉素应用及其特点

1. 纳他霉素应用

（1）食品行业　　如今，作为食品防腐剂的纳他霉素广泛应用于食品行业，如奶酪、烘焙食品、肉制品、果蔬汁、饮料和易发霉食品等。

纳他霉素对酵母菌、霉菌等真菌具有广谱抗性及无毒、高效、不致畸、不致敏、对人体无害无残留等特性，已被全球三十多个国家作为食品防腐剂批准使用。1997 年我国卫生部正式批准纳他霉素可作为食品防腐剂。纳他霉素成为我国批准使用的仅有的 2 种食品生物防腐剂之一（另一种是乳酸链球菌素，nisin）。而纳他霉素的抑真菌作用与乳酸链球菌素的革兰氏阳性细菌的抗性刚好互补。

纳他霉素对几乎所有的霉菌和酵母菌都具有极强的抑制力，但对细菌、病毒等其他微生物则无效，因而可将纳他霉素直接添加到酸奶等发酵制品中，保证产品的质量。

（2）其他领域　　纳他霉素除在食品和医药中的应用外，还可应用于日化、饲料、畜牧和农业等领域。在日化上用在消毒、洗发香波、浴液等；在饲料上可作饲料防霉剂、防病剂和促生长剂；在畜牧上可用于牛、羊、马洗液，防止真菌病，也可以用在宠物上；在农业上可作为绿色农药，应用在植物组织培养中防止霉菌污染，也可用在蘑菇栽培上，提高蘑菇的产量和质量。

随着人们对纳他霉素的深入研究，它将在更多的领域发挥作用。

2. 纳他霉素应用特点

纳他霉素较山梨酸盐相比有如下应用特点。

（1）无特殊感观形状　　纳他霉素是白色、无气无味的粉状物，对食品的口感特性无任何影响。当应用于食品表面时，只停留在表面上，抑制容易生长在表面的霉菌和酵母菌。山梨酸盐具有强烈的苦味和一种柴油味，因受 pH 的制约其添加量一般大于 500mg/kg，从而影响制品的口感和风味。另外山梨酸盐使用时会转移到食品内部，降低其在表面的浓度，使已抑制的酵母菌和霉菌重新生长。

（2）适用的 pH 范围广　　纳他霉素在 pH 3.0～9.0 中具有活性，其适用 pH 范围更宽。山梨酸钾属于酸性防腐剂，适宜在 pH 5.0～6.0 范围内使用，其防腐效果随着 pH 升高而降低。

（3）低剂量、高效率　　纳他霉素对真菌极为敏感，使用微量即可发挥作用。较山梨酸钾的最小抑菌浓度值（MIC）可以看出，纳他霉素的最低抑菌浓度为 1～10μg/ml，而山梨酸钾为 500μg/ml（见表 8-2），也就是说纳他霉素对霉菌和酵母菌的抑菌作用比山梨酸钾强 50 倍以上。

表 8-2　纳他霉素、山梨酸钾对食品中霉菌、酵母菌 MIC 比较　　（单位：mg/ml）

霉菌、酵母菌	纳他霉素		山梨酸钾	
	琼脂	肉汤	琼脂	肉汤
犁头霉菌	5	25	500	500
链格孢	5	10	500	500
黑曲霉	5	5	1000	500

续表

霉菌、酵母菌	纳他霉素		山梨酸钾	
	琼脂	肉汤	琼脂	肉汤
灰葡萄孢	1	1	500	100
镰刀菌	10	10	500	100
大毛霉	5	5	500	100
指状青霉	5	5	500	100
青霉菌	5	1	500	500
根霉菌	5	5	500	500
细小红色根隐球酵母	5	5	500	500
酿酒酵母	5	5	500	500
麦角菌	1	5	500	100
多孢子菌	10	5	500	500

（4）专一性好　　纳他霉素对细菌没有作用，可直接添加到酸奶等发酵制品中，只抑制其中的霉菌和酵母菌，却不作用于酸奶中的细菌（双歧杆菌）。另外，纳他霉素可以抑制真菌毒素的产生，而其他的防腐剂则不具有这些功能。

（5）安全性高　　纳他霉素难溶于水与油脂，大部分摄入的纳他霉素都会随粪便排出，很难被消化吸收。研究表明纳他霉素的急性毒性和慢性毒性对人体器官没有明显影响，不产生伤害。因此，它是一种高效、安全的新型生物防腐剂。

（四）纳他霉素抑菌机制

纳他霉素是一种高效、广谱抗真菌试剂，能有效抑制和杀死霉菌、酵母、丝状真菌，但对细菌、病毒以及其他微生物没有活性。它含 26 个 C 原子多烯，多烯是一平面大环内酯环状结构，能与甾醇化合物相互作用且具有高度亲和性，对真菌有抑制活性。

纳他霉素分子的疏水部分即大环内酯双键部分以范德瓦耳斯力和整个甾醇分子结合，形成抗生素－甾醇复合物，破坏细胞质膜的渗透性；分子亲水部分即大环内酯的多醇部分则在膜上形成水孔，损伤膜的通透性，从而引起细胞内氨基酸、电解质等重要物质渗出而死亡。由于细菌细胞壁和细胞膜不存在这些甾醇化合物，所以纳他霉素对细菌没有作用。

（五）纳他霉素发酵工艺

1. 纳他霉素产生菌

纳他霉素产生菌多为链霉菌。链霉菌的基内菌丝体通常发育良好，多分枝，无隔膜而连贯；气生菌丝丰茂，通常较基内菌丝粗，颜色较深。当菌丝逐步成熟时，大部分气生菌丝分化成孢子丝，产生呈长链的孢子。孢子为外鞘所包，鞘表面平滑或带各种装饰物，在电子显微镜下表现为双短杆镶嵌，有鳞片或形状和大小不同的突起、刺或毛发等。孢子的分裂方式也有差异，有的横隔中央平切，有的两端浑圆。

目前纳他霉素的生产菌种主要有纳塔尔链霉菌（*Streptomyces natalensis*）、查塔努加链霉菌（*Streptomyces chatanoogensis*）和褐黄孢链霉菌（*Streptomyces gilvosporeus*）。

2. 发酵原料

发酵采用的原材料主要为葡萄糖、大豆蛋白抽提物、酵母抽提物。原材料的质量标准为通用发酵用（药用）标准。原材料的产地和质量对发酵产量有较大影响，因此原材料的确定除了其他化验指标外，摇瓶试验结果是极为重要的依据。

3. 发酵条件对纳他霉素生物合成的影响

（1）培养基的碳氮比　　在发酵过程中，培养液中各成分的浓度和类型都会影响纳他霉素的生物合成。其中碳氮比是一个关键因素，氮源能促进菌体的生长繁殖，同时要在发酵中流加补充适当碳源，合适的碳氮比可使菌体处于产纳他霉素的最佳状态。

发酵罐放大培养的总发酵周期一般为 250h，在好氧条件下，搅拌速度在不同时期有所不同。在发酵的第一阶段的搅拌速度是 500r/min，到发酵第二阶段，由于产物及代谢物的积累，产物的产生速率有所下降，故应适当增加搅拌速度以保持发酵罐内足够的溶解氧水平。同时还要持续地抽去发酵罐中的旧培养液，并以与之相同的速率向发酵罐中添加新培养液，这样就能有效地避免有害代谢物在发酵罐中过度积累，并能及时地补充新鲜的营养成分。另外，在发酵的中后期，添加的新鲜培养液各营养成分的浓度应该比原来的培养液有所增加，这样才会比较有利于产物的生成，从而进一步提高产量。

（2）pH　　pH 对纳他霉素抗真菌活性影响不大，纳他霉素在 pH 3～9 都具有活性，在 pH 5～7 时活性最强。pH 高于 9 或低于 3 时，其生物活性的损失也不会超过 30%。在极端 pH 条件下会迅速失活，分解成各种产物。在低 pH 条件下的分解产物主要是海藻糖胺；在高 pH 条件下，如 pH 12 时，由于内酯皂化可以形成纳他霉酸，强碱进一步处理会造成分子破裂。在大部分食品 pH 范围内纳他霉素十分稳定。

（3）温度　　纳他霉素具有一定的耐热性，在干粉状态下能耐受短暂 100℃高温处理，甚至 120℃加热不超过 1h，纳他霉素仍能保持部分活性。在中性水溶液中，温度对纳他霉素活性的影响甚微，50℃条件下放置几天，活性不减。在 100℃条件下，纳他霉素在中性水溶液中能稳定 3h，酸性水溶液中能稳定 1h。

（4）光照　　纳他霉素的环状结构在紫外线下易分解，失去四烯结构。另外，γ 射线也能使纳他霉素分解，在保存时应避光。

（5）氧化剂　　纳他霉素保存时不宜接触氧化性物质，如过氧化氢、漂白粉、硫氢化合物等，这些氧化剂能使纳他霉素的抗真菌活性受到很大影响。可以通过添加抗氧化剂，如抗坏血酸、叶绿素、丁基甲苯、丁基羟基茴香醚等，来保持抗真菌活性。

4. 国内外发酵法生产纳他霉素的概况

国内，1995～2003 年北京市营养源研究所真菌工程高技术实验室与天津大学完成了纳他霉素的菌种选育、提取工艺、分析检测、应用实验方面的研究。1995 年在杜连祥教授支持下，北京市营养源研究所真菌工程高技术实验室承担了北京市自然科学基金项目"生物食品防腐剂——Natamycin 产生菌选育和研究"并获得 5 株产生纳他霉素的链霉菌；1997 年在实验室水平上研究了发酵工艺条件，探索了提取工艺，建立了生物检测方法和 HPLC 分析方法，摇瓶发酵水平达到了 2g/L；2000 年从菌种纯化、选育、生物合成代谢调控发酵方面进行研究，5L 发酵罐生产水平达到 3g/L 发酵液，之后进行了进一步深入的科研工作。2001 年 9 月，北京市营养源研究所和天津轻工业学院共同与北京市东方瑞德生物技术有限公司签订前期实验室技术资料和菌种独家转让合同，由瑞德公司进行工业化生产开发；2002 年 12 月该公司产品开发成功，产品质量达到欧洲标准，批量出口国外。其他生产纳他霉素的厂家还有上海奇泓生物科技有限公司、浙江银象生物工程有限公司。

国际上，Cyanamid（1960）报道了发酵生产纳他霉素的传统方法，但之后的相关报道比较少，直到 20 世纪 90 年代，有关纳他霉素的生产研究才重新受到关注。M.A. 艾森申克（1993）申请的专利 CN1071460A 报道了发酵法生产纳他霉素的种菌培养和繁殖方法。专利CN1072959A 报道了通过控制发酵培养基的 pH 可以提高纳他霉素的生产速率。在纳他霉素的发酵主阶段即抗生素生产阶段，向发酵液中加入适宜的 pH 控制剂以控制发酵液 pH，使其维持在 5.9～6.1，可提高纳他霉素生产速率和产率，一般生产时间可以减少 20%～60%，产量可达 5g/L。Eisenschink Michael Allen 等（1994）的专利报道了流加碳、氮源进行纳他霉素发酵的过程，纳他霉素的产量可达 5g/L 以上。Enshasy HA，Farid MA 等（2000）报道了接种物类型和培养条件对纳塔尔链霉菌产生纳他霉素的影响。指出用孢子悬液而不用营养细胞进行菌种繁殖，并要求用于接种的孢子浓度为 10^8 个 /ml，培养条件主要研究了溶解氧水平对发酵的影响。同年，他们报道了通过最佳碳、氮源的选择及其比例的优化，使得纳他霉素的产量提高 1.5g/L。生产该产品的公司有丹麦丹尼斯克（DANISCO）公司，荷兰帝斯曼（DSM）公司，美国 Cyanamid 公司（2000 年 7 月被 BASF 收购），西班牙 Vgp Pharmachem 公司。目前，国外纳他霉素的工业发酵产量已经可以稳定在 7g/L 以上，最高能达到 10g/L。

（六）纳他霉素产生菌选育

纳他霉素产生菌自身特性决定了在既定的培养条件下其生产能力是有限的。由于生产技术和生产条件的限制，要改变纳他霉素产生菌株的生产水平，通过菌种选育方法进行菌种改良是一种经济有效的方法。常用的育种方法为诱变育种，而应用基因重组技术构建抗生素产生菌和以基因组重排为理论基础的杂交育种，也是大幅度提高抗生素生产水平的重要手段。

1. 诱变育种

利用理化因子［物理因子如 UV 诱变、γ 射线处理等，化学因子如 Co、LiCl、二乙基己烯雌酚（DES）处理等］对生产菌株进行诱变，从各种基因突变株中筛选有利突变的诱变育种是一种很有效的育种方法。

2. 基因组重排育种

基因组重排育种是采用循环原生质体融合（recursive protoplast fusion）方法进行的。无须了解微生物代谢途径、编码生物合成酶的基因以及基因表达调控的背景，因此尤其适用于微生物次级代谢产物产生菌的遗传改造。

3. 基因工程育种

基因工程育种的特点是人们在很大程度上可以按预定的方向进行育种，效率高，且目标明确，因此又被称为定位育种（site-directed breeding）技术，可在一定范围内克服传统育种技术的盲目性和随机性。利用基因工程的方法使聚酮化合物可以在大肠杆菌中合成。但是人们对纳他霉素生物合成途径的了解还不像红霉素那么清楚，有些合成基因功能还不是很明确。但是随着对纳他霉素生物合成基因簇认识的加深，将有助于推动基因工程育种技术提高纳他霉素的生物合成能力。

4. 高温驯化育种

高温驯化育种一方面可以增强被驯化菌株的环境适应能力，不易被污染，节约能源；另一方面可以选育到发酵性能稳定，产量高的菌株。因此是一种非常经济有效的育种方式。

（七）纳他霉素分析方法

目前纳他霉素的分析方法主要有紫外分光光度法、比色分析法、元素分析法、微生物分析法、高效液相色谱法、滴定分析法和电泳分析法。由于纳他霉素的分析干扰因素较多，各种方法各有优缺点。

1. 紫外分光光度法

采用紫外分光光度法，在 303nm 处可以测定纳他霉素的含量，称为一点法，但该方法不能精确定量纳他霉素的生物活性。依据在 303nm 的最大吸收值，以及在 295nm 和 311nm 的吸收值，可以测定纳他霉素的含量，该法称为基线法，基线吸收可用下式计算。

$$基线吸收 = \frac{A_{303nm} - (A_{295nm} + A_{311nm})}{2}。$$

2. 比色分析法

纳他霉素在强盐酸作用下瞬间显示蓝色，自身形成阳离子。在水浴中，4 倍体积的甲醇（含 30～90μg/ml 的纳他霉素）中加入 10 倍体积的含 20% 乙醇的盐酸，13～15min 后，在 635nm 处测定其吸收。这种蓝色不遵守比尔定律，一定量的酸和纳他霉素的碱降解产物不会干扰测定结果。

更敏感的测定（4～20μg/ml 纳他霉素）是基于纳他霉素在氨基苯乙酮存在下，碱水解产物形成一种红色的发色团，但是糖和纳他霉素的碱分解产物会干扰测定结果。

3. 元素分析法

元素分析法是研究有机化合物中元素组成的化学分析方法，分为定性、定量两种，能够鉴定有机化合物中含有哪些元素和其百分含量。采用元素分析法，由于干扰组分的存在（如灰分、不纯有机物、溶剂的结晶），使实验数据与理论组分间产生不一致性。有的实验值和理论值间相符得很好，有时误差却较大。

4. 微生物分析法

纳他霉素的微生物分析是利用酵母菌 ATCC 9763 作为测试微生物，用琼脂扩散法分析。这个方法利用抗生素抑制敏感菌的特点，符合临床使用的实际情况，而且灵敏度高，不需特殊设备，因此被国际公认。

这种方法被推荐用于溶液、浸出物、制剂或生物材料中纳他霉素的测定，琼脂扩散法的敏感性接近 0.5μg/ml 溶液。

5. 高效液相色谱法（HPLC）

HPLC 已被用于鉴定奶酪浸出物中的纳他霉素，在 303nm 处，测量限是 20μg/L。由于 HPLC 比紫外分光光度法具有更大的可选择性，因此，它是一种分析部分降解样品、医疗试剂或生物材料的有用方法。

纳他霉素定量测定的干扰因素较多，各种方法也各有其优缺点。微生物分析法对环境因素（温度、无菌条件等）、材料因素（菌种、培养基等）和操作技术要求较高，测试过程较繁杂，并且在发酵异常时误差很大；紫外分光光度法多作为常规对照，若用于定量分析，则对条件要求较高；而高效液相色谱法测定的结果较为精确，适用于食品中纳他霉素残留量及高纯度纳他霉素产品的检测分析。

（八）纳他霉素分离与精制

纳他霉素不溶于水，因此它在发酵液中呈晶体状。纳他霉素晶体有针形、圆盘形等，它们都是在发酵过程中形成，直径一般在 0.5～20μm。最初人们利用水溶性或者部分水溶性的溶剂来萃取纳他霉素。Maldonado 等（2005）将经过过滤的发酵液经真空浓缩或用丁醇萃取粗抗生素混合物，从中分离到纳他霉素。这些方法都需要在预处理时先去除一部分水分，而且使用了大量的有机溶剂，因此增加了提取的成本和环境的污染。另外纳他霉素容易部分酸解，影响回收率。常见的纳他霉素分离工艺通常有以下三种。

1. 甲醇法

在含有纳他霉素的发酵液中加入一定量的甲醇（该发酵液的纳他霉素浓度最好大于 2g/L），保持混合液的温度在 −20℃ 到 0℃ 之间；在上述温度条件下加入酸，调整混合液的 pH 到 1.0～4.5，放置 0.5～30h；移除混合液中的固体，收集富含纳他霉素的甲醇液；调整甲醇液 pH 到 6.0～9.0，分离析出纳他霉素。

2. 异丙醇法

在含有纳他霉素的发酵液中加入一定量的异丙醇，加入碱，调整发酵液的 pH，使之大于 10；移除发酵液中的固体，收集异丙醇液，调整异丙醇液的 pH 到 5.5～7.5；分离析出纳他霉素。

3. 菌丝破碎法

破碎收获产物（大多为生长菌的菌丝），从体系中分离出纳他霉素。

三种方法基本上都能应用于大规模生产中，但各有优缺点。甲醇法试剂较廉价，但纳他霉素在酸性环境下很容易失活，并且甲醇有毒性；异丙醇法过程与甲醇法相当，分离出产物也很稳定，但试剂较贵；菌丝破碎法过程简单，只需要两步，但需要使用重力梯度离心机，一次性投入较大。

三、纳他霉素发酵

（一）菌种保存

1. 原理

微生物生长代谢培养基中需要一定的碳、氮源及生长因子等成分，制备出菌种需要的培养基灭菌备用。

2. 仪器与材料

（1）菌株　　纳他霉素产生菌：褐黄孢链霉菌（*Streptomyces gilvosporeus*）ATCC 13326。

（2）培养基

1）平板培养基（100ml）：蛋白胨 0.05g，麦芽抽提物 0.3g，酵母抽提物 0.3g，葡萄糖 1.0g，琼脂 2.0g，pH 7.0。

2）斜面培养基（100ml）：同平板培养基。

3）种子培养基（100ml）：蛋白胨 0.6g，玉米浆 0.6g，葡萄糖 2.0g，NaCl 1.0g，pH 7.0。

4）发酵培养基（100ml）：可溶性淀粉 4.0g，黄豆饼粉 0.5g，酵母粉 0.5g，蛋白胨 0.5g，葡萄糖 3.0g，NaCl 0.2g，$CaCO_3$ 0.5g，pH 7.6。

3. 步骤

本实验中采用的菌种保存方法主要有以下三种。

（1）斜面低温保存法　菌种斜面培养基上培养成熟后，移入 4℃ 低温下保藏。这是抗生素生产上常用的菌种保存方法，但是保存时间相对较短，一般为 2～3 个月，然后转接。而对于 *S. gilvosporeus* 来说保存时间仅为 3～4w，所以一般不采用斜面低温保存法来保存菌种，只须常备有新鲜的斜面以备使用。

（2）甘油管保存法　又可以分为孢子悬液甘油管和种子液甘油管两种保存方法。这是在实验中最常使用的保存方法，用 10% 甘油将孢子悬液或 20% 甘油将种子培养液冷冻于 −20℃ 以下的低温冰箱内保存。这种方法的优点为简单，快捷，便于操作，对实验设备要求低。菌种保存时间一般为半年左右。

（3）冻结真空干燥保存法（又称冻干法）　一般选用的保护剂为脱脂牛奶，灭菌制成。将生长良好的斜面直接加入适量保护剂制成菌悬液，菌悬液中细胞数目以 $10^8 \sim 10^{10}$ 个 /ml 为宜，装入量不超过安瓿管的一半。然后冷冻，抽真空，封口，最后置于低温冰箱中保存。这种方法的优点是菌种密封安瓿管中，体积小，便于大量保存，也可避免污染。与定期移植等保存法比较，菌种保存时间长，可达数年或十几年，也相对减少因经常移植引起变异。低温、干燥和隔绝空气是保存菌种的重要因素，冻干法保存微生物同时具备这些因素，因而使它们的代谢处于相对静止状态，得以存活较长时间。

（二）纳他霉素生产菌菌种选育

1. 原理

菌种选育在抗生素发酵中的地位十分重要，提高抗生素产量和质量的关键就在于不断地进行菌种选育，对发酵和提纯工艺进行改造和优化这 3 个方面，其中菌种选育的作用是最主要、最根本的。抗生素的产量、质量及抗菌性能主要由菌种特性所决定。

菌种选育可分为以微生物诱发突变为理论基础的诱变育种和以基因重组为理论基础的杂交育种。经典的诱变育种技术包括物理因子，如 UV 诱变、磁场处理、γ 射线处理、高温和激光处理等；化学因子如 Co、LiCl、亚硝基胍（NTG）处理等。使用经典的诱变育种方法存在着很大的盲目性，育种周期长，工作量大，获得所需突变株的几率较小。

从 20 世纪 50 年代末开始，在经典育种的基础上根据微生物遗传和代谢调节机理发展了一种新的育种技术，从而可以实现人为的定向控制育种，展示了工业微生物育种极为光明的前景。在诱变育种中，诱变是不定向的，但筛选是定向的，可以在特定的培养基和培养条件下进行。而这种技术的核心正是将不定向变异得到的突变株在定向培养条件下进行筛选。诱变选育所得的大多数突变株产量提高的主要原因可能是突变株的反馈调节作用有所解除或减轻，如高产青霉素突变株的乙酰羟酸合成酶对缬氨酸反馈抑制的敏感性比其母株明显降低。根据抗生素的生物合成途径及遗传控制和代谢调节理论，已经建立起了一整套有效的方法和理论，可以用于指导有目的地诱变筛选代谢调节突变型。

2. 仪器与材料

（1）仪器　全温培养箱、三角瓶、接种铲、培养皿、高效液相色谱仪等。

（2）菌株　纳他霉素产生菌：褐黄孢链霉菌（*Streptomyces gilvosporeus*）ATCC 13326。

（3）试剂　乙酸钠、丙酸钠、硫酸链霉素等。

（4）培养基

1）平板培养基（100ml）：蛋白胨 0.05g，麦芽抽提物 0.3g，酵母抽提物 0.3g，葡萄糖 1.0g，琼脂 2.0g，pH 7.0。

2）斜面培养基（100ml）：同平板培养基。

3）种子培养基（100ml）：蛋白胨 0.6g，玉米浆 0.6g，葡萄糖 2.0g，NaCl 1.0g，pH 7.0。

4）发酵培养基（100ml）：可溶性淀粉 4.0g，黄豆饼粉 0.5g，酵母粉 0.5g，蛋白胨 0.5g，葡萄糖 3.0g，NaCl 0.2g，CaCO$_3$ 0.5g，pH 7.6。

3. 步骤

（1）培养

1）斜面培养。置于 28 ℃ 的培养箱中，相对湿度 40%～60%，培养 8～11d，依菌落生长情况而定。

2）分离平板培养。与斜面培养条件相同。

3）种子培养。可用新鲜斜面、甘油管保存的孢子悬液或种子液适量接入母瓶，母瓶装液量为 25ml/250ml 三角瓶或 80ml/500ml 三角瓶，摇床转速 220r/min，培养温度 28℃，培养时间 48h。

4）发酵培养。将种子液按 10% 的接种量接入发酵瓶中，发酵瓶装液量为 25ml/250ml 三角瓶，摇床转速 220r/min，培养温度 28℃，培养时间 48h。

（2）菌种诱变处理

1）单孢子悬浮液的制备。取培养成熟的新鲜斜面，加入无菌水，用接种铲刮下孢子，用玻璃珠将孢子打散后，再用滤纸过滤，即得到单孢子悬浮液。

2）菌种的诱变处理。利用物理诱变剂紫外线（UV）进行诱变。取 10ml 单孢子悬液于带磁棒的 90mm 培养皿中，在磁力搅拌下进行紫外线照射。诱变条件：20cm、15W、254nm 紫外灯照射。

3）紫外诱变的致死率测定。取 5ml 孢子悬浮液于无菌平板中，置于紫外灯下开盖振荡照射，时间分别是 10s，20s，40s，60s，80s，然后分别稀释涂布平板。待菌落培养成熟后，根据稀释倍数，计算平板菌落数，以未经诱变的平板菌落数作为对照，比较紫外诱变时间对纳他霉菌产生菌致死率的影响。

（3）抗性突变株的筛选　　根据纳他霉素的生物合成途径及文献报道，选择乙酸钠、丙酸钠及硫酸链霉素作为抗性筛选剂（图 8-3）。

1）抗性平板培养基制备。溶解有一定量抗性筛选剂的水溶液，经 0.22μm 的滤膜过滤后，加 100μl 到灭菌的平板培养基中，混合均匀，配成一定浓度的含抗性筛选剂的培养基，作为上层培养基备用。用不含抗性筛选剂的平板培养基作为下层培养基，倒平板（约 20ml），待平板冷却凝结后，再倒入含有抗性筛选剂的上层培养基（约 5ml），制成含抗性筛选剂的分离平板。

2）抗性筛选剂对褐黄孢链霉菌菌株最小抑制浓度的测定。将未经紫外线照射的单孢子

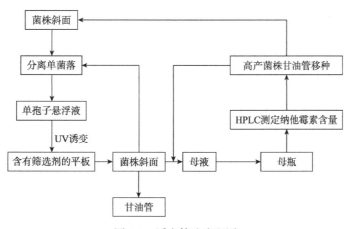

图 8-3　诱变筛选流程图

悬浮液分别涂布于含不同浓度抗性筛选剂的分离平板上，28℃培养，观察不同平板上菌落的生长情况，记录未长菌落的抗性筛选剂最低作用浓度，即为该筛选剂对此菌的最小抑制浓度（MIC）。

3）抗性突变株的分离。将紫外线处理后的单孢子悬液适当稀释后涂布到分别含最小抑制浓度的乙酸钠、丙酸钠、硫酸链霉素的分离平板上，28℃培养，生长出的菌落即为抗性突变株。待平板上菌落成熟后挑取若干株移种到斜面上，斜面上单菌落培养成熟后，经摇瓶发酵培养，测定纳他霉素的效价，并挑选高产量的菌株制作成甘油管保存，同时进行复筛。

（三）5L 发酵罐纳他霉素发酵

1. 原理

菌株的高产特性不仅由其遗传特性决定，而且也由其所处的外界环境条件决定，发酵法生产抗生素的产量除了受生产菌种的影响外，培养基的组成和培养条件对抗生素产量的影响也很大。本实验采取 2 种发酵方式：分批发酵与补料分批发酵。分批发酵是指在一封闭培养系统内具有初始限制量基质的一种发酵方式。补料分批发酵（fed-batch fermentation）也叫半连续发酵、半连续培养、流加发酵，它是以分批培养为基础，间歇或连续地补加新鲜培养基的一种发酵方法。

补料分批发酵使发酵系统中维持很低的基质浓度。低基质浓度具有以下几方面优点：①可以除去快速利用碳源的阻遏效应，并维持适当的菌体浓度，不至于加剧供氧矛盾；②避免在培养基中积累有毒代谢物，即代谢阻遏；③不需要严格的无菌条件，也不会产生菌种老化和变异等问题。

2. 仪器与材料

（1）仪器　　KF-5L 发酵罐、三角瓶等。

（2）材料

1）选育出的褐黄孢链霉菌（*S. gilvosporeus*）菌株。

2）种子培养基（100ml）：淀粉 1.0g，葡萄糖 1.0g，黄豆饼粉 1.0g，酪蛋白胨 0.6g，玉米浆 0.6g，七水硫酸镁 0.1g，磷酸二氢钾 0.05g，氯化钠 0.2g，碳酸钙 0.5g，pH 7.0。

3）发酵培养基（100ml）：葡萄糖 2.0g，淀粉 5.0g，黄豆饼粉 2.0g，酵母抽提物 0.5g，酪蛋白胨 0.8g，七水硫酸镁 0.1g，磷酸二氢钾 0.05g，氯化钠 0.2g，碳酸钙 0.3g，pH 7.0。

3．步骤

（1）种子培养　　用高产菌株成熟而新鲜的斜面挖块接种到种瓶中，种瓶装量为 80ml/500ml。培养 48h 后接种到发酵罐中发酵。种瓶的培养温度为 28℃，摇床转速为 220r/min。

（2）KF-5L 发酵罐发酵

1）分批发酵。根据摇瓶发酵的研究结果，在 KF-5L 发酵罐中各过程参数控制设定值为：培养温度：28℃；罐压：0.01MPa；通气量：3L/min；装量：3L/5L；接种量：10%；溶解氧与转速：起始转速为 200r/min，当溶解氧下降至 40% 以下时，增加转速，培养后期转速达到 600r/min；发酵周期：96h。

2）补料分批发酵。在 KF-5L 全自动发酵罐中各过程参数控制设定值为：培养温度：28℃；罐压：0.01MPa；通气量：3L/min；装量：3L/5L；接种量：10%；溶解氧与转速：起始转速为 200r/min，当溶解氧下降至 40% 以下时，增加转速，培养后期转速达到 600r/min；发酵培养基中初始葡萄糖浓度为 4.0%，不含淀粉，补加碳源选择 50% 的葡萄糖，在还原糖降至 2.0% 以下时开始补糖，维持发酵液中葡萄糖浓度约为 2.0g/ml，使菌体生长速率基本保持不变，以促进纳他霉素大量合成；发酵周期：96h。

（四）纳他霉素高效液相色谱法测定

1．原理

高效液相色谱法（high performance liquid chromatography，HPLC），是一种快速、高效、精确的定量分离分析方法，可用于高沸点、不能气化、热不稳定的以及具有生理活性的物质的分析。由于高效液相色谱分析法具有上述各种特点，20 世纪 70 年代以来它得到了迅速的发展。目前它主要应用在生物化学分析、药物分析、多环芳烃分析、除莠剂和杀虫剂分析等方面。高效液相色谱分析方法是根据样品中各组分之间带电性、极性、疏水性、分子大小、等电点、亲和性、螯合性等理化性质的差异对样品进行分离。

2．仪器与材料

（1）仪器　　分光光度计、高效液相色谱仪、pH 计、电子天平、0.22μm 微孔滤膜、台式离心机等。

（2）材料　　纳他霉素对照品（纯度为 95% 以上）、纳化霉素发酵液、甲醇、异丙醇、冰醋酸、超纯水等。

3．步骤

（1）试样溶液的配制　　取 1ml 纳他霉素发酵液，加入 8ml 甲醇，充分振荡后，4000r/min 离心 20min 除去链霉菌菌丝体，取上清液用 0.22μm 微孔滤膜过滤，即得到待测试样溶液。

（2）色谱分析条件　　色谱柱：Hypersil BDS C18（5μm，4.6mm×200mm）；流动相：甲醇：超纯水：冰醋酸 = 60：40：5（体积比）；流速：1.00ml/min；检测器：紫外分光光度计，波长 302nm；进样量：10μl；灵敏度：0.02AUFS；柱温：室温。

（3）标准溶液的配制　　精确称取 125.00mg 的纳他霉素对照品，用甲醇溶解，定容至 250ml，配成浓度为 500mg/L 的纳他霉素贮备液（4℃避光保存，2w 后使用）。临用时用甲醇稀释到所需浓度即得纳他霉素标准溶液，经 0.22μm 微孔滤膜过滤后，滤液用于 HPLC 测定。

（4）标准曲线的绘制　　用甲醇将纳他霉素对照储备液分别稀释为 50.0mg/L，100.0mg/L，150.0mg/L，200.0mg/L，250.0mg/L 和 300.0mg/L，在上述优化的色谱条件下进样 10μl 测定，以浓度为横坐标，峰面积为纵坐标作标准曲线。

（五）发酵过程参数检测

1. 原理

发酵过程是通过各种参数的检测，对生产过程进行定性和定量的描述，以期达到对发酵过程进行有效控制的目的。需对 pH，溶解氧（DO），还原糖含量，菌体干重，氨基氮含量进行测定。

2. 仪器及材料

（1）仪器　　分光光度计、培养箱、摇床、发酵罐、离心扣、烘箱、三角瓶、滴定管、培养皿等。

（2）试剂　　DNS 试剂（7.5g 3,5- 二硝基水杨酸和 14.0g NaOH 充分溶解在 1000ml 水中，加入 216.0g 酒石酸钾钠，5.6ml 预先在 50℃水浴中溶化的苯酚和 6.0g 偏重亚硫酸钠，充分溶解后盛于棕色瓶中，放置 5d 后使用）、葡萄糖、0.6mol/L HCl、1% 酚酞指示剂、0.1% 甲基红指示剂、0.028 58mol/L NaOH、18% 中性甲醛、0.6mol/L H_2SO_4、碘化钾等。

（3）菌株　　采用选育出的黄褐孢链霉菌（*S. gilvosporeus*）菌株。

（4）培养基

1）平板培养基（100ml）：蛋白胨 0.05g，麦芽抽提物 0.3g，酵母抽提物 0.3g，葡萄糖 1.0g，琼脂 2.0g，pH 7.0。

2）斜面培养基（100ml）：同平板培养基。

3）种子培养基（100ml）：蛋白胨 0.6g，玉米浆 0.6g，葡萄糖 2.0g，NaCl 1.0g，pH 7.0。

3. 步骤

（1）培养

1）斜面培养。置于 28℃的培养箱中，相对湿度 40%～60%，培养 8～11d，依菌落生长情况而定。

2）分离平板培养。与斜面培养条件相同。

3）种子培养。可用新鲜斜面、甘油管保存的孢子悬液或种子液适量接入母瓶，母瓶装液量为 25ml/250ml 三角瓶或 80ml/500ml 三角瓶，摇床转速 220r/min，培养温度 28℃，培养时间 48h。

4）发酵培养。将种子液按 10% 的接种量接入发酵瓶中，发酵瓶装液量为 25ml/250ml 三角瓶，摇床转速 220r/min，培养温度 28℃，培养时间 48h。

（2）参数测定

1）pH 和溶解氧（DO）由发酵罐自带的 pH 电极和溶解氧电极测定。

2）还原糖含量测定。培养基中所含的葡萄糖浓度，采用 DNS 法测定。

a. 标准曲线的绘制。配制浓度为 0.1g/L，0.2g/L，0.3g/L，0.4g/L，0.5g/L，0.6g/L，0.7g/L，0.8g/L，0.9g/L，1.0g/L 的标准葡萄糖溶液。在试管中加入 1ml 标准葡萄糖溶液，3ml DNS 试剂，

沸水浴 5min，冷却至室温后，加水至 25ml，摇匀。以水为空白测 540nm 处的吸光度。以浓度对 A_{540nm} 作标准曲线。

b. 样品的测定。取离心并适当稀释后的样品 1ml，加 3ml DNS 试剂，沸水浴 5min，冷却至室温后，加水至 25ml，摇匀。以水为空白测 540nm 处的吸光度。根据标准曲线计算出其浓度，再乘以稀释倍数，就得到样品中的糖浓度。

3）菌体干重测定。取 10ml 发酵液于一预先称重的离心管中，4000r/min 离心 15min，弃上清液，再加入 10ml 去离子水洗涤沉淀两次，离心弃上清后将下层沉淀放在 80℃的烘箱内烘至恒重，再减去离心管重即为菌体干重。

4）总糖含量测定。培养基中所含的总糖浓度，采用 3,5- 二硝基水杨酸比色定糖法测定。将 5ml 发酵液离心（4000r/min，20min），取 1ml 上清液于 25ml 具塞试管，加入 5～10ml 6mol/L HCl，并在沸水浴中加热 15～30min，取出 1～2 滴置于白瓷盘上，加 1 滴碘化钾溶液检查水解是否完全。如已水解完全，则不呈现蓝色。冷却后转移至三角烧瓶，加入 1 滴酚酞试剂，以氢氧化钠溶液中和至溶液呈微红色，过滤并定容到 100ml（或 50ml，25ml）。然后按照 DNS 法测量其还原糖量，再乘以稀释倍数 100（或 50，25）即为发酵液试样中的总糖含量。由于 DNS 法只能测定还原糖的含量，因此测总糖量时先降解其中的非还原糖（主要是淀粉），然后再用 DNS 法测其糖量，测出糖量折算成葡萄糖总糖量。

5）氨基氮含量测定。采用甲醛法测定培养基中的可溶性氨基氮含量。

a. 氨基氮的测定。2ml 离心后的发酵液至于三角瓶中，加蒸馏水 10ml，甲基红指示剂 2 滴，以 0.6mol/L H_2SO_4 调至红色，再用 0.028 58mol/L NaOH 调至橙色，使溶液成中性。加 18% 中性甲醛 4ml，摇匀静置 10min，加入 1% 酚酞指示剂 8 滴，用 0.028 58mol/L NaOH 滴定至微红色终点，记录所消耗的氢氧化钠体积 V_1。

b. 空白组检测。在三角烧杯中加入 12ml 蒸馏水，其余步骤相同，记录滴定所用氢氧化钠体积 V_0。

c. 计算。

$$氨基氮（mg/100ml）＝（V_1－V_0）\times 20。$$

第9章 新型抗真菌抗生素发酵

一、前言

近几年，微生物来源的抗真菌抗生素得到飞速发展。尽管已经通过化学合成方法在临床上获得大量有效抗真菌药物，但是，从微生物次级代谢产物中发现新型抗真菌抗生素，是人们关心并取得显著成果的另一条有效途径。然而，我国的药物开发工作远远落后于发达国家，无论在生产还是研发方面，目前国内生产的大多数产品仿制国外。在全球化市场背景下，开发拥有独立知识产权的新产品，迎接世界市场挑战成为当务之急。

二、抗生素概述

（一）抗生素概论

抗生素是青霉素、链霉素、红霉素等一类化学物质的总称。它是由微生物、植物和动物在其生产活动过程中所产生，并能在低浓度下有选择性地抑制或杀灭其他微生物或肿瘤细胞的有机物质。随着对抗生素合成机理和微生物遗传学理论等的深入研究，人们了解到它属于次级代谢产物（secondary metabolite）。

抗生素目前主要用微生物发酵法进行生物合成。很少数抗生素如氯霉素、磷霉素等亦可用化学合成法生产。此外还可将生物合成制得的抗生素用化学或生化方法进行分子结构改造而制成各种衍生物，称半合成抗生素，如氨苄青霉素（ampicillin）就是半合成青霉素的一种。

（二）抗生素发展

抗生素学科的发展是劳动人民长期以来与疾病进行斗争的结果，也是随着人类对自然界中微生物相互作用的研究，尤其是对微生物之间拮抗现象的研究而发展起来的。相传在2500年前我国祖先就用长在豆腐上的霉菌治疗疮疾等疾病。19世纪70年代，法国的Pasteur发现某些微生物对炭疽杆菌有抑制作用。他提出了利用一种微生物抑制另一种微生物的现象来治疗一些由于感染而引起的疾病。英国细菌学家Fleming（1928）发现在培养葡萄球菌的双碟上污染的一株霉菌能杀死周围的葡萄球菌，分离纯化此霉菌后得到的菌株经鉴定为特异青霉（*Penicillium notatum*），并将它所产生的抗生素命名为青霉素。英国Florey和Chain（1940）进一步研究此菌，并从培养液中制出了干燥的青霉素制品。实验证明，它毒性很小，并对一些革兰氏阳性菌所引起的很多疾病有卓越的疗效。在此基础上1943~1945年间发展了新兴的抗生素工业，以通气搅拌的深层培养法大规模发酵生产青霉素。随后链霉素、氯霉素、金霉素等品种相继被发现并投产。

从20世纪50年代起许多国家还致力于农用抗生素的研究，如杀稻瘟素A（blasticidin A）、春日霉素（kasugamycin）、灭瘟素S、井冈霉素等。70年代以来，抗生素品种飞跃发展。到目前为止，从自然界发现和分离了4300多种抗生素，并通过化学结构的改造，共制备了3

万余种半合成抗生素。目前世界各国实际生产和应用于医疗的抗生素约 120 种，连同各种半合成抗生素衍生物及盐类 350 余种。其中以青霉素类、头孢菌素类、四环素类、氨基糖苷类及大环内酯类最为常用。

目前国际上应用的主要抗生素，我国基本上都有生产，并研制出国外没有的抗生素——创新霉素。

（三）抗生素分类

随着新抗生素的不断出现，需要将抗生素进行分类，便于研究。将常见的分类方法列述如下。

1. 根据抗生素生物来源分类

微生物是产生抗生素的主要来源，其中以放线菌为最多，真菌其次，细菌次之，而来源于动、植物的最少。

（1）放线菌产生的抗生素　　放线菌产生的抗生素占据了目前所有发现的抗生素一半以上，其中又以链霉菌属产生的抗生素最多，诺卡氏菌属、小单孢菌属次之。这类抗生素中主要有氨基糖苷类，如链霉素；四环类，如四环素；大环内酯类，如红霉素；多烯类，如制霉菌素；放线菌素类，如放线菌素 D 等。

（2）真菌产生的抗生素　　在真菌的四个纲中，不完全菌纲中的青霉菌属和头孢菌属等分别产生一些很重要的抗生素，如青霉素、头孢菌素，其次为担子菌纲，藻菌纲和子囊菌纲产生的抗生素很少。

（3）细菌产生的抗生素　　由细菌产生的抗生素的主要来源是多粘类芽孢菌、枯草芽孢杆菌、多粘芽孢杆菌等。属这类抗生素的有多黏菌素等。

（4）植物或动物产生的抗生素　　如从被子植物蒜中制得的蒜素；从动物脏器中制得的鱼素（ekmolin）等。

2. 根据抗生素作用分类

（1）广谱抗生素　　如氨苄青霉素，它既能抑制革兰氏阳性菌，又能抑制革兰氏阴性菌。

（2）抗革兰氏阳性菌抗生素　　如青霉素。

（3）抗革兰氏阴性菌抗生素　　如链霉素。

（4）抗真菌抗生素　　如制霉菌素。

（5）抗病毒抗生素　　如四环类抗生素，对立克次体及较大病毒有一定作用。

（6）抗癌抗生素　　如阿霉素。

3. 根据抗生素化学结构分类

由于化学结构决定抗生素的理化性质、作用机制和疗效，故按此法分类具有重大意义。但是，许多抗生素的结构复杂，有些分子中还含有几种结构，故按此法分类时，不仅应考虑其整个化学结构，还应着重考虑其活性部分的化学结构。现按习惯法分类如下。

（1）β-内酰胺类抗生素　　包括青霉素类、头孢菌素类等，它们都包含一个四元内酰胺环。这是当前备受重视的一类抗生素。

（2）氨基糖苷类抗生素　　包括链霉素、庆大霉素等，它们既含有氨基糖苷，也含有氨基环醇的结构。

（3）大环内酯类抗生素　　包括红霉素、麦迪加霉素等，它们含有一个大环内酯作配糖体，以苷键和 1～3 分子的糖相连。

（4）四环类抗生素　　包括四环素、土霉素等，它们以四并苯为母核。

（5）多肽类抗生素　　包括多黏菌素、杆菌肽等，它们多由细菌产生，特别是由产孢子的杆菌产生，并含有多种氨基酸，经肽键缩合成线状、环状或带侧链的环状多肽。

4．根据抗生素作用机制分类

根据抗生素对致病菌作用的机制，可分成六类。

（1）作用于菌体细胞壁的抗生素　　如青霉素、头孢菌素。

（2）作用于菌体细胞膜的抗生素　　如多烯类抗生素。

（3）作用于蛋白质合成系统的抗生素　　如四环素。

（4）抑制核酸合成的抗生素　　如影响 DNA 结构和功能的丝裂霉素 C。

（5）作用于能量代谢系统的抗生素　　如抑制电子转移的抗霉素。

（6）通过提高植物的抗病力而防治病害的抗生素　　如农抗 120。

5．根据抗生素生物合成途径分类

（1）氨基酸、肽类衍生物　　如青霉素、头孢菌素等寡肽抗生素。

（2）糖类衍生物　　如链霉素糖苷类抗生素。

（3）以乙酸、丙酸为单位的衍生物　　如红霉素等丙酸衍生物。

6．影响抗生素生物合成的因素

对带小棒链霉菌生产头霉素的研究表明，通气的减小会限制抗生素前体的获得，因前体可能被引向赖氨酸途径而不是乌头酸水合酶（ACV），这是青霉素头霉素途径的第一个酶。同样，在这种情况下氨基酸库，如能促进 ACV、环化酶和扩展酶的甲硫氨酸，可能会受到影响，从而影响氨基酸参与头霉素的合成。该研究是在 10L 发酵罐中进行的，在发酵放大中控制 DO 是关键。

氧还能影响菌产生抗生素的种类。研究表明，带小棒链霉菌发酵中氧阻遏去脱氧头孢菌素 C 合成酶（DAOCS），这是负责把异青霉素 N 转化成头霉素的酶。在氧饱和的条件下DAOCS 活性比青霉素环化酶的活性提高 2～3 倍，异青霉素 N 合成酶只提高 1.3 倍。氧也影响头霉素开始合成的时间。

弗氏链霉菌生产的抗生素种类也受氧的影响。所用菌种是一种泰乐菌素生产菌种的突变株（NRRL2702），在高氧浓度与高通气速率下合成了一种额外的大环内酯抗生素——大菌素（macrocin）。此抗生素是在泰乐菌素生物合成途径上合成的，据推断这不是由于前体受限制，而是代谢途径的迁移。

（四）抗生素应用

1．在医疗上的应用

自抗生素应用于临床以来，很多感染性疾病死亡率大幅度下降。但抗生素如使用不当，会带来许多不良后果，如细菌耐药性逐渐普遍，产生过敏反应及由于体内菌群失调而引起的二重感染等。因此，应严防滥用，抗生素严格掌握其适应证和剂量，并注意用药时的配伍禁忌。

2．在农牧业中的应用

不少农用抗生素作用强、剂量小且不易引起环境污染，故受到欢迎，如春日霉素对防治稻瘟病很有效。抗生素在畜牧业中可用以预防和治疗牲畜的疾病，作为幼畜、幼禽生长刺激剂。在兽医临床上已使用的抗生素有四环素类、杆菌肽等。

（五）抗生素生产工艺流程

抗生素工业生产流程如下：菌种→孢子制备→种子制备→发酵→发酵液预处理→提取及精制→成品包装。

1．菌种

来源自然界土壤等，获得产生抗生素微生物，经过分离、选育和纯化后即为菌种。菌种经冷冻干燥法处理后于超低温液氮冰箱（$-190\sim-196℃$）内保存。所谓冷冻干燥是用脱脂牛奶或葡萄糖液等和孢子混在一起，经真空冷冻、升华干燥后保存。如条件不足，则沿用砂土管在0℃冰箱内保存的老方法，但如需长期保存时不宜用此法。一般生产用菌株经多次移植会发生变异而退化，故必须经常进行菌种选育和纯化以提高其生产能力。

2．孢子制备

生产用菌株须经纯化和生产能力检验，若符合规定，才能用来制备孢子。制备孢子时，将已保藏处于休眠状态的孢子，通过严格无菌操作，接种到灭过菌的斜面培养基上，在一定温度下培养5～7d或7d以上，这样培养出的孢子数量是有限的。为获得更多数量的孢子以供生产需要，可进一步用扁瓶在固体培养基上扩大培养。

3．种子制备

目的是使孢子发芽、繁殖以获得足够数量的菌丝，并接种到发酵罐中。种子制备可用摇瓶培养后接入种子罐逐级扩大培养，或直接将孢子接入种子罐逐级放大培养。种子扩大培养级数的多少，决定于菌种的性质、生产规模的大小和生产工艺的特点，扩大培养级数通常为二级。摇瓶培养是在三角瓶内装入一定数量液体培养基，灭菌后以无菌操作接入孢子，摇床恒温培养。种子罐培养时，接种前有关设备和培养基都必须灭菌。接种材料为孢子悬浮液或来自摇瓶的菌丝，以微孔差压法或打开接种口在火焰保护下接种。接种量视需要而定，如用菌丝，接种量一般相当于0.1%～2.0%（接种量百分比，系对种子罐内培养基而言，下同）。从一级种子罐接入二级种子罐接种量一般为5%～20%，培养温度一般在25～30℃；如菌种系细菌，则在32～37℃培养。罐内培养过程中，需要搅拌和通入无菌空气，控制罐温、罐压，并定时取样做无菌试验，观察菌丝形态，测定种子液中发酵单位和进行生化分析等。种子质量合格方可移种到发酵罐中。

4．培养基配制

在抗生素发酵生产中，由于各菌种生理生化特性不一样，采用工艺不同，所需培养基组成亦各异。即使同一菌种，在种子培养阶段和不同发酵时期，其营养要求也不完全一样。因此需根据其不同要求来选用培养基的成分与配比。其主要成分包括碳源、氮源、无机类（包括微量元素）和前体等。

（1）碳源　　主要用以供给菌种生命活动所需的能量，构成菌体细胞及代谢产物。有的碳源还参与抗生素的生物合成，是培养基主要组成之一。常用碳源包括淀粉、葡萄糖和油脂类。对某些品种，为节约成本也可用玉米粉作碳源以代淀粉。使用葡萄糖时，可采用流加工艺，以有利于提高产量。油脂类兼用作消泡剂。个别抗生素发酵也用麦芽糖、乳糖或有机酸等作碳源。

（2）氮源　　主要用以构成菌体细胞物质（包括氨基酸、蛋白质、核酸）和含氮代谢物，也包括生物合成含氮抗生素。氮源可分成两类：有机氮源和无机氮源。有机氮源包括黄豆饼粉、花生饼粉、棉籽饼粉（经精制去除其中棉酚后称棉籽粉）、玉米浆、蛋白胨、尿素、酵母粉、鱼粉、蚕蛹粉和菌丝体等。无机氮源包括氨水（既作为氮源，也用以调节pH）、硫酸铵、硝酸盐和磷酸氢二氨等。在含有机氮源的培养基中菌丝生长速度较快，菌丝量也较多。

（3）无机盐　　抗生素产生菌和其他微生物一样，在生长、繁殖和生物产品过程中，需要某些无机盐类和微量元素，如硫、磷、镁、铁、钾、钠、锌、铜、钴、锰等，其浓度对菌种生理活性有一定影响。因此，应选择合适的配比和浓度。此外，在发酵过程中可加入碳酸钙作为缓冲剂以调节 pH。

（4）前体　　在抗生素生物合成中，菌体利用它构成抗生素分子中的一部分而其本身又没有显著改变的物质，称为前体（precursor）。前体除直接参与抗生素生物合成外，在一定条件下还控制菌体合成抗生素的方向并增加抗生素产量。例如，苯乙酸和苯乙酰胺可用作青霉素发酵前体，丙醇或丙酸可作为红霉素发酵前体。前体加入量应当适度，如过量则会产生毒性，增加生产成本；如不足，则发酵单位降低。此外，有时还需要加入某种促进剂或抑制剂，如在四环素发酵中加入 M- 促进剂（也称硫醇苯骈噻唑）和抑制剂溴化钠，以抑制金霉素的生物合成并增加四环素的产量。

（5）培养基的质量　　培养基的质量应严格控制，以保证发酵水平。可以通过化学分析，及必要时摇瓶试验以控制其质量。培养基储存条件对培养基质量的影响也应注意。此外，如果在培养基灭菌过程中温度过高、受热时间过长亦能引起培养基成分的降解或变质。培养基配制时 pH 调节亦要严格按规程执行。

5. 发酵

发酵过程的目的是使微生物大量分泌抗生素。发酵开始前，有关设备和培养基也必须经灭菌后接入种子。接种量一般为 10% 或 10% 以上，发酵期视抗生素品种和发酵工艺而定，在整个发酵过程中，需不断通无菌空气和搅拌，以维持一定罐压和溶解氧，在罐的夹层或蛇管中需通冷却水以维持一定罐温。此外，还要加入消泡剂以控制泡沫，必要时还需加入酸、碱以调节发酵液的 pH。有的品种发酵过程中还需加入葡萄糖、铵盐或前体，以促进抗生素的产生。对其中一些主要发酵参数可以用电子计算机反馈控制。在发酵期间每隔一定时间应取样进行生化分析、镜检和无菌试验。分析和控制的参数有菌丝形态和浓度、残糖量、氨基氮、抗生素含量、溶解氧、pH、通气量、搅拌转速和液面控制等。其中有些项目可以通过在线控制。

6. 发酵液过滤和预处理

发酵液过滤和预处理不仅在于分离菌丝，还需将一些杂质除去。尽管对多数抗生素品种，发酵结束时抗生素存在于发酵液中，但也有个别品种当发酵结束时抗生素大量残存在菌丝之中，在此情况下，发酵液的预处理应当包括将抗生素从菌丝中析出，转入发酵液。

（1）发酵液预处理　　发酵液中的杂质如高价无机离子（Ca^{2+}、Mg^{2+}、Fe^{3+}）和蛋白质在离了交换过程中对提炼影响甚大，不利于树脂对抗生素的吸附。例如，用溶媒萃取法提炼时，蛋白质的存在会导致产出乳化，分层困难。去除高价离子可采用草酸或磷酸。草酸可与钙离子生成草酸钙，还能促使蛋白质凝固以提高发酵滤液的质量；磷酸（或磷酸盐），既能降低钙离子浓度，也易去除镁离子；黄血盐及硫酸锌，前者有利于去除铁离子，后者有利于凝固蛋白质，此外，这二者还有协同作用，它们产生的复盐对蛋白质有吸附作用。

对于蛋白质，还可利用其在等电点时凝聚的特点将其去除。蛋白质一般以胶体状态存在于发酵液中，胶体粒子的稳定性和其所带电荷有关。蛋白质属于两性物质，在酸性溶液中带正电电荷，在碱性溶液中带负电荷，而在等电点下，净电荷为零，溶解度最小；因其羧基的电离度比氨基大，故很多蛋白质的等电点在酸性（pH 4.0～5.5）范围内。

某些对热稳定的抗生素发酵液还可用加热法使蛋白质变性而降低其溶解度。蛋白质从有规律的排列变成不规则结构的过程称为变性。加热还能使发酵液黏度降低、加快滤速。为了更有效地去除发酵液中的蛋白质，还可以加入絮凝剂，它是一种能溶于水的高分子化合物，含有很多离子化基团，如—NH$_2$，—COOH，—OH 等。如上所述，胶体粒子的稳定性和它所带电荷有关。由于同性电荷间的静电斥力而使胶体粒子不发生凝聚。絮凝剂分子中电荷密度很高，它的加入使胶体溶液电荷性质改变从而使溶液中蛋白质絮凝。

对絮凝剂的化学结构一般有下列 2 种要求。①分子中必须有相当多的活性基团，能和悬浮颗粒表面相结合；②必须具有长链线性结构，但相对分子质量（分子量）不能超过一定限度，以使其有较好的溶解度。

发酵滤液中多数胶体粒子带负电荷，因而用阳离子絮凝剂功效较高，如可用含有季胺基团的聚苯乙烯衍生物，分子量在 26 000～55 000 范围内。加入絮凝剂后析出的杂质经过滤除去，以利于以后的提取。

（2）发酵液过滤　　发酵液为非牛顿型液体，很难过滤。过滤的难易与发酵培养基、工艺条件，以及是否染菌等因素有关。

过滤如用板框压滤则劳动强度大，影响卫生，菌丝流入下水道还影响污水处理。故选用鼓式真空过滤机为宜，必要时在转鼓表层涂以助滤剂硅藻土。当旋转时，以刮刀将助滤剂连同菌体薄薄刮去一层，以使过滤面不断更新。

另一种设备是自动出渣离心机，其所排出的菌丝滤渣中含有较大量的发酵液，因此如要提高过滤收率，可将此滤渣水洗后再用同样型号离心机分离。第一次和第二次离心分离液体合并后进入下一工序。

再一种设备称倾析器（decanter），它既可用于固、液相的分离，也可用于固相、有机溶媒相和水相三者的混合和分离，从而将过滤菌丝和溶媒萃取这两步合并完成。这就简化了发酵液后处理工艺，提高了收率，并缩短了生产周期，也节约了劳力、动力、厂房和成本。

7. 抗生素提取

抗生素提取目的在于从发酵液中制取高纯度、符合药典规定的抗生素成品。在发酵滤液中抗生素浓度很低，杂质的浓度相对较高。杂质有无机盐、残糖、脂肪、各种蛋白质及其降解物、色素、热原质和有毒性物质等。此外，一些杂质可能与抗生素具有相似的性质，这就增加了提取和精制的困难。由于多数抗生素很不稳定，且发酵液易被污染，故整个提取过程要求时间短，温度低，pH 宜选择对抗生素较稳定的范围，以及勤清洗消毒（包括厂房、设备、管路，并注意消灭死角）。

常用的抗生素提取方法包括溶媒萃取法、离子交换法和吸附法等。

（1）溶媒萃取法　　溶媒萃取是利用抗生素在不同 pH 条件下以不同的化学状态（游离

酸、碱或盐）存在时，在水及与水互不相溶的溶媒中溶解度不同的特性，使其从一种液相（如发酵滤液）转移到另一种液相（如有机溶媒）中，以达到浓缩和提纯的目的。根据此原理，可调节 pH 使抗生素从一个液相中被提取到另一液相中。所选用的溶媒与水应是互不相溶或仅很小部分互溶，同时所选溶媒在一定 pH 下对抗生素应有较大的溶解度和选择性，方能用较少量溶媒揭取完全，并在一定程度上分离掉杂质。其主要有 2 个方面的应用：一是用于发酵产品纯化，如螺旋霉素、红霉素、麦迪霉素、林可霉素等采用溶剂萃取法提取；另一方面是中间体的提取、分离，如放线菌素 D 等的生产。随着抗生素工业的发展，溶媒萃取技术的研究和应用取得了迅速发展。在萃取机制方面，有化学协同萃取及萃取剂的研究；萃取设备和萃取方式的改进，有反胶团萃取、液膜分离、萃取和其他分离方法相结合的方法，如萃取 - 离子交换、萃取 - 电泳，浸出 - 萃取，萃取 - 吸附，萃取 - 结晶和萃淋树脂等新方法。

（2）**离子交换法**　　离子交换是利用某些抗生素能解离为阳离子或阴离子的特性，使其与离子交换树脂进行交换，将抗生素吸附在树脂上，然后再以适当的条件将抗生素从树脂上洗脱下来，以达到浓缩和提纯的目的。应选用对抗生素有特殊选择性的树脂，使抗生素纯度通过离子交换有较大提高。由于此法成本低、设备简单、操作方便，已成为提取抗生素的重要方法之一，如链霉菌素、庆大霉素、卡那霉素、多黏菌素等均可采用离子交换法。此法也有一定缺点，如生产周期长，对某些产品质量不够理想。此外，在生产过程中 pH 变化较大，故不适用于 pH 大幅度变化时稳定性较差的抗生素等。

（3）**吸附法**　　吸附作为一种有效的分离手段，早已应用于抗生素的分离精制过程。早期青霉素的提取，链霉素的精制，维生素 B_{12} 提取，林可霉素的提取等都需分别用活性炭、酸性白土、弱酸性离子交换树脂和大孔网格聚合物吸附剂等。在新抗生素的筛选中，吸附法的应用也很广。

吸附法有下列优点：可不用或少用有机溶剂；操作简便、安全设备简单；生产过程中 pH 变化小，适用于稳定性较差的抗生素。但吸附法选择性差，收率不高，特别是无机吸附剂性能不稳定，不能连续操作，劳动强度大，炭粉等吸附剂影响环境卫生，所以吸附法几乎一度为其他方法所取代。但随着大网格聚合物吸附剂的合成和发展，吸附法又重新为抗生素工业所重视和获得应用。近些年，国外报道的新抗生素中有不少是用大孔网状吸附剂作为提取的手段。大孔网状吸附剂不仅可以吸附脂溶性抗生素，而且可以吸附水溶性抗生素，过去认为必须用有机溶剂提取，或者只能用活性炭吸附的抗生素，用它提取也能取得满意的结果。这种非离子型的多孔骨架，其性质和活性炭相似，在某种程度上要比活性炭优越得多。目前，大孔网状吸附剂已逐渐取代活性炭和氧化铝等经典的吸附剂，在抗生素工业中显示出越来越重要的作用。另外对于一些属弱电介质的非离子型抗生素，过去不能用离子交换法分离，现在也可考虑大孔网状吸附剂。因此，它还可补充离子交换树脂的不足，为抗生素的分离纯化提供了新途径。近年来，国内应用大孔网状吸附剂进行抗生素的分离、提取、浓缩、纯化方面几乎包括目前已知抗生素的各种类型化合物。

（4）**色谱法**　　色谱法是一组相关技术的总称，像大孔网状吸附剂和大孔网状离子交换树脂进行的操作亦是属于色谱技术。按其分离原理，色谱法大体上可以分为：①吸附色谱（利用吸附能力的差别进行分离），常用的吸附剂有氧化铝、硅胶、聚酰胺等；②分配色谱（利用在两种不互溶的溶剂中分配比不同进行分离），常用的支持剂为硅胶、硅藻土、纤维粉等，液滴逆流色谱则是分配色谱与逆流分布的发展；③离子交换色谱（利用离子解离强度的不同进行分离），常用的离子交换树脂有强酸型（磺酸型）、弱酸型（羧酸型）、弱碱型（三级胺型）；④电泳（利用电流通过时，离子趋电性不同进行分离），常用的有纸色谱、琼脂色谱、凝胶色谱等。此外，还有气体色谱、凝胶色谱、亲和色谱等。根据上样量大小的不同，又有制备型色谱和分析型色谱之分。

色谱法以其高超的分离能力为特点，它的分离效率远远高于其他分离技术如萃取、蒸馏和离心等方法。总体而言，色谱法有以下几个优点：①分离效率高；②应用范围广；③分离速度快；④灵敏度高；⑤分离、测定一次完成；⑥易于自动化，可在工业流程中应用。

在抗生素的分离纯化过程中，色谱法可用来做以下工作：①成品和中间品的检测和鉴定；②成品的精制；③制备产品。

（5）**其他提取方法**　由于近年来许多抗生素发酵单位大幅度提高，提取方法亦相应简化。例如，直接沉淀法就是提取抗生素方法中最简单的一种，四环素类抗生素的提取即可用此法。发酵液在用草酸酸化后，加黄血盐、硫酸锌，过滤后得滤液，再以脱色树脂脱色后，将 pH 调至等电点使其游离碱析出，必要时将此碱转化成盐酸盐。

8. 抗生素精制

抗生素精制是抗生素生产最后工序。对产品进行精制、烘干和包装的阶段要符合《药品生产管理规范》（即 GMP）的规定。例如，其中规定产品质量检验应合格，技术文件应齐全，生产和检验人员应具有一定素质；设备材质不能与药品起反应，并易清洗；空调应按规定级别要求；各项原始记录、批报和留样应妥善保存；对注射品应严格按无菌操作要求等。

抗生素精制可选用步骤分述如下。

（1）**脱色和去热原**　脱色和去热原质是精制注射用抗生素不可缺少的一步。它关系到成品的色级及热原试验等质量指标。色素是发酵过程中所产生的代谢产物，它与菌种和发酵条件有关。热原是生产过程中因被污染，由杂菌所产生的一种内毒素。各种杂菌所产生的热原反应有所不同，革兰氏阴性菌产生的热原反应一般比革兰氏阳性菌的强。热原注入体内引起恶寒高热，严重时引起休克。它是多糖磷类脂质和蛋白质的结合体，为大分子有机物质，能溶于水，在 $180\,℃$ 加热 4h 能破坏 90%；$180\sim200\,℃$ 加热 0.5h 或 $150\,℃$ 加热 2h 能被彻底破坏。它亦能被强酸、强碱、氧化剂（如高锰酸钾）等破坏。它能通过一般滤器，但可被活性炭、石棉滤材等所吸附。生产中常用活性炭脱色去除热原，但脱色时须注意 pH、温度、活性炭用量及脱色时间等，还应考虑它对抗生素的吸附问题，除此之外，也可用脱色树脂去除色素。对某些产品可用超微过滤法去除热原，此外还应加强生产过程中的环境卫生以防止热原影响收率。

（2）**结晶和重结晶**　抗生素精制中常用此法来制得高纯度成品。常用的几种结晶方法如下。

1）改变温度结晶。利用抗生素在溶剂中溶解度随温度变化而显著变化的特性进行结晶。例如，制霉菌素的浓缩液在 $5\,℃$ 条件下保持 $4\sim6h$ 后即结晶完全。分离掉母液、洗涤、干燥、磨粉后即得到霉菌素成品。

2）等电点结晶。当将某抗生素溶液的 pH 调到等电点时，其中溶解度最小，则沉淀析出。例如，6-氨基青霉烷酸（6-APA）水溶液在 pH 调至等电点 4.3 时，即从中沉淀析出。

3）成盐剂结晶。在抗生素溶液中加成盐剂（酸、碱或盐类）使抗生素以盐的形式沉淀结晶。例如，在青霉素 G 或头孢菌素 C 的浓缩液中加入乙酸钾，即生成钾盐析出。

4）加入不同溶剂结晶。利用抗生素在不同溶剂中溶解度不同，在抗生素某一溶剂的溶液中加入另一溶剂使抗生素析出。例如，巴龙霉素具有易溶于水而不溶于乙醇的性质，在其浓缩液中加入 10～12 倍体积 95% 乙醇，并调 pH 至 7.2～7.3 使其结晶析出。

（3）其他精制方法

1）共沸蒸馏法，如青霉素可用丁醇或乙酸丁酯以共沸蒸馏进行精制。

2）柱层析法，如丝裂霉素 A、B、C 三种组分可以通过氧化铝层析来分离。

3）盐析法，如在头孢噻吩水溶液中加入氯化钠使其饱和，粗晶即被析出。粗晶进一步精制得到高纯度成品。

4）中间盐转移法，如四环素碱与尿素能形成复盐，沉淀后再将其分解，使四环素碱析出。可用此法除去 4- 差向四环素等异物，以提高四环素质量和纯度；又如红霉素能与草酸、乳酸盐或复盐沉淀等。

5）分子筛，如青霉素粗品中常含聚合物等高分子杂质，可用葡聚糖凝胶 G-25（粒度 20～80μm）将杂质分离掉，此法仅用于小实验。

（六）抗生素生产实例

1. 菌种

常用菌种为产黄青霉（*P. chrysogenum*）。其生产能力可达 30 000～60 000U/ml。按其在深层培养中菌丝的形态，可分为球状菌和丝状菌。以常用的绿色丝状菌为代表将其生产流程描述如下。

2. 发酵工艺

冷冻管→斜面母瓶→大米孢子→一级种子罐→二级种子罐→发酵罐→放罐→提炼。

3. 培养基

（1）碳源　青霉素能利用多种碳源如乳糖、蔗糖、葡萄糖等。普遍采用淀粉酶水解的葡萄糖糖化液（DE 值 50% 以上）进行流加。

（2）氮源　可选用玉米浆、花生饼粉、精制棉籽饼粉或麸质粉，并补加无机氮源。

（3）前体　为生物合成含有苄基基团的青霉素 G，需在发酵中加入前体如苯乙酸或苯乙酰胺。由于它们对青霉菌有一定毒性，故一次加入量不能大于 0.1%，并采用多次加入方式。

（4）无机盐　包括硫、磷、钙、镁、钾等盐类。铁离子对青霉菌有毒害作用，应严格控制发酵液中铁含量在 30μg/ml 以下。

4. 发酵培养控制

青霉素产生菌生长发育可分为六个阶段：①Ⅰ期，分生孢子发芽，孢子先膨胀再形成小的芽管，此时原生质未分化，具有小空孢；②Ⅱ期，菌丝繁殖，原生质嗜碱性很强，在Ⅱ期末有类脂肪小颗粒；③Ⅲ期，形成脂肪粒，积累贮藏物，原生质嗜碱性仍很强；④Ⅳ期，脂肪粒减少，形成中、小空孢子，原生质嗜碱性弱；⑤Ⅴ期，形成大空孢子，其中含有一个或数个染色的大颗粒，脂肪粒消失；⑥Ⅵ期，细胞内看不到颗粒，并出现个别自溶的细胞。

其中Ⅰ～Ⅳ期初称菌丝生长期。产生青霉素较少，而菌丝浓度增加很多。Ⅲ期适于作发酵用种子。Ⅳ～Ⅴ期称青霉素分泌期，此时菌丝生长趋势渐减弱，大量产生青霉素。Ⅵ期即菌丝自溶期，菌体开始自溶。

（1）加糖控制　加糖的控制根据残糖量及发酵过程中的 pH，或最好根据排气中 CO_2

及 O_2 量来控制。一般在残糖降至 0.6% 左右开始上升时加糖。

（2）补氮及加前体　　补氮是指加硫酸铵、氨或尿素，使发酵液氨氮控制在 0.01%～0.05%。补前体以使发酵液中残余苯乙酰胺浓度为 0.05%～0.08%。

（3）pH 控制　　对 pH 的要求视不同菌种而异，一般为 6.4～6.6。可以加葡萄糖来控制 pH。目前趋势是加酸或碱自动控制 pH。

（4）温度控制　　前期一般 25～26℃，后期 23℃以减少后期发酵液中青霉素的降解破坏。

（5）通气与搅拌　　抗生素深层培养需要通气与搅拌，一般要求发酵液中溶解氧量不低于饱和情况下溶解氧的 30%，搅拌转速在发酵各阶段应根据需要而调整。

（6）泡沫与消泡　　在发酵过程中会产生大量泡沫，可以用天然油脂如豆油、玉米油等或用化学合成消泡剂"泡敌"（环氧丙烷、环氧乙烷、聚醚类）来消泡。应控制其用量并少量多次加入，尤其在发酵前期不宜多用，否则影响菌的呼吸代谢。

5. 过滤

青霉素发酵液过滤宜采用鼓式真空过滤器，若采用板框压滤机则菌丝常流入下水道而影响废水治理，且劳动强度大，并对环境卫生不利。过滤前需加去乳化剂并保温。

6. 提炼

采用溶媒萃取法。将发酵滤液酸化至 pH 3.0，加发酵滤液体积 1/3 的乙酸丁酯（BA），混合后以碟片式离心机分离。为提高萃取效率可将两台离心机串连使用，进行二级对向逆流萃取，得一次 BA 提取液。然后以 1.3%～1.9% NaHCO$_3$ 在 pH 6.8～7.1 下将青霉素从 BA 提取到缓冲液中。然后调 pH 至 2.0，再一次将青霉素从缓冲液转入到 BA 中去，方法同上，得到二次 BA 提取液。

7. 脱色

在二次 BA 提取液中加活性炭 150～300g/10 亿单位，脱色、过滤。

8. 共沸蒸馏或直接结晶

鉴于丁醇共沸结晶法所得产品质量优良，国际上普遍采用此法生产注射品。其简要流程如下。二次 BA 萃取液以 0.6mol/L NaOH 萃取，调 pH 至 6.4～6.8，得青霉素钠盐水浓缩液（5 万单位 /ml 左右）。加 2～4 倍体积丁醇，在 16～26℃，3～10mmHg 柱下真空蒸馏，将水与丁醇共沸物蒸出，并随时补加丁醇。当浓缩到原来水浓缩液体积，蒸出馏分中含水达 2%～4% 时，即停止蒸馏，青霉素钠盐结晶析出，过滤。将晶体洗涤后进行干燥得成品。可在 60℃，20mmHg 柱，真空中烘 16h，然后磨粉，装桶。

其他结晶法采用 BA 提取液，共沸蒸馏或加乙酸钾至 BA 提取液中结晶。如采用严格质量措施，上述结晶法亦能达到较优产品。

三、新型抗真菌抗生素发酵

（一）培养基制备

1. 原理

微生物生长过程中，需要各种营养如碳源、氮源及无机离子等才能正常代谢。

2. 仪器与材料

（1）仪器 立式压力蒸汽灭菌器、高速冷冻离心机、超净工作台、生化培养箱、电热干燥箱、冰箱、移液枪、电子天平等。

（2）材料 葡萄糖、酵母粉、K_2HPO_4、$MgSO_4$、NaCl、$CaCO_3$、$FeSO_4$、KNO_3、正丁醇、可溶性淀粉、蛋白胨、琼脂、土豆等。

3. 步骤

（1）高氏Ⅰ号土豆汁斜面培养基 10% 土豆汁，可溶性淀粉 2g，KNO_3 1.5g，NaCl 0.05g，K_2HPO_4 0.05g，$MgSO_4$ 0.05g，$FeSO_4$ 0.001g，琼脂 2g，水 100ml，pH 自然。

10% 土豆汁的制备：取 100g 已经洗净去皮土豆，切碎，1000ml 沸水中煮 30min，得滤液。菌种接至斜面培养基后，放至 30℃ 恒温培养箱中培养 5d 左右，待成熟后保藏到 4℃ 冰箱中待用。

（2）种子培养基 葡萄糖 1.5g，酵母粉 1g，K_2HPO_4 0.1g，$MgSO_4$ 0.05g，$FeSO_4$ 0.002g，$CaCO_3$ 0.44g，水 100ml，pH 自然。斜面菌种接至种子培养基，每瓶接两环，200r/min，摇床培养，28℃，培养 24h 后接种。

（3）原始发酵培养基 葡萄糖 0.5g，可溶性淀粉 2g，酵母粉 1.5g，K_2HPO_4 0.1g，$CaCO_3$ 0.1g，水 100ml，pH 自然。种子液接种至发酵培养基，接种量 10%，每瓶装量 50ml/250ml，摇床培养，200r/min，28℃，培养 72h 后用生物管碟法测试效价。优化后采用优化条件。

（4）白色念珠菌培养基（沙氏斜面培养基） 葡萄糖 2g，蛋白胨 1g，琼脂 2g，水 100ml，pH 自然。菌种接至斜面后，37℃ 恒温培养箱中培养 2d 左右，待成熟后保藏到 4℃ 冰箱中冷藏待用。

以上培养基均在 121℃ 灭菌 20min，斜面需摆放至过夜后使用。

（二）自然选育法筛选菌种

1. 原理

自然选育得到的纯种能够稳定生产，提高平均生产水平，但是不能使生产水平大幅度提高，这是因为菌种在自发突变过程中，多数菌株产生负向变异，如果不及时进行自然选育，就有可能使生产水平大幅度下降，因此自然选育可作为日常工作的一部分。本实验通过自然选育，对原始出发菌种进行纯种选育，提高该菌种产抗生素的能力。自然选育法是利用微生物在一定条件下自发突变，通过分离、筛选，排除衰变型菌落，从中选择维持原有生产水平的菌种。一般来说菌种经历多次传代，保藏时间久，已经造成了产抗生素的不稳定性，因此有必要对该菌种进行选育，达到复壮、纯化菌种，稳定生产的目的。

2. 仪器与材料

（1）仪器 立式压力蒸汽灭菌器、高速冷冻离心机、无菌超净工作台、回转恒温调速摇瓶柜、生化培养箱、可控恒温水浴锅、电热干燥箱、冰箱、数码显微镜、移液枪、电子天平、玻璃珠、牛津杯等。

（2）材料

1）菌种：检验菌种：白色念珠菌（*Candida albicans*）。

2）试剂：酵母粉、葡萄糖、K_2HPO_4、$MgSO_4$、NaCl、$CaCO_3$、$FeSO_4$、丙酮、KNO_3、

正丁醇、可溶性淀粉、苯、乙酸乙酯、蛋白胨、琼脂、土豆等。

3. 步骤

（1）管碟法测定效价　　在无菌超净工作台上，将在37℃下恒温培养了2d的白色念珠菌，用20ml灭过菌的0.85%生理盐水（0.85%NaCl）从斜面上洗下来。然后用灭菌玻璃珠将孢子打散，无菌滤纸过滤，取1ml滤液混入100ml温度为50℃左右的沙氏固体培养基中，准确量取20ml倒入直径10cm的培养皿中，冷却后，放置牛津杯。取250μl已离心的发酵液注入牛津杯中，37℃下培养18～20h。观察并量取透明抑菌圈直径，即表示相应的活性。

（2）自然选育（图9-1）

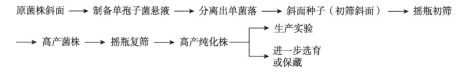

图9-1　自然选育流程图

1）单孢子菌悬液的制备。冷冻孢子移种于斜面，培养成熟后，用10ml 0.85%无菌生理盐水制成孢子悬浮液，再用经灭菌的玻璃珠将孢子打散，无菌滤纸过滤，即得到单孢子菌悬液。

2）单菌落培养确定最佳稀释倍数。取1ml单孢子菌悬液，稀释成浓度为10^{-8}～$10^{-1}8$个梯度，各取0.1ml加到高氏Ⅰ号土豆汁平皿培养基上，涂布均匀，培养后长出单菌落。按菌落大小的不同，分离量以20个菌落/平皿左右为宜，以此确定最佳稀释倍数。

3）初筛。按照选定的稀释倍数对菌株进行自然分离，以高氏Ⅰ号土豆汁作为培养基，在平皿上培养5d后观察菌落形态（表9-1）。将分离培养后的各型单菌落，按菌落形态的不同，选取几个具有代表性的菌落，接斜面培养，成熟后接入发酵瓶，测定发酵单位。初筛以多量筛选为原则，将斜面直接接入发酵瓶，测其产量，以原生产菌株作为对照。

按照菌落颜色、形态和直径大小（按小、中、大顺序排列）的不同对菌落编号，分别挑取1号菌落2个（编号1A，1B），2号菌落3个（编号2A，2B，2C），3号菌落3个（编号3A，3B，3C）接入斜面，成熟后摇瓶培养，测其抑菌活性。

表9-1　菌落形态观察

菌落编号	1	2	3
颜色	白色	土黄色	灰色
菌落形态	圆整，表面光滑，微有粉末状物质，肉眼可见周边菌丝，短而少	较圆整，大多数表面光滑，少部分中间有褶皱突起或颗粒，菌落周边菌丝辐射状，长度与菌落直径成正比	较圆整，大多数表面有褶皱突起或颗粒，菌落周边菌丝呈辐射状，长度与菌落直径成正比
直径/mm	1.5～2	1～3	1～3
数量	极少数	较多	多数

4）复筛。复筛以挑选出稳定高产菌株为原则。每一初筛通过斜面可进3只摇瓶，同时使用种子瓶、发酵瓶两级，重复3次，分析确定产量水平，选择瓶差波动小、平均值高的菌

株。复筛选出的高单位菌株至少要比对照生产菌株产量提高 5% 以上。复筛得到的高单位菌株制成沙土管保藏。

5）传代稳定性实验。很多菌种由于遗传基因型不稳定，在传代过程中有可能使低产型菌株的数量增加，以致在生产过程中产量越来越低。因此在菌种筛选过程中必须通过斜面传代 3～5 次，选择连续传代后产量不下降的菌株用于实验和生产。本实验中采用复筛得到的砂土管菌株，3 级传代，测定各级传代后的抗生素产量（测其抑菌圈直径），考察菌株的遗传稳定性。

（3）菌株生长过程的观察　　将选育好的菌株接种至高氏 I 号土豆汁培养基上，30℃ 恒温培养，当菌株生长至 2d，3d，4d，5d，6d 时，印片染色法观察白色念珠菌形态，用数码显微镜（×1000）观察，拍摄并简要记录其生长过程。

用镊子取洁净载玻片并加热，然后用这微热载玻片盖在长有菌株的平皿上，轻轻压一下，注意将载玻片垂直放下和取出，以防载玻片水平移动而破坏放线菌的自然形态。反转有印痕的载玻片加热固定。用石炭酸复红染色 1min，水洗，晾干。用油镜观察。

（4）抗生素的抽提实验　　为了确定该菌株所产抗生素的分布情况及溶解性质，对其进行初步抽提实验。取发酵液经 4000r/min 离心 10min 后得到 10ml 上清液，上清液用等体积的乙酸乙酯、正丁醇和苯提取；菌体用 75% 的丙酮浸泡 2 次，浸泡液合并后蒸干，用水稀释至原发酵液体积，然后用管碟法测试不同部分的效价。

（三）发酵过程参数检测

1. 原理

通过测定发酵过程的一些重要参数，如还原糖含量、菌浓度、pH、溶解氧、抗生素效价等，可以更好地跟踪该菌种在 3L 发酵罐中的发酵规律。

2. 仪器与材料

（1）仪器　　立式压力蒸汽灭菌器、高速冷冻离心机、无菌超净工作台、回转恒温调速摇瓶柜、生化培养箱、可控恒温水浴锅、电热干燥箱、冰箱、数码显微镜、微量加样器、电子天平、3L 发酵罐、紫外 - 可见分光光度计等。

（2）材料　　葡萄糖、酵母粉、氢氧化钠、葡萄糖、酒石酸钾钠、亚硫酸钠、3,5- 二硝基水杨酸（DNS）、NaCl 等。

3. 步骤

（1）菌浓度测定　　生物量用称重法测定。取水洗涤，10ml 发酵液，4000r/min 离心 10min，上清液冷藏备用，细胞沉淀用蒸馏离心后收集菌体恒温（105℃）干燥至恒重，冷却后称重。

（2）还原糖含量测定　　采用 DNS 法测定。

1）测定用溶液的配制。DNS 试剂。甲液：溶解 6.9g 结晶酚于 15.2ml 10% 氢氧化钠中，并稀释至 69ml，在此溶液中加入 6.9g 亚硫酸钠。乙液：称取 255g 酒石酸钾钠，加到 300ml 10% 氢氧化钠溶液中，再加入 880ml 1% 3,5- 二硝基水杨酸溶液。将甲液和乙液相混合即得黄色试剂，贮于棕色试剂瓶中，在室温下放置 7～10d 后使用。

2）0.1% 葡萄糖标准液制备。准确称取 100mg 分析纯的葡萄糖（预先在 105℃ 干燥至恒重），用少量蒸馏水溶解后定容至 100ml，保存于冰箱中备用。

3）葡萄糖标准曲线的绘制。取 9 支试管，按表 9-2 分别加入各种试剂。

表 9-2　葡萄糖标准曲线试剂加量表

项目	管号								
	空白	1	2	3	4	5	6	7	8
含糖量 /mg	0	0.2	0.4	0.6	0.8	1.0	1.2	1.4	1.6
葡萄糖 /ml	0	0.2	0.4	0.6	0.8	1.0	1.2	1.4	1.6
蒸馏水 /ml	2.0	1.8	1.6	1.4	1.2	1.0	0.8	0.6	0.4
DNS 试剂 /ml	1.5	1.5	1.5	1.5	1.5	1.5	1.5	1.5	1.5

将上述各试剂依次混匀后，在沸水浴中加热 5min，然后立即用流动冷水冷却，每个试管加蒸馏水各 21.5ml 混匀后，用空白管溶液调零，在 520nm 处测吸光度。以葡萄糖浓度为横坐标，吸光度为纵坐标，绘制葡萄糖标准曲线。

4）发酵液中还原糖量测定。取离心后的发酵上清液 1ml，稀释 50 倍后，取 1ml，加入 1ml 蒸馏水，再加入 1.5ml DNS 试剂，其余操作与制作葡萄糖标准溶液的操作相同，测定各管吸光度，在标准曲线上查出相应的还原糖含量，计算发酵液中还原糖浓度。

（3）发酵液中 pH 测定　用发酵罐自带的 pH 电极测定。

（4）发酵液中溶解氧测定　用发酵罐自带的溶解氧电极测定。

（5）发酵液中抗生素效价测定

1）管碟法测定效价。同"自然选育法筛选菌种"。

2）制霉菌素标准曲线的绘制。将制霉菌素标准品稀释成 50U/ml，100U/ml，200U/ml，300U/ml，400U/ml，500U/ml，600U/ml，以白色念珠菌为指示菌，用管碟法来测定抑菌圈直径，每个浓度做 3 次重复。以制霉菌素含量的对数值为横坐标，白色念珠菌抑菌圈半径的平方为纵坐标，绘制标准曲线。

（四）抗生素理化性质研究

1. 原理

对离心后发酵液中抗生素若干理化性质进行检测，为下一步选择提取工艺提供参考。

2. 仪器与材料

（1）仪器　微量进样器、新华 1 号层析滤纸、电泳仪、10cm×20cm 层析缸等。

（2）材料　乙酸乙酯、正丁醇、丁醇、甲醇、乙酸、苯、对甲苯磺酸、吡啶、巴比妥缓冲液（将 4.76g 巴比妥钠溶于 3000ml 蒸馏水，加 1.17mol/L HCl 55ml，然后用 HCl 调节 pH 到 8.2，并加蒸馏水至 4265ml）等。

3. 步骤

（1）抗生素稳定性实验　取发酵上清液分别在酸、碱、中性和热条件下进行稳定性实验。

1）取发酵上清液置于 95℃条件下，分别放置 10min，30min，60min，120min 后进行测定。

2）取发酵液上清液分为 3 份，分别调节 pH 为 4.0，7.0，9.0，在 95℃下处理 10min，测量各自抑菌圈直径。

（2）抗生素纸层析实验

1）样品制备。取 10ml 发酵液，经 4000r/min，离心后 10min 取上清液，在 pH 4.0 条件下高温处理 10min，过滤后浓缩备用。

2）溶剂系统制备。采用捷克学者 Doskochilova 的 8 种溶剂系统：a. 水饱和的正丁醇；b. 水饱和的正丁醇，内含 2% 对甲苯磺酸；c. 丁醇：乙酸：水＝2：1：1；d. 水饱和的正丁醇，内含 2% 吡啶；e. 正丁醇饱和 0.5mol/L pH 7.0 磷酸缓冲液；f. 正丁醇饱和的水，内含 2% 对甲苯磺酸；g. 苯：甲醇＝4：1（滤纸用 0.5mol/L pH 7.0 磷酸缓冲液处理）；h. 甲醇：水＝7：3（水中含 3% NaCl，滤纸用 5% Na_2SO_4 处理）。

3）扩展。将新华 1 号层析滤纸裁成 2cm×20cm 大小，用铅笔在距底线 2cm 处点上一点。然后用 5μl 微量进样器少量多次地点在原点，点样量为 15μl，点样点直径控制在 0.5cm 内。展开前需先平衡，即先将滤纸与层析缸用配好的溶剂系统蒸汽熏蒸 60min，使滤纸和层析缸表面饱和。平衡结束后，将滤纸靠点样点的一端浸入溶剂中，溶剂 100ml，使液面距原线距离在 1cm 左右，然后开始扩展 8～9h。

4）显影。将长势良好的白色念珠菌用 20ml 无菌生理盐水洗下，玻璃珠打散，取 1ml 加入到温度控制在 50℃ 左右的 100ml 沙氏培养基中，摇匀后准确量取 20ml 倒入平板中冷却。然后取出层析纸在空气中干燥，悬挂于通风处使溶剂挥散，将层析纸贴于平板上 20min，除去层析纸，置平板于 37℃ 恒温培养箱中培养 18～20h，观察并测定比移植（Rf 值）。

5）抗生素纸电泳实验。滤纸条剪成 2cm×20cm 规格，中间点样品 15μl，分别置于 pH 8.2 0.05mol/ml 巴比妥缓冲液和 pH 4.0 0.1mol/L 磷酸缓冲液中，在电压 300V 电场中电泳 2h，然后用生物显影法检测。

6）抗生素紫外可见吸收光谱测试。经过分离纯化后的抗生素粉末，用 1ml 蒸馏水溶解，在 200～400nm 紫外区进行扫描测定，确定其最大吸收峰波长，记录紫外吸收光谱。

7）抗生素抑菌性能测试。抗生素菌株培养分离出单菌落后，将菌落块以菌落面向上的方式放置在已经涂布有金黄色葡萄球菌或大肠杆菌的平板上，培养 48h 后，记录抑菌圈的直径（mm）。

（五）发酵液预处理

1. 原理

发酵液中存在的高价金属离子，往往在采用离子交换树脂提取时，由于树脂大量吸附无机离子而减少对抗生素的吸附，影响树脂的交换容量。同时，还会影响成品的质量（灰分增加）。因此有必要除去发酵液中的高价金属离子。本实验中主要采用沉淀法离心除去高价金属离子。

2. 仪器与材料

（1）仪器　发酵罐、高速冷冻离心机、Labscale TFF System 超滤组件等。

（2）材料　发酵液（3L 发酵罐发酵所得）、检验菌：白色念珠菌（*Candida albicans*）、草酸、黄血盐等。

3. 步骤

（1）发酵液中高价金属离子的去除　用草酸调节发酵液 pH 至 4.0，此时溶液中将出现大量的白色混浊，搅拌发酵液，静置 30min 后，4000r/min，离心 10min。（注：由于草酸与 Ca^{2+} 和 Mg^{2+} 结合生成的草酸钙和草酸镁在水中的溶度积较小，易形成沉淀而除去。尤其是草酸钙的溶度积只有 $1.8×10^{-9}$，因此能比较完全除去发酵液中的 Ca^{2+}，同时生成的草酸钙还能促使杂蛋白凝固。）用 3g 黄血盐 [K₄Fe（CN）₆] 除去发酵液中的 Fe^{3+}，最终形成普鲁士蓝沉淀 {Fe₄[Fe（CN）₆]₃}。

用管碟法在相同条件下检测原始发酵液和经过预处理后的发酵液的抑菌活性，以白念珠菌作为检验菌。

（2）发酵液中杂蛋白等的去除 发酵液虽经离心处理，但仍含有大量的杂蛋白等黏性物质。这些杂质不仅使发酵液黏度提高，液固分离速度受影响，而且还会影响后面的提取操作。因此，在预处理时应尽可能除去这些物质。本实验采用热处理和酸处理相结合的方法离心除去杂蛋白等黏性物质。

将发酵上清液用草酸调节 pH 为 4.0，在 95℃条件下放置 10min，出现混浊搅拌，静置 30min 后，4000r/min 离心 10min，收集上清液与原始发酵液在相同条件下做抑菌效果对比。

（六）抗生素初步提取

1. 原理

（1）超滤法分离抗生素 发酵上清液经过预处理后，用超滤的方法对液体在分子水平进行物理筛分。由于抗生素分子量比较小，因此能通过超滤膜，而蛋白质、多肽、多糖等则被截留，从而使抗生素和大分子杂质达到一定程度的分离，为后续的提取操作提供方便。

（2）离子交换树脂分离抗生素 该抗生素在中性、酸性条件下稳定，而在碱性环境下不稳定；不能用有机溶剂提取，具有极性，水溶性良好；同时纸电泳结果表明，该抗生素可能属于酸性抗生素。鉴于此，采用离子交换树脂提取可能具有比较好的效果。因为该抗生素在碱性条件下不稳定，所以不可使用碱性树脂（OH 型）。在中性、酸性环境中，可很好地吸附在磺酸树脂（H 型）上，然后用稀氨水洗提。当然，由于该抗生素在碱性环境中不稳定，必须迅速中和或蒸出氨。

（3）吸附法分离抗生素 吸附树脂的作用原理是一种分子较小的物质附着在另一种物质表面的过程。被吸附的分子（吸附质）和吸附剂活性表面尖端的作用力为范德瓦耳斯力，通过它的表面进行物理吸附而工作。

2. 仪器与材料

（1）仪器 Dowex 50W 型离子交换树脂、SP207 大孔吸附树脂、聚醚砜超滤膜、恒流泵、高速冷冻离心机、16mm×800mm 玻璃色谱柱、Labscale TFF System 超滤组件、冷冻干燥器。

（2）材料 发酵液（由 3L 发酵罐发酵所得）、检验菌：白色念珠菌（*Candida albicans*）、粒状活性炭、HCl、NaOH、氨水、乙醇等。

3. 步骤

（1）超滤法分离抗生素 采用截留分子量为 5000 的聚醚砜超滤膜，常温下，进口压控制在 0.15~0.3MPa，回流出口压控制在 0.1~0.2MPa，采用错流过滤，初始滤速控制在 30ml/min，之后随超滤的进行，滤速下降，常需要相应调节滤速。

收集滤液，与原始发酵液在相同条件下作抑菌效果比较。

（2）离子交换树脂分离抗生素

1）Dowex 50W 型离子交换树脂预处理。新 Dowex 50W 型离子交换树脂在使用之前必须进行预处理：①用树脂床体积 2~3 倍的 4%HCl 清洗，1h 左右通过树脂床；②水洗，以相同流速，通蒸馏水淋洗树脂床至流出液 pH 4.0～5.0；③用 2～3 倍体积的 4% NaOH 清洗，1h 左右通过树脂床；④水洗，以相同流速，通蒸馏水淋洗树脂床至流出液 pH 9.0～10.0；⑤再生，用 4 倍体积的 4%HCl 溶液，2h 左右通过树脂床；⑥水洗，以运行流速和流量，通蒸馏水至洗出液 pH 5.0～6.0。

2）上样与洗。调节发酵液 pH 为 4.0，将树脂湿装法装好柱以后，先用滴管轻轻地把样品溶液加到固定相表面，尽量避免冲动基质。待液面高出树脂床 5cm 后，用恒流泵慢慢流加，流速控制 1 倍体积 /h，以流出液的 pH 控制交换程度，等流出液的 pH 与上柱前的发酵液 pH 相同时，即可停止上样，记录发酵液用量。然后用蒸馏水洗至中性，用 4 倍体积 0.6mol/L 氨水洗脱，流速控制在 1 倍体积 /h，洗脱液立即减压浓缩，用 pH 为 4.0 的酸性水溶解至原发酵液用量，与原发酵液在相同条件下作抑菌效果比较。

（3）吸附法分离抗生素

1）SP207 大孔吸附树脂的预处理。新 SP207 大孔吸附树脂使用之前需预处理。

a. 在吸附柱内加入相当于装填树脂 0.5 倍的水，然后将新大孔树脂投入柱中，把过量的水从柱底放出，并保持水面高于树脂层表面约 20cm，直到所有的树脂全部转移到柱中。

b. 从树脂底部缓缓加水，逐渐增加水的流速使树脂床接近完全膨胀，保持这种反冲流速直到所有气泡排尽，所有颗粒充分扩展，小颗粒树脂冲出。

c. 用 2 倍树脂床体积的乙醇，以 2 倍体积 /h 的流速通过树脂层，并保持液面高度，浸泡过夜。

d. 用 4 倍体积乙醇，2 倍体积 /h 的流速通过树脂层，洗至流出液加水不呈白色浑浊为止。

e. 从柱中放出少量的乙醇，检查树脂是否洗净，否则继续用乙醇洗柱，直至符合要求。检查方法：①水不溶性物质的检测。取乙醇洗脱液适量，与同体积的蒸馏水混合后，溶液应澄清，10℃放置 30min，溶液仍应澄清；②不挥发物的检查。取乙醇洗脱液适量，在 200～400nm 范围内扫描紫外图谱，在 250nm 左右应无明显紫外吸收。

f. 用蒸馏水以 2 倍体积 /h 的流速通过树脂层，洗净乙醇。

g. 用 2 倍体积 4%HCl，以 5 倍体积 /h 的流速通过树脂层，并浸泡 3h，而后用蒸馏水以同样流速洗至水洗液呈中性（pH 试纸检测 pH 7.0）。

h. 用 2.5 倍体积 5% 的 NaOH，以 5 倍体积 /h 的流速通过树脂层并浸泡 3h，而后用蒸馏水同样流速洗至水洗液呈中性（pH 试纸检测 pH 7.0）。

2）粒状活性炭预处理。粒状活性炭在使用之前需预处理。装柱前应在清水中浸泡数小时，清洗除去污物和碳粉末。装柱后，用 5%HCl 和 4%NaOH 以反洗方式交替处理 2 次，用量为活性炭的 3 倍，酸碱处理后用蒸馏水洗至中性即可。

3）吸附分离。上样参照以前步骤。然后用蒸馏水洗至中性，用 4 倍体积 30% 丙酮水溶液洗脱，流速控制 1 倍体积 /h，洗脱液立即减压浓缩，用 pH 为 4.0 的酸性水溶解至原发酵液用量，与原发酵液在相同条件下作抑菌效果的比较。

4）抗生素的浓缩干燥。抗生素经过上述处理后，减压浓缩，冷冻干燥。为检验该粗制品的抑菌效果，将粉末溶于蒸馏水中，体积与原发酵液相同，与前次处理后的发酵液在相同条件下进行抑菌效果比较，并计算在抑菌活性方面的最终收率。

第 10 章　青霉素发酵

一、前言

青霉素是抗生素的一种，是从青霉菌培养液中提取的药物，是第一种能够治疗人类细菌感染疾病的抗生素。青霉素属于 β- 内酰胺类抗生素，其基本结构是 β- 内酰胺环和噻唑烷环骈联组成的 N- 酰基 -6- 氨基青霉烷酸（图 10-1）。

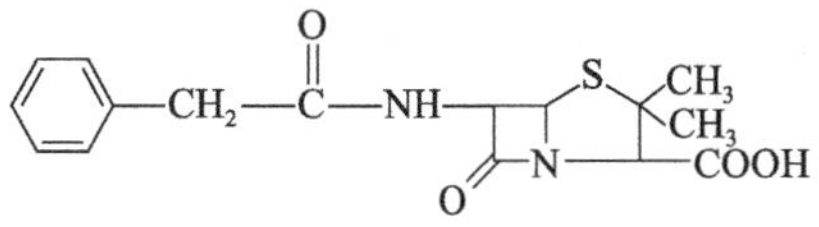

图 10-1　青霉素 G 结构

青霉素用于临床是 40 年代初，可分为三代：第一代青霉素指天然青霉素，如青霉素 G（卞青霉素）；第二代青霉素是指以 6- 氨基青霉烷酸（6-APA）为母核，改变侧链而得到的半合成青霉素，如甲氧苯青霉素、羧苄青霉素、氨苄青霉素；第三代青霉素是母核结构带有与青霉素相同的 β- 内酰胺环，但不具有四氢噻唑环，如硫霉素、诺卡菌素。青霉素按其特点又可分为：青霉素 G 类、青霉素 V 类、耐酶青霉素、广谱青霉素、抗绿脓杆菌的广谱青霉素和氮脒青霉素。

青霉素通过抑制细菌的转肽酶阻止细胞壁合成中的黏肽交联，使细胞壁合成发生障碍，导致细菌细胞破裂而死亡。青霉素主要对各种细菌如葡萄球菌、链球菌、肺炎球菌、脑膜炎球菌、淋球菌、螺旋体、革兰氏阳性杆菌与放线菌高度敏感。临床中青霉素可用于各种敏感菌所致的各种病患，如肺炎、急性扁桃体炎、猩红热、白喉、丹毒、创伤感染，一些亚急性细菌性心内膜炎、急性骨髓炎、乳腺炎、中耳炎、流行性脑脊髓膜炎和放线菌病等。对金黄色葡萄球菌及其他革兰氏阳性菌所引起的许多疾病有明显疗效。虽然近年来不断出现对青霉素具有耐药性的病菌，而且注射青霉素引起过敏等问题尚有待解决，但由于半合成青霉素的研究开发，使青霉素的抗菌谱得到进一步扩展，世界市场对青霉的需求有增无减。青霉素从临床应用开始，至今已发展到第三代，就目前情况看来，青霉素尚不能被完全取代，其应用前景仍然看好。

二、青霉素发酵概述

（一）青霉素生产现状

自青霉素出现以来，一大批化学、生物学、医学以及工程技术等方面的研究人员，为共同探索青霉素的分子结构、化学功能、生物功能、发酵工艺以及菌种选育、培养基组成和细胞培养与发酵的条件等问题，做出了巨大的努力，取得了惊人的成就。在最近的 40 多年中，青霉素发酵效价提高了 1000 倍，平均生产率提高了 40 多倍，成本却下降了 90%。如今，青霉素发酵的效价已能达到 100 000U/ml，而且仍在不断提高。

1. 国外现状

在世界抗生素的销售市场上，目前青霉素类抗生素仍然占有绝对优势，据统计，1980 年世界青霉素的总产量高达 17 000t，总产值 3.8 亿美元，占抗生素市场总额的 42%，且以

5.5%的年递增速度增长。到 1997 年，世界范围内青霉素的总产量达到 38 000t，包括青霉素 G 24 000t 和青霉素 V 13 000t。但到目前为止青霉素需求量中作为注射剂的青霉素 G 和口服剂青霉素 V 仅占 20%，除了 3%～5% 作为兽药或饲料添加剂使用，大部分青霉素是作为制备 6- 氨基青霉烷酸、7- 氨基脱乙酰氧基头孢烷酸或氯亚甲基头孢烯母核的原料，转化成高附加值产品推向市场。

2. 国内现状

我国抗生素生产起步较晚，1953 年才建成第一座抗生素生产厂，目前，我国青霉素生产的规模与质量都与国际先进水平存在很大差距，其中的原因有：缺少优良菌种、设备不够先进、自动化程度有待进一步提高、培养基质量不稳定等。因此，如何提高发酵产量和降低生产成本成为国内发酵研究人员面临的共同课题。

我国是发酵工业大国，但目前我国发酵工业中的过程控制技术水平还比较低，采用计算机控制技术起步较晚，普及率低。为尽快扭转发酵过程控制技术落后的局面，1986～1990 年，在全国电子信息推广应用办公室的支持和国家药品监督管理局计算机推广应用办公室的组织下，首先在青霉素发酵过程中进行计算机控制试验，并取得了良好的效果。1991～1995 年又陆续在土霉素、林可霉素、维生素 C 等产品中推广应用，经济效益十分显著。统计资料表明，我国青霉素发酵单产在 1986～1990 年徘徊在 25 000U/ml，后来由于菌种的改进和采用计算机发酵过程控制技术，到 1995 年已经突破 50 000U/ml 大关，仅华北制药厂、哈尔滨制药厂和济宁抗生素厂，年纯增经济效益超过 3000 万元。

在近几年来，随着生物工程的迅速发展，中国青霉素生产规模得到迅速扩展，在 1996 年全球青霉素原料药年产销量达 40 000t 左右，中国青霉素占 30% 的国际市场，且出口量猛增。1999 年，中国大力整顿医药市场，供求关系得到改善，市场逐渐规范，中国青霉素工业钾盐生产能力已占世界生产能力 40%，实际产量占世界 35.29%。特别是进入 2000 年，中国原料药产量中七种青霉素系列产品均呈现增长趋势，其中哌拉西林增长 267%，以 6-APA 为中间体的系列产品阿莫西林增长 69%，产量近 2000t。

（二）青霉素产生菌及其选育

1. 青霉素产生菌

青霉素最早从点青霉（*Penicillium notatum*）中发现，表面培养每毫升仅几个单位。采用产黄青霉（*P. chrysogenum*）NRRL-1951，发酵单位也只有 100U/ml。经自然选育、诱变、杂交等育种手段，新高产菌株不断出现。国内青霉素产生菌在深层培养基中菌丝形态分为丝状菌和球状菌。丝状菌按孢子颜色又分为黄孢子丝状菌和绿孢子丝状菌；球状菌按孢子颜色分为绿孢子球状菌和白孢子球状菌。球状菌发酵单位虽高，但对原材料和设备要求高，提取收率还低于丝状菌。所以，目前工业生产大多采用绿色丝状菌。

2. 菌株选育

所谓菌种选育，就是利用菌种遗传变异的特性，采用各种手段，改变菌种的遗传性状，经筛选获得新的适合生产的突变株，提供生产，以稳定提高抗生素产量或得到新的抗生素产品。提高抗生素产生菌的抗生素产量是菌种选育技术最基本的任务。抗生素是微生物生物合成的产物，由于微生物新陈代谢的特殊性，抗生素发酵生产的原料与抗生素产量并不像化学合成一样有严格的计量关系，采用具有高产优质代谢特性的菌株作为生产菌株，可以在不增加或少增加原料、设备的情况下，大大提高抗生素产量，增加经济效益。

菌种选育技术随着分子生物学、分子遗传学的发展也在不断提高。育种技术有自然育种、诱变育种和杂交育种等，随着抗生素合成途径的阐明，菌种选育由诱变结合随机筛选发展成理性筛选，大大提高了筛选频率。

3. 菌种选育方法

（1）自然选育　　菌种选育最早是利用菌种的自发突变来进行自然选育，从而提高抗生素生产水平。自然选育是一种纯种选育方法，它利用微生物在一定条件下产生自发突变的原理，通过分离、筛选，排除衰退型菌株，以此来达到纯化菌种、复壮菌种、稳定生产的目的。自发突变是指在没有人工干预下生物体自然发生的突变。微生物以 10^{-6} 左右的突变率进行自发突变。生产上将该方法又称为自然分离。自然选育的方法经济实用，技术难点低，但正突变率太低，难以大幅度提高生产水平。

（2）紫外诱变选育　　紫外线（UV）是一种最常用的物理诱变因素。它的主要作用是使 DNA 双链之间或同一条链上两个相邻的胸腺嘧啶形成二聚体，阻碍双链的分开、复制和碱基的正常配对，从而引起突变。紫外线照射引起的 DNA 损伤，可由光复活酶的作用进行修复，使胸腺嘧啶二聚体解开恢复原状。因此，为了避免光复活，用紫外线照射处理时以及处理后的操作应在红光下进行，并且将照射处理后的微生物放在暗处培养。用 15W 或 20W 紫外灯管照射受试菌前，灯管须预热 20min，使灯光稳定，而后距离 15～30cm，照射 10～20min 即可。菌悬液要磁力搅拌，使所有单细胞或单孢子均匀受到照射。

（3）诱变选育　　诱变育种是抗生素发酵中主要的育种方法。它利用物理或化学诱变剂处理均匀分散的微生物细胞群，促进其突变频率大幅度提高，然后用简便、快速、高效的筛选方法，从中挑选符合育种要求的突变株。用稀释的表面活性剂制备单孢子悬液，常用的表面活性剂是吐温 -80（Tween-80），浓度 0.01%～0.1%。在高诱变率的前提下选用最适剂量（既能扩大变异幅度，又能促使变异移向正变范围的剂量，即为最适剂量）。利用复合处理的协同效应（两种或多种诱变剂的先后使用，同一种诱变剂的重复使用，两种或多种诱变剂的同时使用，均常呈现一定的协同效应），会取得更好的诱变效果。

利用微生物形态、生理与产量间的相关指标，如变色圈、水解圈、抑菌圈、反应圈的大小等，在初筛中可从形态性状估计其生产潜力。诱变育种和其他育种方法相比较，具有速度快、收效大、方法简便的优点，缺点是诱发突变缺乏定向性，必须与大规模的筛选工作相配合才能收到良好的效果。

4. 青霉菌生长及其产物合成阶段

（1）菌丝生长阶段　　发酵培养基接种后，生产菌在合适的环境中经过短时间的适应，即开始发育、生长和繁殖，直至达到菌体的临界浓度。这个阶段主要是碳源（包括糖类、脂肪等）和氮源的分解代谢，以及菌体细胞物质的合成代谢变化，前者的代谢途径和后者有机地联系在一起，碳源、氮源和磷酸盐等营养物质不断被消耗，菌丝体快速生长。球状菌孢子发芽后菌丝伸长、卷曲、缠绕发育成球丝状，菌体浓度迅速增加。丝状菌孢子发芽后菌丝伸长，舒展，分枝旺盛，菌丝浓度增加很快。

当营养物质的消耗达到一定程度，菌体生长达到一定浓度，或者溶解氧的供应下降到某一水平，即成为限制因素时，菌体生长速度减慢；同时，由于菌体的某些中间代谢产物的迅速积累、原有的酶活力下降以及出现与抗生素合成有关的新酶等原因，导致生理阶段的转变，发酵就从菌丝生长阶段转入青霉素合成阶段。菌丝生长阶段青霉素分泌量很少。

（2）青霉素合成阶段　此阶段主要合成青霉素，青霉素的生产速率达到最大，并一直维持到青霉素合成能力衰退。在这个阶段，菌体质量有所增加，但产生菌的呼吸强度一般无显著变化。

这期间以碳源和氮源的分解代谢和青霉素的合成代谢为主，前者的代谢途径和后者有机地联系在一起，碳源、氮源等营养物质不断消耗，青霉素不断合成。此外，由于存在着抗生素合成和菌体合成二条不同的代谢途径，需要严格控制发酵条件，以利于抗生素合成代谢的进行。一般在这个阶段，发酵液中碳源、氮源和磷酸盐等营养物质的浓度必须控制在一定范围内，才有利于青霉素合成；如果这些物质过多，则只会促进菌体生长，抑制青霉素合成；如果这些物质过少，则菌体容易衰老，青霉合成能力也会衰退，对生产不利。除此之外，发酵液的pH、温度和溶解氧浓度等都会影响发酵过程中的代谢变化，进而影响青霉素产量，必须予以严格控制。此阶段一般又称为青霉素分泌期或发酵中期。

（3）菌体自溶阶段　这个阶段菌体衰老，细胞开始自溶，合成青霉素能力衰退，青霉素生产速率下降，氨基氮增加，pH上升。此时发酵必须结束，否则不仅会使青霉素受到破坏，还会给发酵液过滤和提炼带来困难。此阶段一般又称为菌体自溶期或发酵后期。

（三）青霉素发酵工艺

抗生素的生产方法一般来说有三大类，即生物合成法、全化学合成法及半化学合成法。从菌种到发酵属于"生物合成"，是利用特定的微生物（即抗生素产生菌），在一定条件下（培养基、温度、pH、通气、搅拌等）下使之生长繁殖，并在代谢过程中分泌出抗生素。然后利用抗生素的特定理化性质，选用适当的化学手段将抗生素从发酵产物中分离出来，并加以提取和精制，最后获得符合药典的各种抗生素产品。青霉素发酵，丝状菌采用三级发酵，球状菌采用二级发酵。

1. 丝状菌种子扩大培养及发酵工艺流程（图10-2）

砂土管 ⟶ 斜面母瓶 ──孢子培养──▶ 大米孢子 ──孢子培养──▶ 种子罐 ────种子培养────▶
　　　　　　　　　25℃, 6~7d　　　　　　25℃, 6~7d　　　　　25℃, 40~45h, 1:2.0vvm

二级种子罐 ──种子培养(菌丝浓度40%,残糖≤1%)──▶ 发酵罐
　　　　　　　25℃, 13~15h, 1:1.5vvm

图 10-2　丝状菌种子扩大培养及发酵工艺流程

2. 球状菌种子扩大培养及发酵工艺流程（图10-3）

冷冻管 ⟶ 亲米 ──孢子培养──▶ 生产米 ──孢子培养──▶ 种子罐 ────种子培养────▶ 发酵罐
　　　　　　25℃, 6~8h　　　　　25℃, 8~10h　　　　　28℃, 50~60h, 1:1.5vvm

──发酵──▶ 放罐 ──冷却──▶ 至提取部门
25℃, 6~7d, 1:1vvm

图 10-3　球状菌种子扩大培养及发酵工艺流程

3. 种子质量的控制

丝状菌的生产种子是由保藏在低温的冷冻安瓿管经甘油、葡萄糖、蛋白胨斜面移植

到小米固体上，25℃培养7d，真空干燥并以这种形式保存备用。生产时按一定的接种量移种到含有葡萄糖、玉米浆、尿素为主的种子罐内，25℃培养40h左右，菌丝浓度达6%～8%，菌丝形态正常，按10%～15%的接种量移入含有花生饼粉、葡萄糖为主的二级种子罐内，25℃培养14h，菌丝体积10%～12%，形态正常，效价在700D/ml左右便可作为发酵种子。

球状菌的生产种子是由冷冻管孢子经混有0.5%～1.0%玉米浆的三角瓶培养原始亲米孢子，然后再移入罗氏瓶培养生产大米孢子（又称生产米），亲米和生产米均为25℃静置培养，需经常观察生长发育情况在培养到50h。大米表面长出明显小菌落时要振摇均匀，使菌丝在大米表面能均匀生长，待6d左右形成绿色孢子即可收获。亲米成熟接入生产米后也要经过激烈振荡才可放置恒温培养，生产米的孢子量要求每粒米300万只以上。亲米、生产米孢子都需保存在5℃冰箱内。

工艺要求将新鲜的生产米（指收获后10天以内的罗氏瓶）接入含有花生饼粉、玉米胚芽粉、葡萄糖、饴糖为主的种子罐内，28℃培养50～60h，当pH由6.0～6.5下降至5.5～5.0，菌丝呈菊花团状，平均直径在100～130μm，每毫升的球数为6万～8万只，沉降率在85%以上，即可根据发酵罐球数控制在8000～11000只/ml范围的要求，计算移种体积，然后接入发酵罐，多余的种子液弃去。球状菌以新鲜孢子为佳，其生产水平优于真空干燥的孢子，能使青霉素发酵单位的罐批差异减少。

4. 培养基的控制

（1）碳源和氮源　　青霉菌能利用多种碳源，如乳糖、蔗糖、葡萄糖、淀粉、油脂等。乳糖对青霉素合成最为有利，但价格高，货源少。生产上主要使用葡萄糖母液和工业用葡萄糖。天然油脂如玉米油、豆油等也能作为有效碳源被缓慢利用。玉米浆是最好氮源，它含有多种氨基酸如精氨酸、谷氨酸、组氨酸、苯丙氨酸、β-苯乙酸及其衍生物。β-苯乙酸及其衍生物为青霉素生物合成提供侧链前体。由于玉米浆价格高，质量不稳定，国内常以花生饼粉或棉籽饼代替。

（2）无机盐　　青霉菌胞液中含硫和磷，青霉素的生物合成需要硫和磷，硫和磷浓度降低青霉素产量不同程度减少。青霉素生物合成时发酵液中主要无机阳离子总浓度为300mg/L时产量最高，合适比例为钾30%、钙20%、镁41%。铁易渗入菌丝内，对青霉素发酵有毒害作用，发酵液铁离子超过30～40μg/ml时，发酵单位增长缓慢，达300μg/ml时，产量降低90%。

（3）前体　　青霉素生物合成前体有苯乙酸（或其盐类）、苯乙酸胺等。它们一部分直接结合到青霉素分子中，另一部分作为养料和能源被利用。前体对青霉菌有一定的毒性，苯乙酸胺毒性更大。发酵中采用分批流加，且一次加量不能大于0.1%，同时加入硫代硫酸钠减少毒性。

5. 发酵条件控制

（1）温度　　青霉素发酵的最适温度随所用菌株的不同可能稍有差别，但一般认为应在25℃左右。温度过高将明显降低发酵产率，同时增加葡萄糖的维持消耗。对菌丝生长和青霉素合成来说，最适温度是不一样的，一般前者略高于后者，故有的发酵过程在菌丝生长阶段采用较高的温度，以缩短生长时间，到达生产阶段后便适当减低温度，以利于青霉素的合成。

（2）pH　　青霉素发酵的最适 pH 一般认为在 6.5 左右，有时也可以略高或略低一些，但应尽量避免 pH 超过 7.0，因为青霉素在碱性条件下不稳定，容易加速其水解。在缓冲能力较弱的培养基中，pH 的变化是葡萄糖流加速度高低的反映。过高的流加速率造成酸性中间产物的积累使 pH 降低；过低的流加速率不足以中和蛋白质代谢产生的氨或其他生理碱性物质代谢产生的碱性化合物而引起 pH 上升。

（3）溶解氧浓度　　对于好氧的青霉素发酵来说，溶解氧浓度是影响发酵过程的一个重要因素。当溶解氧浓度降到 30% 饱和度以下时，青霉素产率急剧下降，低于 10% 饱和度时，则造成不可逆的损害。溶解氧浓度过高，说明菌丝生长不良或加糖率过低，造成呼吸强度下降，同样影响生产能力的发挥。溶解氧浓度是氧传递和氧消耗的一个动态平衡点，氧消耗与碳能源消耗成正比，故溶解氧浓度也可作为葡萄糖流加控制的一个参考指标。

（4）加糖控制　　球状菌依据 pH，一般在 20h、pH＞6.5 时开始加糖，全程 pH 6.7～7.0。丝状菌依据残糖量及发酵 pH 加糖，当残糖量降至 0.6% 左右、pH 上升时开始加糖，加糖率每小时 0.07%～0.15%。放罐要求 pH＜7.0。流加代替间断滴加，可减少总加糖量，还可提高发酵单位。

（5）补料及添加前体　　丝状菌接种 8～12h，发酵液浓度达 40% 左右，液面较稳定时开始补料。发酵单位升至 2500U/ml 时开始补加前体，4h 补加一次，使发酵液中残余苯乙酸胺含量为 0.05%～0.08%。若 pH＞6.5，加入硫酸铵使 pH 维持在 6.2～6.4，发酵液氨氮控制在 0.01%～0.05%。球状菌发酵基础培养基内没有前体，10h 左右开始加入尿素、氨水和苯乙酸混合料，3h 加一次，由单位增长速度决定其加入量。

（6）通气与搅拌　　通气比为 1∶1～0.8。根据菌丝浓度进行变速控制，有利于不同阶段溶解氧需求。种子罐培养时不同菌株要求搅拌转速不同，丝状菌种子罐转速高于发酵罐，而球状菌种子罐转速低于发酵罐。发酵罐中、后期减慢转速有利提高球状菌发酵单位，并能节约能源。

（7）泡沫与消泡　　近年消泡剂以"泡敌"（聚醚树脂类）部分代替豆油等天然油脂。BAP 型（聚氧丙烯聚氧乙烯三聚丙醇醚）消泡能力强、毒性较低，优于 GPE 型（聚氧丙烯聚氧乙烯甘油醚）。菌丝生长繁殖期不宜多用，发酵后期可以加水稀释泡敌后与豆油交替分次间歇加入。

6. 发酵终点判断

通过在线控制，准确判断放罐时间，合理确定发酵周期。青霉发酵一般为 6～8d，菌丝自溶前必须放罐，菌丝自溶前氨基氮开始下降、pH 上升、菌丝碎片增多、发酵液黏度增加等。自溶后分解产物一般很难过滤，最终造成产量和质量降低。发酵过程如遇染菌或异常情况要及时处理。

7. 青霉素提取

发酵结束后，发酵液中青霉素浓度很低，折合菌体质量计算仅含 2.5%，经过滤、浓缩才便于提取。早期曾使用活性炭吸附法，目前采用溶媒萃取法，发酵液加入溴代十五烷吡啶（PPB）作絮凝剂进行二次过滤，乙酸丁酯（BA）为溶剂。溶媒萃取法提取青霉素钾盐的工艺流程如下（图 10-4）。

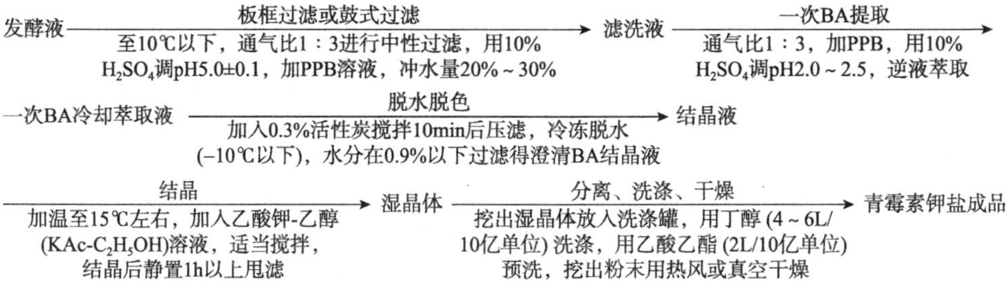
发酵液
板框过滤或鼓式过滤
至10℃以下，通气比1：3进行中性过滤，用10%
H2SO4调pH5.0±0.1，加PPB溶液，冲水量20%～30%
滤洗液
一次BA提取
通气比1：3，加PPB，用10%
H2SO4调pH2.0～2.5，逆液萃取
一次BA冷却萃取液
脱水脱色
加入0.3%活性炭搅拌10min后压滤，冷冻脱水
(−10℃以下)，水分在0.9%以下过滤得澄清BA结晶液
结晶液
结晶
加温至15℃左右，加入乙酸钾-乙醇
(KAc-C2H5OH)溶液，适当搅拌，
结晶后静置1h以上甩滤
湿晶体
分离、洗涤、干燥
挖出湿晶体放入洗涤罐，用丁醇 (4～6L/
10亿单位) 洗涤，用乙酸乙酯 (2L/10亿单位)
预洗，挖出粉末用热风或真空干燥
青霉素钾盐成品

图 10-4 溶媒萃取法提取青霉素钾盐的工艺流程

（四）青霉素的生物合成

如图 10-5。青霉素和头孢菌素都是由相同前体物质——半胱氨酸、缬氨酸、氨基己二酸和苯乙酸形成。这些物质经过一系列反应，最后合成青霉素或头孢菌素。首先是 L-α- 氨基

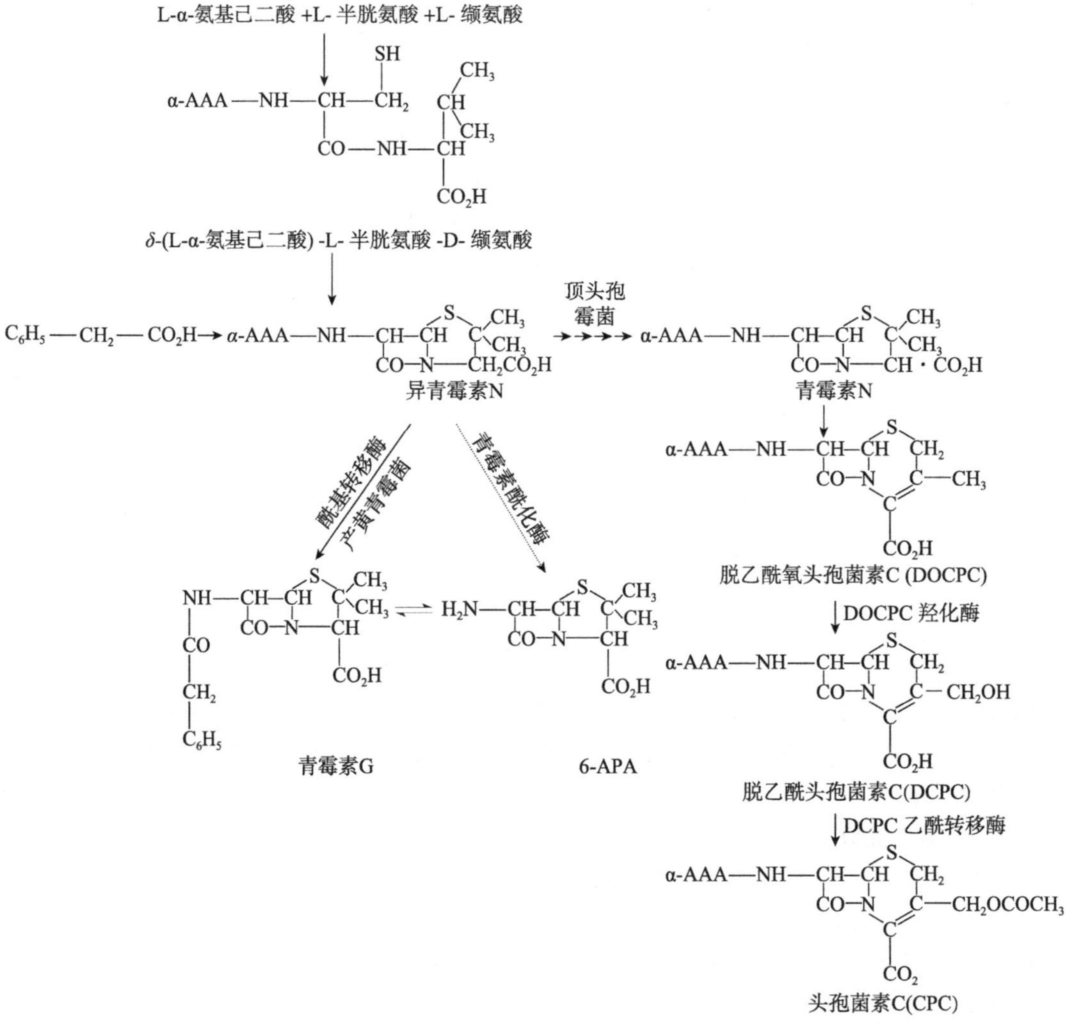
L-α-氨基己二酸 +L- 半胱氨酸 +L- 缬氨酸
δ-(L-α-氨基己二酸) -L- 半胱氨酸 -D- 缬氨酸
异青霉素N
顶头孢
霉菌
青霉素N
酰基转移酶
产黄青霉菌
青霉素酰化酶
脱乙酰氧头孢菌素C (DOCPC)
DOCPC 羟化酶
脱乙酰头孢菌素C(DCPC)
DCPC 乙酰转移酶
青霉素G
6-APA
头孢菌素C(CPC)

图 10-5 青霉素 G 和头孢菌素 C 生物合成可能途径

己二酸的 γ- 羧基和 L- 半胱氨酸的 α- 羧基被活化，活化的 L-α- 氨基己二酸的 γ- 羧基与 L- 半胱氨酸的 α- 氨基形成 δ-（L-α- 氨基己二酰）-L- 半胱氨酸二肽化合物。活化状态的二肽再与 L- 缬氨酸反应形成 LLD- 三肽化合物，缬氨酸从 L- 构型转变为 D- 构型。这是 β- 内酰胺类抗生素合成途径的关键中间体。然后，失去 4 个氢原子，三肽化合物分子内环化，形成具有 β- 内酰胺环和骈噻唑环结构的异青霉素 N。在生物合成过程中，异青霉素 N 是青霉素和头孢菌素的共同中间体。最后，异青霉素 N 分别进行末端生物合成形成各种 β- 内酰胺类抗生素。不同的是，青霉素最后形成含噻唑的母环，而头孢菌素则含双氢噻嗪环。

（五）青霉素的合成代谢

1. 碳分解代谢阻遏

在青霉素生物合成过程中，由于受碳分解代谢阻遏，有些酶如青霉素酰基转移酶就受到抑制。在青霉素发酵初期，青霉素产生菌迅速利用葡萄糖。葡萄糖有利于菌体生长，但却抑制青霉素合成，因为碳源（葡萄糖）被快速利用，阻遏了次级代谢产物酶系的合成。乳糖是青霉素合成最好的碳源，它比葡萄糖优越是因为乳糖被缓慢水解成单糖速度正好符合青霉素产生菌生产期合成青霉素的需要，而不会产生过高浓度的碳分解产物而抑制青霉素合成。因此，碳源缓慢利用是大量合成青霉素的关键。

2. 赖氨酸反馈调节

图 10-6 是赖氨酸反馈抑制青霉素反应途径。Bonner（1947）发现，产黄青霉赖氨酸缺陷型菌株中 20% 不合成青霉素，因为赖氨酸可以抑制该菌株合成青霉素。研究证明，α- 氨基己二酸初级代谢终产物是赖氨酸，分支次级代谢产物是青霉素 G 或头孢菌素 C，所以 α- 氨基己二酸是合成青霉素和赖氨酸的共同前体。当赖氨酸过量时，催化 α- 酮戊二酸和乙酰 CoA 合成高柠檬酸合成酶受到反馈抑制，从而使 α- 氨基己二酸产量减少，青霉素合成也受

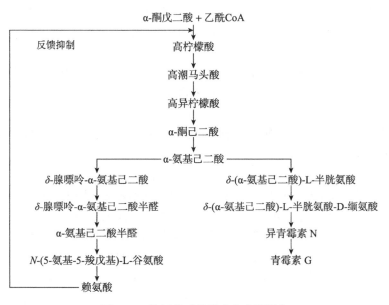

图 10-6 赖氨酸对青霉素合成的调节

到影响。产黄青霉 Q176 菌株，缬氨酸过量积累，对合成途径中的关键酶乙酸乳酸脱氢酶进行反馈抑制，使缬氨酸合成减少，也影响青霉素合成。赖氨酸能反馈抑制赖氨酸生物合成途径中第一个酶——高柠檬酸合成酶，导致氨基己二酸合成受阻，因而减少青霉素 G 或头孢菌素 C 生物合成中间体供应，使抗生素产量减少。

三、青霉素发酵

（一）不同种源青霉素的混合发酵

1. 原理

传统的青霉素发酵生产把发酵罐接种量控制在 10%～15%，种子罐种子液进入发酵罐后，经延滞期、菌丝生长期、菌丝生长到次级代谢的转化期，才进入代谢稳定期，因此，延滞期和菌丝生长期长，会严重影响发酵罐的设备利用率和发酵水平的提高。青霉素 99-8 菌种是一种具有高摄氧能力的基因工程菌，传统的接种工艺没能充分发挥出该菌种的优良特性，通过改进青霉素发酵罐的接种工艺，优化发酵前期工艺，既实现了大幅缩短延滞期和菌丝生长期的目的，又保证了次级代谢阶段的菌丝量和维持时间，从而显著提高了青霉素的生产水平和经济效益。

2. 仪器与材料

（1）仪器　　NLF30 发酵罐、空气压缩机、低温冷却循环机、Agilent1100 型高效液相色谱仪等。

（2）材料

1）菌种：青霉素产生菌 99-8。

2）培养基：种子培养基：4.0% 玉米浆（以干物质计），2.4% 蔗糖，0.4% 硫酸铵，0.4% 碳酸钙，0.2% 豆油，0.06% 消泡剂，pH 6.2～6.5；

发酵培养基：3.8% 玉米浆（以干物质计），0.54% 磷酸二氢钾，0.54% 无水硫酸钠，0.07% 碳酸钙，0.018% 硫酸锰，0.0025% 硫酸亚铁，0.01% 消泡剂，pH 4.7～4.9。

3. 步骤

（1）种罐实验　　按发酵罐接种量的要求，配备不同体积的种罐培养基，经高温消毒降温至 25℃ 后，接入米孢子进行培养，培养温度 25℃，搅拌转速 110r/min，空气流量：0～50h 为 0.5vvm（每分钟通气的体积比），50h 后为 1.0vvm，培养至对数生长后期移种。种子罐种子液分别按 10%、15%、20%、25%、30% 的接种量，接入发酵罐内，检测菌浓达到 40% 时的发酵周期和发酵指数。

（2）发酵罐实验　　发酵培养基在 50t 发酵罐内经高温消毒后降温至 25℃，分别进行种子罐种子液接种，发酵罐前期发酵液接种，混合接种和发酵前期工艺实验。实验过程中主要控制参数：温度 25℃，罐压 0.090～0.100MPa，搅拌转速 130r/min，空气流量和补料据发酵过程中的参数变化进行控制。采用种子罐种子液的接种量为 20%，前期发酵液的接种量为 10%，总接种量为 30% 的接种比例和接种量。由于总接种量增加，接种源变化，前期发酵液的溶解氧状态和菌丝的生长与代谢均发生较大变化，原工艺条件已不能满足最佳工艺控制要求。起始补糖率为 0.5%，苯乙酸补加时间为 6h，第一次 pH 自控时间为 6h，前期空气流量为 0.7vvm。

（3）参数测定和计算

1）菌浓测定。取发酵液 10ml 于离心管中，3000r/min 离心 5min，测得沉淀物在培养液中的体积比即为菌浓。

2）发酵效价测定。发酵液经滤纸和微孔滤膜过滤后进行 HPLC 测定，高效液相色谱仪为 Agilent1100 型，色谱条件：以乙酸－乙酸钠缓冲液－乙腈（体积比 80∶20）作流动相，检测波长 254nm，流速 1.2ml/min，进样量 20μl，柱温 25℃，柱型 Diamonsil C18（4.6mm×250mm，5μm）。采用外标法，用样品的青霉素峰面积与标准含量的青霉素峰面积比较得样品中青霉素效价。

3）发酵指数计算。

$$发酵指数 = \frac{发酵效价 \times 发酵液体积}{发酵罐体积 \times 发酵周期}。$$

4）发酵提炼的生产指数计算。

$$发酵提炼的生产指数 = 发酵指数 \times 提炼收率。$$

（二）青霉素提取与精制

1. 原理

青霉素以游离酸或盐状态存在时，在水及水不互溶的溶媒中溶解度不同，一定温度下达到平衡，青霉素在两相间浓度关系服从分配定律。青霉素游离酸在酸性条件下转入溶媒相，碱性条件下以盐的状态反萃取到水相。经过第二次转入溶媒相后，掺入乙酸钾，获得青霉素钾盐结晶（图 10-7）。

2. 仪器与材料

（1）仪器　恒温水浴锅、铁架台、分液漏斗、玻璃漏斗、碘量瓶、量筒、烧杯、碱式滴定管、刻度吸管、滴管、玻璃棒、吸耳球、滤纸、pH 试纸（0.5～4.5）等。

（2）材料　青霉素钠、硫酸、碳酸氢钠、乙酸钾、乙醇、0.005mol/L 碘标准溶液、0.01mol/L 硫代硫酸钠溶液、0.5% 淀粉指示剂、乙酸丁酯等。

3. 步骤

1）将 1 瓶青霉素成品用 80ml 蒸馏水溶解。取出一定量溶液做效价测定，剩余部分用 6% 硫酸调 pH 1.9，然后倒入分液漏斗中。

2）分液漏斗中加 30ml 乙酸丁酯。振摇 20min，静置 10～15min，分出水相

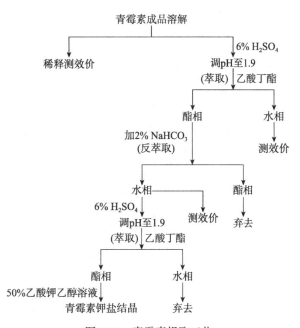

图 10-7　青霉素提取工艺

并立即做效价测定。

3）酯相中加入碳酸氢钠振摇 20min，静置 10～15min，分出水层，测定效价。弃去酯层。

4）用 6% 硫酸将水相 pH 调至 1.9。水相中加 25ml 乙酸丁酯，振摇 20min，弃水相。

5）酯相中加入少量无水硫酸钠，振摇片刻，过滤。

6）滤液中加入 50% 乙酸钾乙醇溶液 1ml，36℃水浴搅拌 10min，析出青霉素钾盐。

附：青霉素化学效价测定

1. 原理

青霉素在碱性条件下，水解生成青霉素噻唑酸，后者可与碘发生定量反应。在 pH 4.5，每一分子青霉素噻唑酸消耗 8 个碘原子，过量碘用硫代硫酸钠标准溶液滴定，即可计算出青霉素效价。化学反应如下（图 10-8）。

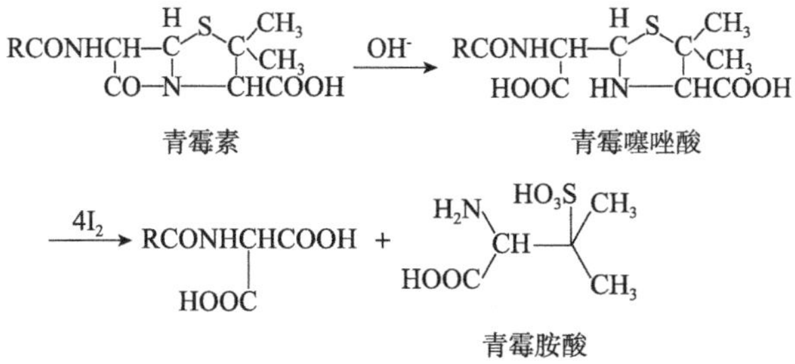

图 10-8 青霉素化学效价测定图

2. 仪器与材料

（1）仪器　电子天平、碱式滴定管、容量瓶、微量加样器等。

（2）材料　1mol/L HCl、酚酞、1mol/L NaOH、可溶性淀粉、pH 4.5 乙酸 – 乙酸钠缓冲液［取乙酸钠（$CH_3COONa \cdot 3H_2O$）18g，加冰醋酸 9.5ml，加水至 1000ml］、碘、硫代硫酸钠、Na_2CO_3、碘酸钾、碘化钾等。

3. 步骤

（1）标准溶液配制与测定

1）0.01mol/L 硫代硫酸钠标准溶液配制与标定。

a. 配制：取硫代硫酸钠 26g 和 Na_2CO_3 0.2g 溶于新煮沸过并放冷蒸馏水中，稀释至 1000ml，放置 5～7d。将溶液稀释 10 倍，即为 0.01mol/L 硫代硫酸钠溶液，待标定后使用。

b. 标定：取 0.089 17g 碘酸钾（经 105℃ 烘干 4h），加适量蒸馏水溶解，稀释至 250ml，即为 0.005mol/L 碘酸钾标准溶液。

取 0.005mol/L 碘酸钾标准溶液 10ml 于容量瓶中，加 5% 碘化钾溶液 10ml 和 3mol/L 硫酸 5ml，加塞放置 2min。加蒸馏水 20ml，以硫代硫酸钠溶液滴定至淡黄色，加 0.5% 淀粉指示剂 1ml，继续滴定至蓝色消失。根据 $C_1V_1 = C_2V_2$，计算需要的硫代硫酸钠标准溶液体积如下。

$$V_{(\text{Na}_2\text{S}_2\text{O}_3)} = \frac{0.01 \times 10}{C_{(\text{Na}_2\text{S}_2\text{O}_3)}}。$$

2）0.005mol/L 碘标准溶液配制与标定。

a. 配制：取碘 13g 及碘化钾 30g 于研钵中研细后，蒸馏水溶解，加盐酸 3 滴，用蒸馏水稀释至 1000ml，即为 0.05mol/L 碘溶液。将碘溶液稀释 10 倍后，即为 0.005mol/L 碘溶液。

b. 标定：准确吸取稀释 10 倍碘溶液 20ml 于三角瓶中，用 0.01mol/L 硫代硫酸钠标准溶液滴定至淡黄色，加 0.5% 淀粉指示剂 1ml，继续滴定至蓝色消失。根据 $C_1V_1 = C_2V_2$，计算如下。

$$C_{(\text{I}_2)} = \frac{C_{(\text{Na}_2\text{S}_2\text{O}_3)} \times V_{(\text{Na}_2\text{S}_2\text{O}_3)}}{20}。$$

（2）样品测定　　将样品溶液按估计效价用蒸馏水稀释至 1000U/ml。准确吸取稀释液 5ml 于 250ml 碘量瓶中，加 1mol/L NaOH 1ml，室温放置 20min。然后依次加 1ml 1mol/L HCl，pH 4.5 乙酸 - 乙酸钠缓冲液 5ml，0.005mol/L 碘标准溶液 20ml，暗处放置 20min，加 0.5% 淀粉指示剂约 1ml，用 0.01mol/L 硫代硫酸钠标准溶液滴定至蓝色消失。

空白滴定：取稀释液 5ml 于 250ml 容量瓶，加 pH 4.5 乙酸 - 乙酸钠缓冲液 5ml，0.005mol/L 碘标准溶液 20ml，室温暗处放置 20min，加 0.5% 淀粉指示剂约 1ml，用 0.01mol/L 硫代硫酸钠标准溶液滴定至蓝色消失。青霉素效价计算如下。

$$青霉素效价 = \frac{(V_{空} - V_{样}) \times C \times 1667}{2.25 \times 5 \times 0.01} \times 稀释倍数$$

式中，$V_{空}$：空白消耗硫代硫酸钠标准溶液体积（ml）；$V_{样}$：样品消耗硫代硫酸钠标准溶液体积（ml）；C：硫代硫酸钠标准溶液浓度（mol/L）；2.25：每毫克青霉素 G 相当于 0.005mol/L 碘标准溶液体积（ml）；5：取样体积（ml）。

第 11 章　右旋糖酐发酵

一、前言

　　右旋糖酐（dextran，又名葡聚糖）是蔗糖经肠膜明串珠菌（*Leuconostoc mesenteroides*，简称 L.M.）发酵后生成的高分子葡萄糖聚合物。它是最早发现的微生物多糖，也是世界上第一个工业化生产并作为代血浆应用的微生物多糖。它的生物合成机制是肠膜明串珠菌在发酵培养基中生成右旋糖酐蔗糖酶，可在一定条件下将蔗糖转化为右旋糖酐。右旋糖酐的理化性质因菌种不同而差异很大。目前世界各国多数采用美国的 L.M.NRRL B-512 菌株，我国则采用中国医学科学院血液学研究所分离的 L.M.-1226 菌株。两者所产的右旋糖酐，其 1,6 键均大于 90%，符合临床要求，且副反应小。

二、右旋糖酐发酵概述

（一）右旋糖酐的结构、分类及性质

　　自然界中右旋糖酐广泛存在于微生物以及微生物所分泌的黏液中，是构成细胞壁的重要组成部分。在甘蔗糖厂及甜菜糖厂的设备长期得不到清洗的部位中常发现右旋糖酐。蔗糖是右旋糖酐的主要来源。

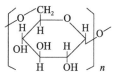

　　右旋糖酐主要是由 D- 吡喃式葡萄糖以 α-1,6 键连接成一线形长分子链，也有支链点以 α（1-2）、α（1-3）及 α（1-4）键相连接，其结构式如图 11-1。

图 11-1　右旋糖酐结构式

　　根据其分子量的不同，右旋糖酐可分为下列几种类型：①右旋糖酐 10，即微分子右旋糖酐，分子量 1.0 万以下，特性黏度 8.0～10.5，比旋度＋187° 以上；②右旋糖酐 20，即小分子右旋糖酐，分子量 1.0 万～2.5 万，特性黏度 10.6～15.9，比旋度＋190° 以上；③右旋糖酐 40，即低分子量右旋糖酐，分子量为 2.5 万～5.0 万，特性黏度 16.0～19.0，比旋度＋190°～＋200°；④右旋糖酐 70，分子量为 5.0～9.0 万，特性黏度 19.1～26.0，比旋度＋190°～＋200°；⑤大分子右旋糖酐，分子量 9.0 万以上，特性黏度 26.1 以上，比旋度＋190° 以上。

　　右旋糖酐为白色的无定形粉末固体，无臭无味，易溶于水，不溶于乙醇。在常温或中性溶液中可稳定存在，遇强酸可分解，在碱性溶液中其端基易被氧化，受热时可逐渐变色或分解。在 100℃真空中加热可发生轻微解聚；在 150℃ 加热会失水变色，产生部分溶于水的易脆产物；在 210℃加热 3～4h，会完全分解。右旋糖酐溶液可在 100～115℃下热压灭菌 30～45min。右旋糖酐溶于水中能形成具有一定黏度的胶体液，在生理盐水中，6% 的右旋糖酐液体与血浆的渗透压及黏度均相同。中分子右旋糖酐分子的线性大小约为 40Å，与血浆蛋白及球蛋白分子大小相近，在人体内会水解生成葡萄糖而具有营养作用。中分子右旋糖酐在人体内的排除作用较慢，作用时间较持久，达 6h，而低分子及小分子右旋糖酐的作用时间持续较短。

（二）右旋糖酐的药理作用

1. 扩充血容量

血浆代用品基本条件之一是必须与血浆相似，有足够的胶体渗透压。平均分子量为 7 万的右旋糖酐每克结合水量为 20～25ml，而白蛋白为 18ml。分子量越高结合水量越低，故低分子量右旋糖酐有较高的胶体渗透压，但缺点是易从尿中排泄，作用持续时间短。

右旋糖酐排泄的肾阀，重均分子量（Mw）为 5 万，分子量 7 万的右旋糖酐中分子量在 5 万以下的占 47%，分子量 4 万的右旋糖酐中 5 万以下占 63%，故较易从体内排出。如过分增加其分子量，即会出现其他不良生物效应。

作为有抗失血性休克疗效的右旋糖酐，其在体内停留时间至少 6～8h，无副反应，无出血现象，最佳的分子量分布在 4 万～10 万。如超过 10 万就会产生细胞凝聚等不良反应。

2. 改善血流状态

当发生休克和严重外伤时，红细胞凝聚，微循环障碍。这时可输注血容量扩充剂，降低血液黏度，达到改善血流状态。分子量为 4 万的低分子量右旋糖酐对此有较好的解凝聚效果，而分子量为 7 万的右旋糖酐，其分子量分布中的低分子量部分也具有相同的效应。

Borgstrom 等（1959）经动物实验发现右旋糖酐有抗血栓效应。Koekenberg（1962）证实临床上也有此效应。在瑞典乌普萨拉召开的第一届国际专题讨论会议上，Thoren 和 Bygdeman（1967）发表了有关右旋糖酐能显著改善深度静脉血栓的临床研究论文。Gruber 等（1975）对右旋糖酐抗血栓效应作了综述。同年 Steinman 等分析了 28 例用分子量为 7 万的右旋糖酐作抗血栓预防性治疗的结果（其中大部分用于各种矫形手术）表明右旋糖酐有明显的预防效应，手术时，输注 1000ml/d 能出现较持久的抗血栓效应，而低剂量肝素效果较差。

（三）右旋糖酐的其他用途

右旋糖酐作为药物载体的应用备受人们关注，尤其是从 20 世纪 90 年代开始主要研究纳米级右旋糖酐药物载体。从右旋糖酐的交联，微球、纳米球、水凝胶的制备，到性质考察，包括不同交联度对微球、纳米球形状、球径、空隙、浮力及聚集程度的研究，然后是载药和体内外释放研究。所载药物包括降血糖药如胰岛素，抗肿瘤药如阿霉素，免疫蛋白和 DNA。

近年来对右旋糖酐的接枝物作为智能型载体的研究进展较快，如 pH 敏感、温度敏感、葡萄糖敏感型等，而且，右旋糖酐具有纳米粒载体表面的修饰功能，可明显延长纳米粒的体内保留时间，减少吞噬细胞的吞噬，增加药物疗效。

右旋糖酐水溶性好，小分子右旋糖酐可溶于冷水，分子量在两万或两万以上的可良好的溶于热水。在温和的酸碱性条件下易与其他分子发生复合反应形成右旋糖酐衍生物。F. Levi-Schaffer 等（1982）进行了抗癌药柔红霉素 - 右旋糖酐的研究。周涛等（1998）对 α,β- 聚 -DL- 天冬酰胺 - 阿司匹林共价复合体的合成进行研究，说明从右旋糖酐出发，合成各种不同右旋糖酐衍生物的前景非常广阔。严忠勤等（1999）进行了抗淋巴癌药丝裂霉素 - 右旋糖酐偶联物的合成研究。S. Mitra 等（2001）进行了右旋糖酐 - 阿霉素复合物的研究。专利 C07D 487/14 中将丝裂霉素 C 与右旋糖酐联系起来，以大分子右旋糖酐作为载体，6- 氨基己酸为连接剂，将丝裂霉素 C 与右旋糖酐交联，形成丝裂霉素 C- 右旋糖酐，它是一种预防和治疗恶性肿瘤淋巴结转移的药物，能改善患者手术后生存质量。

　　右旋糖酐的优点是具有生物可降解性，人体内降解它的右旋糖酐酶主要是由肠道（结肠）内厌氧型革兰氏阴性假单胞菌属分泌，分为内切右旋糖酐酶和外切右旋糖酐酶，内切酶可以随意切断右旋糖酐链，而外切酶可以切断端基连接，因此右旋糖酐可作为结肠定位给药载体。口服结肠定位给药系统（oral colon specific drug delivery system）能使药物运送到人体肠道回盲部后释放而发挥局部和全身治疗作用，避免在胃、十二指肠、空肠和回肠前端释放。除了治疗结肠局部病变，还具有增加药物在全肠道的吸收，提高生物利用率等重要作用。

　　另外，在食品中应用右旋糖酐和蛋白生成前体可促进乳化。脱水胡萝卜素注入染料标准的右旋糖酐可提高脱水胡萝卜素的再水化比例，较好地保留类胡萝卜素，增强水保持性。右旋糖酐和酵母提取物配合可作果蝇细胞的基础培养基。用氯磺酸和吡啶处理碳酸氢钠干粉和改性钠盐干粉，可得磺酸右旋糖酐，其钠盐有抗凝作用。

（四）右旋糖酐的理化检测及其质量标准

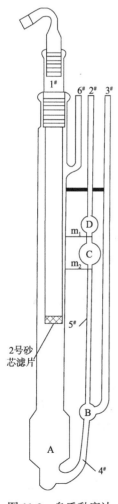

图 11-2　乌氏黏度计示意图

2号砂芯滤片

　　《中华人民共和国药典》（简称《中国药典》）2015 版载有三种规格的右旋糖酐，即右旋糖酐 20、右旋糖酐 40 和右旋糖酐 70，每种规格质量标准都做了详细规定。右旋糖酐质量标准中主要参数的检测方法如下。

　　1）鉴别。取本品 0.2g，加水 5ml 溶解后，加 NaOH 试液 2ml 与 $CuSO_4$ 试液数滴，即生成淡蓝色沉淀，加热后变成棕色沉淀。

　　2）检测比旋度。取本品，精密称取，加水溶解并稀释成每 1ml 中约含 10mg 的溶液，在 25℃时依照《中国药典》2015 版附录Ⅵ E，比旋度＋190°～＋200°。

　　3）右旋糖酐特性黏度的测定（用乌氏黏度计，如图 11-2）。

　　称量干燥的右旋糖酐 0.3g，置 100ml 容量瓶中，加水适量，置水浴中加热使溶解，冷却，加水稀释至刻度，摇匀，用 3 号垂熔玻璃漏斗滤过，弃去初滤液（约 1ml）。取续滤液（不少于 7ml）沿洁净、干燥的乌氏黏度计管 $2^\#$ 内壁注入 B 中。将黏度计垂直固定于恒温水浴（除另有规定外，水浴温度应为 25±0.05℃）中，使水浴的液面高于球 C。放置 15min 后，将管口 $1^\#$、$3^\#$ 各接一乳胶管，夹住管口 $3^\#$ 的乳胶管，自管口 $1^\#$ 使供试品溶液的液面缓缓升至球 C 的中部。先放开管口 $3^\#$，再放开管口 $1^\#$，使供试品溶液在管内自然下落，准确记录液面自测定线 m_1 下降至测定线 m_2 处的流出时间，重复测定 2 次，2 次测定值相差不得超过 0.1s，取两次的平均值为供试液的流出时间（T）。取经 3 号垂熔玻璃漏斗滤过的溶液同样操作，重复测定 2 次，2 次应相同，记为溶剂的流出时间（T_0）。按下式计算特性黏度。表 11-1 为右旋糖酐中标准的特性黏度。

$$特性黏度\ [\eta] = \frac{\ln \eta_r}{C}$$

式中，η_r 为 T/T_0；C 为供试液的浓度（g/ml）。

表 11-1　《中国药典》2015 版各种右旋糖酐的质量标准

项目	单位	右旋糖酐 20	右旋糖酐 40	右旋糖酐 70
重均分子量	Mw	16 000～24 000	32 000～42 000	64 000～76 000
形状		白色粉末 无臭无味	白色粉末 无臭无味	白色粉末 无臭无味
溶解性		易溶于热水，不溶于乙醇	易溶于热水，不溶于乙醇	易溶于热水，不溶于乙醇
比旋度	度	＋190～＋200	＋190～＋200	＋193～＋201
含氮量	%	≤0.007	≤0.007	≤0.007
氯化物	%	≤0.25	≤0.25	≤0.25
炽灼残渣	%	≤0.5	≤0.5	≤0.5
重金属	ppm	≤8	≤8	≤8
干燥失重	%	≤5	≤5	≤5
分子量分布		10% 大分子部分重均分子 量≤70 000 10% 小分子部分重均分子 量≥3500	10% 大分子部分重均分子 量≤12 000 10% 小分子部分重均分子 量≥5000	10% 大分子部分重均分子 量≤185 000 10% 小分子部分重均分子 量≥15 000
特性黏度（1990 版）		10.5～15.9	16.0～19.0	19.1～26.0

　　根据右旋糖酐特性黏度与平均分子量对应表可得出相应的右旋糖酐分子量。表 11-2 列出了部分右旋糖酐特性黏度与平均分子量关系。

表 11-2　右旋糖酐特性黏度与平均分子量关系

特性黏度	平均分子量	特性黏度	平均分子量	特性黏度	平均分子量
0.070	3629	0.096	7841	0.122	14 070
0.071	3758	0.97	8042	0.123	143 350
0.072	3886	0.98	8243	0.124	14 630
0.073	4019	0.99	8448	0.125	14 920
0.074	4155	0.100	8662	0.126	15 220
0.075	4294	0.101	8872	0.127	15 520
0.076	4434	0.102	9088	0.128	15 810
0.077	4579	0.103	9305	0.129	16 120
0.078	4725	0.104	9528	0.130	16 430
0.079	4873	0.105	9757	0.131	16 740
0.080	5025	0.106	9984	0.132	17 050
0.081	5181	0.107	10 220	0.133	17 370
0.082	5337	0.108	10 450	0.134	17 680
0.083	5498	0.109	10 630	0.135	18 000
0.084	5661	0.110	10 910	0.136	18 330
0.085	5826	0.111	11 170	0.137	18 660

续表

特性黏度	平均分子量	特性黏度	平均分子量	特性黏度	平均分子量
0.086	5995	0.112	11 420	0.138	19 000
0.087	6166	0.113	11 670	0.139	19 330
0.088	6642	0.114	11 920	0.140	19 670
0.089	6518	0.115	12 130	0.141	20 020
0.090	6697	0.116	12 450	0.142	20 370
0.091	6880	0.117	12 710	0.143	20 710
0.092	7068	0.118	12 970	0.144	21 080
0.093	7256	0.119	13 230	0.145	21 440
0.094	7447	0.120	13 510	0.146	21 800
0.095	7642	0.121	13 790	0.147	22 160

（五）右旋糖酐制备技术的发展现状

目前国内右旋糖酐生产工艺主要采用传统发酵法，即蔗糖经肠膜明串珠菌 L.M.-1226 厌氧发酵生成高分子葡萄糖聚合物，经过乙醇捏洗、盐酸水解、乙醇划分、分离、干燥可得。该工艺乙醇消耗量大，生产环境恶劣，生产中引入的氮、氯等杂质难以控制，分子量分布不均等，致使产品质量远低于国外同类产品，缺乏国际竞争力。我国生产的右旋糖酐因部分质量指标达不到日本、欧美的药典标准（表 11-3），无法实现出口，致使企业产品附加值低、利润少。

表 11-3   各国药典右旋糖酐（dextran 40）质量标准比较表

项目	单位	中国药典 2015	欧洲药典 2017	日本药局方 VX
形状		白色粉末	溶液无色透明	白色无定型粉末
溶解性		易溶于热水，不溶于乙醇	易溶于热水，不溶于乙醇	易溶于热水，几乎不溶于乙醇或乙醚
比旋度	度	＋190～＋200（水，10mg/ml）	＋195～＋201	＋193～＋201（按干品计，3g/50ml，20℃）
含氮量	%	≤0.007	≤0.005	≤0.010
氯化物	%	≤0.25	≤0.02	≤0.018
炽灼残渣	%	≤0.5	≤0.3	≤0.1
重金属	ppm	≤8	≤10	≤20
干燥失重	%	≤5（105℃，6h）	≤7（105℃，5h）	≤5（105℃，6h）
分子量分布		10% 大分子部分重均分子量 ≤12 000 10% 小分子部分重均分子量 ≥5000（2000 版）	10% 大分子部分重均分子量≤110 000 10% 小分子部分重均分子量≥7000	10% 大分子部分重均分子量 ≤185 000 10% 小分子部分重均分子量 ≥15 000
特性黏度（1990 版）		16.0～19.0		0.16～0.19（0.2%～0.5% 水）

续表

项目	单位	中国药典 2015	欧洲药典 2017	日本药局方 VX
大分子部分		10% 大分子部分特性黏度 ≤27.0		10% 大分子部分特性黏度 ≤0.27 10% 大分子部分特性黏度 ≤0.09
澄清度与颜色				1g 加 10ml,加温溶解后应澄 清无色
还原性物质	%			≤1.5(与葡萄糖对照品比较)

　　国内生产右旋糖酐的新工艺研究仅限于对发酵液过滤,分级划分等单元操作的改进,不能从本质上提高产品质量。李清娣等曾提出选择合适的培养条件结合膜过滤来提高产品质量,但仅是一种设想,没有具体实施。曾和等于 2001 年申请了"右旋糖酐生产新工艺"(C08B 37/02)专利,该专利提供了一种在水溶液中用超滤膜、纳滤膜提取、纯化和不同分子量组分的分级制备右旋糖酐的方法,但此法成本较高,不适合工业化生产。

　　国外对右旋糖酐生产工艺的研究较为深入,首先对生产右旋糖酐的生物酶即右旋糖酐蔗糖酶(dextransucrase)的基础研究很多,目前发现能产生该酶的菌种有肠膜明串珠菌(*Leuconostoc mesenteroides*)、链球菌(*Streptococcus*)、乳酸球菌(*Lactococci*)和根霉菌(*Rhizopus*)等。不同菌种及其不同突变株能合成不同类型、不同分子尺寸的右旋糖酐,主要体现在葡萄糖基分子链连接方式的不同,如 α(1-6),α(1-4),α(1-3),α(1-2)键。

　　其次对该酶反应条件的研究,Shamala T.R. 等(1995)发现控制明串珠菌(*Leuconostoc* spp.)的发酵温度和蔗糖的给料浓度可得到不同特性黏度的右旋糖酐;同时用不同氮源作培养基,得到的右旋糖酐产量及分子量不同。Santos M(2000)以筛选的链球菌为试验菌株,得出右旋糖酐和果糖的最佳生产条件,同时指出当蔗糖的给料浓度过高时,产物的分离将非常困难。Prabhu(2002)通过对 L.M.NRRL B-523 的培养基成分替换,配成富含蔗糖的乙酸缓冲液培养基,促使该菌产生大量细胞连接酶而非胞外酶,并以一定蔗糖溶液为底物,可得到不溶性右旋糖酐。

　　利用酶工程技术生产右旋糖酐是目前国际上较为先进、研究较多的工艺技术,该法与传统发酵工艺相比有可连续化生产、产品分子量可控、分子量分布均匀、杂质含量低等优点。

1. 发酵法制备右旋糖酐

　　利用获得的菌种,直接或放大培养得到产品。根据得到的产品及其后处理方式的不同,主要有直接发酵法、定向发酵法、混合发酵法。

　　(1)直接发酵法　　目前国内生产右旋糖酐工艺主要采用直接发酵法,即蔗糖经 *L. mesenteriodes* 厌氧发酵生成高分子葡萄糖聚合物,经过乙醇捏洗、盐酸水解、乙醇划分、分离、干燥可得产品。其工艺流程图如下(图 11-3)。

　　由于直接发酵法工艺生产的右旋糖酐分子量无法控制,需要加入 HCl 水解,从而引入了氯离子并且难以去除。同时为了将水解后不同分子量的产品分开,需用大量乙醇来划分分级,导致生产成本高,生产环境恶劣。而且直接发酵法的生产过程没有去除培养基及菌体,发酵结束时,由于高分子的右旋糖酐缠绕,无法将培养基及菌体分开,导致引入杂蛋白、硫

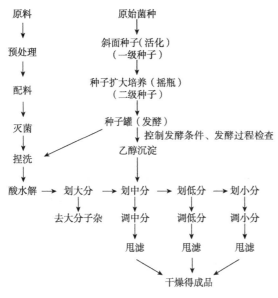

图 11-3   直接发酵法生产右旋糖酐工艺流程图

酸盐灰分等杂质，分子量分布不均匀。

有鉴于此，研究人员在成熟的直接发酵法基础上，进行了许多相关研究，其中Cheng Tung-Wen 等（2002）利用超滤技术分离分级不同分子量的右旋糖酐，并以此回收果糖，取得较好效果。但由于其用于右旋糖酐分离的膜再生较难，难以大规模工业化生产。Mariana S（2002）等用色谱杜连续分离右旋糖酐和果糖，通过优化条件，可得100% 右旋糖酐和 87.2% 果糖。

（2）定向发酵法   Shamala T.R. 等（1995）在发现控制明串珠菌的发酵温度和蔗糖给料浓度可得不同特性黏度右旋糖酐的基础上，提出了用定向发酵法生产右旋糖酐，即控制生产工艺条件，通过发酵直接生产出符合分子量要求的右旋糖酐，它与直接发酵法存在着显著差异，如表 11-4 所示。目前已有这方面的专利报道，主要用来生产低分子量的右旋糖酐。

表 11-4   定向发酵法与直接发酵法比较

定向发酵法 （控制发酵时间降低右旋糖酐分子量）	直接发酵法 （用酸水解降低右旋糖酐分子量）
控制（缩短）发酵时间	水解工序繁多，而且许多水解工序的参数比较难控制，如水解液的浓度（控制在11%）和终点浓度（控制在 2.30～2.35g）
未引入任何氯化物	水解过程中要加入 6mol/L 的浓盐酸、无水氯化钙，这使产品引入较多氯离子，最终质检时很难使氯化物含量≤0.018g 的标准
无需用乙醇划分分子量，直接发酵就能达到某分子量级数	水解过后分子量划分工序消耗乙醇量非常大（水解液∶乙醇＝1∶3～1∶3.5），给乙醇回收带来重大负荷，消耗电力，使产品成本提高
危险因素相对要少得多	水解过程中需要严格控制蒸汽压力和温度，以及加酸、碱、无水氯化钙需非常小心，否则会冲料，造成产品损失和烫伤

2. 酶工程法制备右旋糖酐

（1）右旋糖酐蔗糖酶和右旋糖酐酶的性质及催化机理   许多微生物都能在含蔗糖的培养基上经右旋糖酐蔗糖酶（dextransucrase）的转移缩合作用，将蔗糖分子中的葡萄糖缩合成大分子的右旋糖酐，并生成副产物果糖。这是一种右旋糖酐分子以 α-1,6 糖苷键为主链，夹杂少量 α-1,3、α-1,4 等糖苷键构成的支链，从而形成的右旋糖酐大分子。而右旋糖酐酶则专一性切割此类右旋糖酐分子中的 α-1,6 糖苷键，生成小分子右旋糖酐、异麦芽寡糖及葡萄糖单体。右旋糖酐酶有外切型（exodextranase）和内切型（endodextranase）两种。前者是从右旋糖酐的非还原末端开始，一个个地将葡萄糖分子切割下来，其终产物为葡萄糖分子及不能切割的母核。而后者则从右旋糖酐分子的内部任一切割，生成的产物多为异麦芽寡糖及少量葡萄糖。不同来源的酶，作用方式略有不同。M. Kobayashi 等（1986）报道的从黄杆菌（*Flavobacterum* SPM-73）中产生的该酶，其水解产物主要为异麦芽三糖（达 63.4%），而 Madhu 等人由棘孢青霉（*Penicillium echinulatum*）得到的酶产物中 90% 为异麦芽糖。

根据酶的来源，又可分为胞内酶及胞外酶两类。真菌的右旋糖酐酶大多为胞外酶，而细菌中以胞内酶居多，但也有不少胞外酶的报道。例如，假单胞菌 UQM733，能同时分泌胞内和胞外两种右旋糖酐酶。微生物中的右旋糖酐酶绝大多数为诱导酶，诱导物除作为底物的右旋糖酐外，还有异麦芽寡糖，异麦芽棕榈酸单酯、二酯等。此外诱导能力与诱导物的分子大小、浓度和分枝情况有关。一般说来，分子大、浓度高、分枝多，诱导效果好。

迄今报道的微生物来源的右旋糖酐酶绝大多数是酸性的，它们的最适作用 pH 在 5.2 左右，且在酸性 pH 范围内较为稳定。另有一些碱性右旋糖酐酶产生菌的报道，如 Yamaguchi 等人从褐色短杆菌得到的该酶，其最适作用 pH 为 8.0，在 pH 5.0～10.0，特别是在碱性范围内较为稳定，适用于龋齿的防治。

右旋糖酐酶活力的测定主要是根据大分子右旋糖酐底物经酶解生成小分子产物，使反应液中还原末端增加、黏度下降的原理进行的，包括 Somogyi 比色定糖法和黏度测定法。

Monchois V. 等（2003）经过研究和分析发现，右旋糖酐蔗糖酶由 1250～1600 个不同的氨基酸构成，酶结构有四个明显的功能区即信号肽（signal peptide）、可变区（variable region）、N- 末端催化结构域（N-terminal catalytic domain）、C- 末端葡聚糖结合域（C-terminal glucan-binding domain），如下所示（图 11-4）。

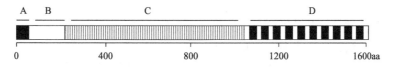

图 11-4　右旋糖酐蔗糖酶结构功能区域示意图

右旋糖酐蔗糖酶四个结构功能区中，N- 末端催化区是核心区，约 1000 个氨基酸，此区域以共价键形式将酶与蔗糖联结并将蔗糖分解形成 D- 葡萄糖苷酶；C- 末端右旋糖酐连接区约 500 个氨基酸，该区域是葡萄糖基连接和右旋糖酐增长区。

右旋糖酐蔗糖酶以共价键形式将酶与蔗糖连接并将蔗糖分解释放出果糖，形成 D- 葡萄糖苷酶。在酶催化情况下有四条途径（图 11-5）：（Ⅰ）聚合生成右旋糖酐；（Ⅱ）在 H_2O 参

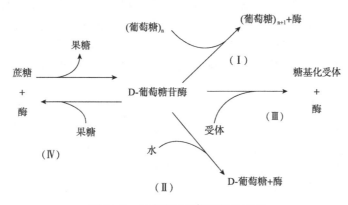

图 11-5　右旋糖酐蔗糖酶催化原理

与下分解成葡萄糖；（Ⅲ）在外界接受剂参与下生成低聚糖；（Ⅳ）可逆反应。在进一步研究右旋糖酐蔗糖酶结构功能的同时，酶工程技术生产右旋糖酐的产业化技术研究也在进行中，而且进展迅速，主要是关于游离酶制备右旋糖酐和固定化酶制备右旋糖酐的研究。

（2）游离酶制备右旋糖酐　　研究表明，菌种 *L. mesenteriode* 能产生右旋糖酐蔗糖酶，因此可利用该菌发酵生产右旋糖酐。与直接发酵法相比，它可在更稳定的条件下进行合成，可提高所用的蔗糖浓度，产物较单纯、易提取精制。

该技术的优势在于：①将菌体酶进行洗涤以除去杂质；②控制酶反应条件以得到所需右旋糖酐，且分子量分布均匀；③运用膜技术分离纯化，避免了乙醇的大量使用；④产品质量高。

（3）固定化酶技术制备右旋糖酐

1）固定化酶技术。酶是高效、专一性强的生物催化剂。生物体内的各种化学反应都是在酶催化下进行的，但是自由酶在水溶液中很不稳定，可溶性酶一般只能一次性地起催化作用，同时，酶是蛋白质，对热、高离子浓度、强酸、强碱及部分有机溶剂等均不稳定，容易失活而降低其催化能力，这些不足大大限制了酶促反应的广泛应用。20 世纪 60 年代出现的固定化酶技术（immobilized enzyme technology）克服了自由酶的上述不足，并且可以回收及重复使用，从而成为生物技术中最为活跃的研究领域之一。酶的固定化方法可大致分为吸附法、共价偶联法、交联法和包埋法等 4 种。吸附法是指通过载体表面和酶表面间的次级键相互作用而达到酶固定化的方法，根据吸附剂的特点又可分为物理吸附和离子交换吸附。该法具有操作简便、条件温和及吸附剂可反复使用等优点，但也存在吸附力弱，易在不适 pH、高盐浓度、高底物浓度及高温条件下解吸脱落的缺点。共价偶联法是将酶的活性非必需侧链基团与载体的功能基通过共价键结合，故表现出良好的稳定性，有利于酶的连续使用，是目前应用和研究最为活跃的一类酶固定化方法，但共价偶联反应容易使酶变性而失活。交联法是利用双功能或多功能基团试剂在酶分子之间交联架桥固定化酶的方法，其更易使酶失活。包埋法包括网格包埋、微囊型包埋和脂质体包埋等，包埋法中因酶本身不参与化学结合反应，故可获得较高的酶活力回收，其缺点是不适用于高分子量底物的传质和柱反应系统，且常有扩散限制等问题（表 11-5）。上述各种固定化酶的方法所表现出的不足之处限制了其广泛应用，因此，设计和合成性能优异的新型酶固定化材料，研制开发简便、实用的固定化方法是目前固定化酶研究的重点之一。

2）酶固定化材料。酶固定化对载体材料具有很高要求，理想的载体要有良好的机械强度、热稳定性及化学稳定性、耐微生物降解性和对酶的高结合能力等。高分子复合物是由两种不同的高分子链通过氢键等次价键聚集成的具有一些特殊功能的复合物，其优良的质量传递性能、电解质的灵敏介电特性以及生物相容性等，为酶的固定化技术提供了一种新型载体。将无机载体表面用有机聚合物进行修饰，然后再与酶结合制得的固定化酶具有良好的机械强度和热稳定性。

用于固定化的载体可分为以下几类：①无机吸附剂类载体，常用吸附剂有硅藻土、高岭土、硅胶、氧化铝、多孔二氧化钛等氧化物及无机盐等，酶与载体之间的作用力是氢键、范德瓦耳斯力及离子间的静电引力，当外界条件改变时，酶易从载体上解吸下来，导致酶的泄漏流失。②多糖类载体，包括壳聚糖类、葡萄糖类、纤维素类等，该类载体都有羟基、氨基等活性基团，易于通过各种反应共价或交联来固定化酶。改性的材料通常固定化效果较好。例如，Keisuke Kurita 等（1997）对壳聚糖进行巯基化处理，获得了 6- 巯基壳聚糖，这种载体可以直接与酸性磷酸酶结合，以此固定化酶水解 4- 硝基苯磷酸时发现其几乎保持了全部活力，并且反复使用时仍具有较高活力。③其他天然载体材料，如明胶、褐藻酸钠、蚕丝、卡拉胶、脂质体等，它们大多经过包埋的方法进行固定化。④人工合成高分子材料，如聚乙烯醇、大孔树脂等，多用包埋或离子交换的方法实现固定化（表 11-6）。

表 11-5 固定化酶技术方法优缺点

方法	优缺点
包埋法	操作简便，保持酶的活性，但渗透性不好，难于应用于大分子底物
吸附法	操作简便，实验条件温和，但酶与载体结合不牢固，因此，只能适用于活力很高的酶
离子键法	操作简便，处理条件缓和，可制得活性较高的固定化酶，但载体与酶结合不牢固，易流失
共价键法	优点是酶与载体结合较牢固，不易流失，在高浓度基质溶液和盐类等溶液中不易解离，长期使用稳定；缺点是条件繁杂，酶的处理条件较剧烈，高级结构易发生变化，从而使活性降低
交联法	操作繁杂，使固定化较牢固，且固定化酶量较多，酶不易流失，从而提高酶的活性

表 11-6 各种常用载体及其分类

来源	有机类	无机类
天然	多糖类：纤维素、淀粉、壳聚糖、葡聚糖、褐藻酸钠、琼脂糖等 蛋白质类：明胶、胶原、蛋清、蚕丝等	砂，孔雀石，藻土等
人工	聚丙烯酰胺、聚马来酸酐、聚苯乙烯等	多孔玻璃、多孔陶瓷、硅胶氧化铝、DEAE-Sephadex 等

目前国外较先进的技术是利用固定化酶技术来制备右旋糖酐，此法有产品分离，分子量大小易控制，可连续给料，酶可重复使用等优点。El-Sayed 等用褐藻酸钠来固定化肠膜明串珠菌及其合成的酶（右旋糖酐蔗糖酶）制成可以填柱的固定化珠子，将固定化珠子再进行诱导培养，经过分批间歇反应和连续反应，得到用固定化细胞制备右旋糖酐的控制参数，虽然固定化细胞的重复利用次数较多，但总酶活损失明显。Sankpal N.V. 等（2001）用纤维素膜作为固定化材料来捕获游离的右旋糖酐蔗糖酶，以吸附的方式将其固定，通过对其考察发现固定化后的初始酶活很高，但失活较快且重复利用次数少。

除了对固定化酶技术及其反应工艺的研究外，人们对该项目的固定化酶反应器也做了很多工作。Klaus 等用固定化反应柱装载用褐藻酸钠固定化的酶，通过不同蔗糖浓度的给料研究，得到在不连续流动的反应中其酶活最低，只有 0.7g/u 连续流动给料可大幅度提高酶活。图 11-6 为连续逆流给料的固定化反应床体系，底物由柱子的底部泵入，经过玻璃微珠床进入催化区装载固定化酶，整个系统有保

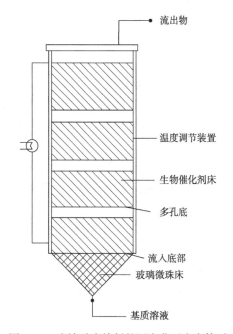

图 11-6 连续逆流给料的固定化反应床体系

温装置。但随着反应时间延长会使固定化珠子内部的产品难以排出，使固定化珠子膨胀破裂。

3. 其他制备右旋糖酐的方法

利用现基因工程技术制备右旋糖酐的研究也有报道，Funane K. 等（2007）利用重组技术在大肠杆菌中得到不溶于水的右旋糖酐。Monchois V. 等（1999）利用基因克隆技术修饰得到新的右旋糖酐蔗糖酶，用来合成只有 α（1-6）连接的右旋糖酐链或只有 α（1-3）连接的右旋糖酐链。但该新技术在工业化进程中尚存在很多问题有待解决。

4. 右旋糖酐制备技术的发展

综合以上介绍的各种右旋糖酐制备工艺，其中利用酶工程技术生产右旋糖酐是目前国际上较为先进的工艺技术，且技术可行。该法与传统发酵工艺相比有可连续化生产、产品分子量可控、分子量分布均匀、杂质含量低等优点。另外利用基因工程技术制备单一键连接的右旋糖酐如只有 α（1-6）键，也是未来的发展方向。

三、右旋糖酐发酵

（一）定向发酵法制备右旋糖酐

1. 原理

以蔗糖作为底物，经肠膜明串珠菌发酵生成右旋糖酐和果糖。定向发酵法生产原理如图 11-7。

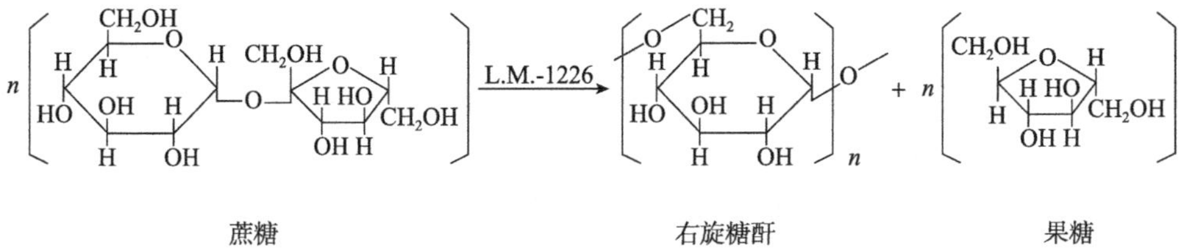

图 11-7　右旋糖酐定向发酵法生产原理

2. 仪器与材料

（1）仪器　　恒温冷冻摇床、立式圆形压力蒸汽灭菌器、恒温培养箱、723 型分光光度计、数显恒温水浴锅、干燥箱、发酵罐、酸度计、旋转黏度计、乌式黏度计等。

（2）材料

1）菌种：肠膜明串珠菌 L.M.-0326，为实验室选育保藏菌株。

2）培养基：斜面培养基：蔗糖 15g，蛋白胨 0.17g，Na_2HPO_4 0.15g，琼脂 2g，加水定容至 100ml。

液体发酵培养基：蔗糖 10g，蛋白胨 0.17g，Na_2HPO_4 0.15g，加水定容至 100ml。

马铃薯葡萄糖琼脂（PDA）培养基：马铃薯 200g，葡萄糖 20g，琼脂 20g，加水定容至 1000ml。

查氏酵母琼脂（CYA）培养基：K_2HPO_4 1g，查氏浓缩液 10ml，酵母提物 5g，蔗糖 30g，琼脂 20g，加水至定容至 1000ml。

无机磷（CA3）培养基：葡萄糖 10g，$Ca_3(PO_4)$ 25g，$MgCl_2$ 5g，$MgSO_4 \cdot 7H_2O$ 0.25g，

KCl 0.2g，琼脂 20g，（NH$_4$）$_2$SO$_4$ 1g，加水定容至 1000ml。

3）试剂：3,5- 二硝基水杨酸、间苯二酚、盐酸、乙醇、硫酸铜、硫酸锰、冰醋酸、碳酸发钙、氢氧化钠等。

3．步骤

（1）培养基灭菌　　将上述分装好的培养基于灭菌柜中在 1.1kg/cm^2 蒸汽压力下灭菌 20min。利用饱和蒸汽进行灭菌由于蒸汽有很强的穿透力，而且冷凝放出大量潜热，容易使蛋白质凝固变性而杀灭各种微生物。

（2）菌株鉴定

1）形态学鉴定。采用三点法观察菌株在 PDA、CYA 和 CA3 种培养基上的生长情况。接种后 28℃进行倒置培养，肉眼观察菌落特征，插片法进行显微观察，鉴定菌株的种属。

2）分子生物学鉴定。提取真菌基因组 DNA，进行 ITSrDNA 测序后，将获得的目的 DNA 片段序列输入 GenBank，通过在线 BLAST 程序进行比较分析，采用 MEGA 软件的邻接法（Neighbour-Joining）构建系统发育树。

3）接种。将保存冻干菌的安瓿管打开，用无菌水将其溶解后，移取微量涂于斜面培养基上进行活化。将活化菌株接种到固体平面培养基上，于 25.5℃ 培养 22h，长出菌落中选取大、圆、边缘整齐，中间凸起，透明黏稠的菌落接到液体培养基中培养，于 25.5℃ 培养 22h。

4）发酵（见图 11-8）。

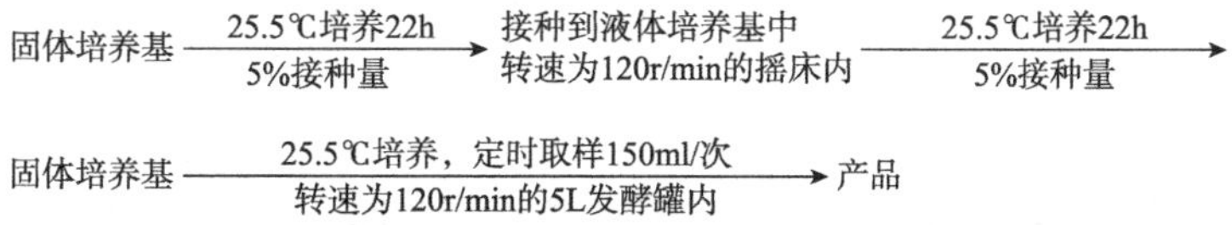

图 11-8　发酵工艺过程图

5）检测。发酵液黏度测定：用 4# 乌氏黏度计进行测定。

右旋糖酐特性黏度测定：将所得右旋糖酐干燥品用研钵研细后，配成一定浓度的水溶液用乌氏黏度计测其相对黏度 η_r，参考右旋糖酐特性黏度测定。按下式计算特性黏度。

$$特性黏度\,[\eta]=\frac{\ln\eta_r}{C}$$

式中，η_r 为 T/T_0；C 为供试液的浓度（g/ml）。

根据测得的特性黏度 $[\eta]$，查表 11-2 右旋糖酐特性黏度与平均分子量关系，即可得到右旋糖酐的平均分子量。

果糖测定：果糖是发酵的副产物，其测定方法主要是二硝基水杨酸试剂法。

细菌浓度测定：用 723 型分光光度计在 546nm 处测定吸光度。

（二）褐藻酸钠固定化酶制备右旋糖酐

1．原理

固定化酶或细胞技术是 20 世纪 70 年代发展起来的一项新技术，以其一系列独特的优点，在食品工业、化学合成工业、医疗诊断、环境净化、能源开发各领域得到广泛应用。

在众多的固定化技术中包埋法应用最广，已成功地用于微生物细胞的包埋材料有琼脂、卡拉胶、明胶、褐藻酸钠、聚丙烯酰胺等，其中褐藻酸钠包埋法简单、无毒、安全、价格低廉、材料易得，是最常用的方法。采用酶固定化技术连续化反应在一定程度上保持了酶特有的催化活性，又能回收，并能反复使用，使整个生产工艺可以连续化，自动化成为可能。

反应器模型有填充床和流化床两种。填充床是将制备的珠粒填充于固定床，固定床采用直立安装，底物按由上至下（以下简称顺流）或由下至上（以下简称底部给料）以恒定的流速通过反应床。本实验应用的为内径约 3.0cm，外径约 5.5cm，长约 25cm，带循环水夹套的玻璃管。与此反应器模型配套使用的泵为兰格蠕动泵（BT00-100M，DG-2 型泵头，2.4cm×0.8cm 的进料软管）。流化床是将制备的珠粒填充于垂直柱式反应器，底物以一定速度由下向上流过反应床，使固定化酶珠粒在浮动状态下进行反应（图 11-9）。本实验应用的有内径 2.5cm，外径 4.5cm，长 50cm，带循环水夹套的玻璃管。与流化床配套使用的泵为兰格蠕动泵（BT00-100M，YZ2515 型泵头 15# 的进料软管）。

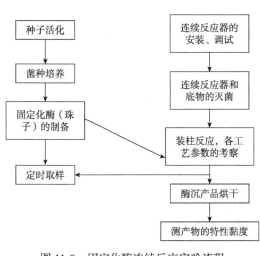

图 11-9　固定化酶连续反应实验流程

2. 仪器与材料

（1）仪器　　恒温冷冻摇床、立式圆形压力蒸汽灭菌器、电热恒温培养箱、手提式压力蒸汽灭菌器、数显恒温水浴锅、超级恒温水浴锅、旋转蒸发器、调温万用电炉、干燥箱、发酵罐、蠕动泵、酸度计、乌式黏度计、水环式真空泵、723 型分光光度计等。

（2）材料　　蛋白胨、琼脂粉、褐藻酸钠、磷酸氢二钠、蔗糖、氯化钙、氢氧化钙、乙醇、甲壳素、冰醋酸、戊二醛（25% 水溶液）等。

3. 步骤

（1）菌种培养　　过程见图 11-10。

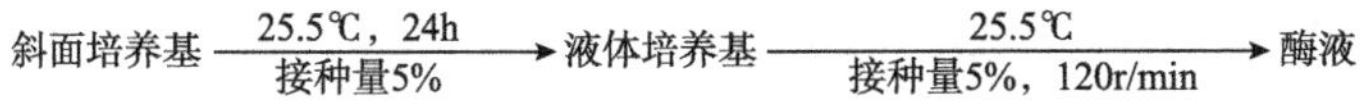

$$\text{斜面培养基} \xrightarrow[\text{接种量5\%}]{25.5℃，24h} \text{液体培养基} \xrightarrow[\text{接种量5\%，120r/min}]{25.5℃} \text{酶液}$$

图 11-10　菌种培养

（2）灭菌　　本实验要求将反应器（即反应柱和发酵罐等，图 11-11）特别是各接口用报纸包好灭菌，连同反应中需要的各种软管、接头等凡是与料液直接接触的地方均需用报纸包好灭菌。在 1.1MPa 的蒸汽压力下灭菌 20min。

（3）检测

1）pH 用酸度计测定。

2）产品黏度用乌式黏度计，具体见上述中右旋糖酐特性黏度的测定。

3）产品吸光度用 723 型分光光度计在 546nm 下测定。

（4）褐藻酸钠固定化右旋糖酐蔗糖酶一般性程序　　取 U（ml）培养好的细菌悬浮培养

液，加入到 V（ml）的 3% 藻元酸钠溶液中混匀，缓慢滴入到 $5 \times$（$U+V$）2%CaCl$_2$ 溶液中，并让其交联 1h，即得固定化珠粒。

（5）固定化酶连续化反应制备右旋糖酐［菌液与褐藻酸钠的不同体积比（$U:V$）对固定化效果影响］取培养温度为 25℃，时间 24h 的三份菌液各 30ml，在 546nm 处测其吸光度，在无菌条件下加入到 3 瓶冷却好的 3% 褐藻酸钠溶液中并混匀，形成体积比为 1:1，1:2，1:3 的混合液。然后分别滴入到 3 瓶 2% CaCl$_2$ 溶液中，用磁力搅拌器搅拌，并让其交联 1h，得到菌液与褐藻酸钠体积比为 1:1，1:2，1:3 的固定化珠粒。

将上述固定化珠粒分别接入到 20% 的 100ml 蔗糖底物溶液中，于恒温摇床 25.5℃培养，进行酶反应，反

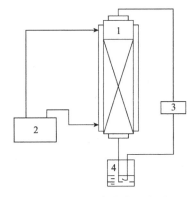

图 11-11　固定化酶反应器
1. 固定化酶反应柱；2. 水浴锅；3. 蠕动泵；4. 容器

应完毕后，用乙醇沉析其产品并称重。将反应产物在无菌条件下取出后，将珠粒再加入 20% 的 100ml 蔗糖底物溶液中，继续酶反应，考察其利用次数。以上过程概括为以下流程（图 11-12）：

固体培养基 $\xrightarrow{25℃,\ 24h}$ 接种到液体培养基 $\xrightarrow{25℃,\ 24h}$ 制作珠粒 $\longrightarrow$ 接种到底物并反应 $\longrightarrow$ 重复回收利用固定化酶

图 11-12　固定化酶连续化反应流程图

（三）壳聚糖固定化右旋糖酐蔗糖酶

1. 原理

壳聚糖［chitosan，β-（1,4）-2- 氨基 -2- 脱氧 -D- 葡萄糖］是分子链由 β-（1,4）-2- 乙酰基 -D- 葡萄糖单元和 β-（1,4）- 乙酰基 -D- 葡萄糖单元组成的共聚物，由甲壳素脱去乙酰基后制得。其以天然生物材料为原料，来源丰富、无毒、无抗原性、耐酸碱性强、耐热性好，由于壳聚糖的螯合性，酶活性不受 Cu^{2+}，Ni^{2+}等金属离子的抑制，而且其亲水性强，作为固定化材料，具有很高的活性。壳聚糖作为载体固定化的报道较多的有吸附法、通过双功能试剂交联的共价结合法。目前，使用较多的是戊二醛作交联剂的共价结合法。载体形态有片装、球状、膜状、无定形等。由于壳聚糖是一种氨基多糖，在一定条件下能与戊二醛发生席夫碱反应而交联，戊二醛是双功能试剂，又能与酶上的氨基进行共价交联，从而使酶固定化；同时还有一定量的酶被吸附于壳聚糖表面。

甲壳素在沸水浴中经浓 NaOH 脱乙酰化处理得壳聚糖，壳聚糖溶于乙酸，经稀 NaOH 中和后得絮状沉淀，离心分离、干燥得粉状壳聚糖；或以 NaOH 为成型剂，经滴珠处理得珠状壳聚糖，经戊二醛交联，灭菌待用。原始菌种经固体培养基培养，10%（蔗糖）的液体培养基培养，5% 的液体培养基培养，然后加入载体壳聚糖中，在一定条件下固定化。然后分离酶液并加入经灭菌的底物，一定条件下反应一定时间，测产物 pH、吸光度、黏度及产量。

以壳聚糖为载体，戊二醛为交联剂对右旋糖酐蔗糖酶进行固定化，壳聚糖载体形态对固定化效果有不同程度的影响。研究不同形态壳聚糖载体固定化效果对提高酶活性及利用率有

重要作用。壳聚糖用不同方法制备四种不同形态的固定化酶载体。制备四种不同形态固定化酶载体的方法：①壳聚糖溶于1%的乙酸，加入适量戊二醛溶液交联6h。水洗至滤液无戊二醛，灭菌，得凝胶状固定化酶用载体；②用注射器将壳聚糖乙酸溶液滴入NaOH溶液中，得珠状壳聚糖，过滤，水洗至中性，加戊二醛交联4h，水洗至无戊二醛，灭菌，得珠状固定化酶用载体；③壳聚糖加入一定浓度的戊二醛，室温搅拌4h，过滤，水洗至滤液无戊二醛，灭菌，得粉状固定化酶载体；④将处理过的硅胶（100目）加至含2%壳聚糖的1%的乙酸溶液中，搅拌过夜，过滤，用1%NaOH中和，水洗至中性，加适量戊二醛溶液，室温搅拌4h，水洗至无戊二醛，灭菌，得颗粒状固定化酶用载体。由于时间有限，本次实验从载体形态凝胶状、珠状、粉状、颗粒状等中选择易制备的粉状、珠状作为考察对象。

2．仪器与材料

（1）仪器　　HQL300A型恒温冷冻摇床、LS-B50L型立式圆形压力蒸汽灭菌器、DHP型恒温培养箱恒温水浴锅、HH-1数显恒温水浴锅、202-3型干燥箱、PHS-3CT型酸度计、NDJ-4旋转黏度计、0.4～0.5型乌氏黏度计、721型分光光度计。

（2）材料

1）菌株：肠膜明串珠菌（*Leuconostoc mesenteroides*）。

2）试剂：甲壳素、氢氧化钠、冰醋酸、25%戊二醛溶液、蔗糖、琼脂、磷酸氢二钠、蛋白胨、无水乙醇、无水碳酸钠、硫酸铜溶液等。

3．步骤

（1）壳聚糖的制备　　甲壳素：40% NaOH＝1∶50（*M/V*）的比例将甲壳素与45% NaOH混合，在沸水浴中反应3h，过滤。再按上述比例，加入40% NaOH，在沸水浴中再反应3h，过滤，水洗至中性。按处理后的甲壳素：10%乙酸＝1∶50（*M/V*）的比例溶于10%乙酸溶液中，搅拌溶解1h后，过滤，取过滤清夜调至pH至7时，出现絮状沉淀即壳聚糖，离心分离，在80℃下干燥，即得固体壳聚糖。

（2）右旋糖酐蔗糖酶的制备

1）培养基制备。

a. 固体培养基按质量/体积配比，加入蔗糖10%、蛋白胨0.17%、磷酸氢二钠0.15%、琼脂1.5%～2.0%，加水至100%，煮沸溶解，取5ml装于试管内，用纱布棉花塞塞紧，置于烧杯中，在0.12MPa，120℃，灭菌15min，取出斜放置冷却，待用。

b. 液体培养基按上述培养基配比去掉琼脂即得10%的液体培养基，取125ml液体培养基于250ml的锥形瓶中，灭菌条件同上。5%的液体培养基配制方法同10%的液体培养基。

2）菌种转接及培养。取生长良好的原始菌种及含有固体培养基的3只试管，在洁净台无菌操作条件下用白金耳各蘸取一环分别接种于装有固体培养基的试管1，2，3号中。放于25℃恒温培养箱中培养12h。观察菌种生长情况，如生长良好者选取其中较好的接种于液体培养基中，若长势不好则继续培养直到培养好。然后取三瓶中长势最好的接种于四瓶10%的液体培养基中，每瓶接种5ml。放入25.5℃恒温摇床120r/min培养12h观察菌种长势，如良好则接种于5%的液体培养基中，如不好则继续培养，至生长好为止。将接种好的5%的液体培养基培养25.5℃恒温摇床120r/min培养12h，在723nm测吸光度，吸光度在0.50左右为好。如达不到则继续培养直至达到要求，待用。

3）酶的固定化。将壳聚糖5g加入2%乙酸500ml，搅拌溶解成透明胶体后，逐滴加

5%NaOH 溶液至中性，得絮凝沉淀，水洗沉淀至中性，抽滤，滤饼中加入 5 倍体积的 5% 戊二醛，在室温下缓缓搅拌 4h，静置过夜，抽滤，水洗至中性即得含醛基载体。取右旋糖酐蔗糖酶液 20ml，加入载体，磁力搅拌 4h，后置于冰箱静置过夜，次日抽滤，水洗固形物多次，得到固定化右旋糖酐蔗糖酶（图 11-13）。

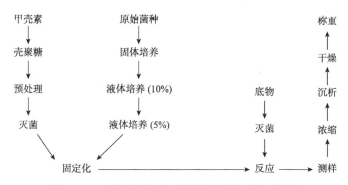

图 11-13　壳聚糖固定化右旋糖酐蔗糖酶实验流程

（3）载体形态固定化效果

1）粉状载体固定化右旋糖酐蔗糖酶。

a. 粉状壳聚糖的制备方法参见壳聚糖的制备。

b. 右旋糖酐蔗糖酶固定化。将 5 倍体积的 5% 戊二醛加入 7.4g 粉状壳聚糖中，室温磁力搅拌交联 4h，放置 12h。过滤，并水洗至中性，放置于紫外灯下灭菌 0.5h，于锥形瓶中加入 20ml 培养液，室温磁力搅拌固定化 4h，然后放置于冰箱静置过夜。取出搅拌子，过滤（相对无菌操作）并水洗即得到固定化酶，待用。

c. 检测。分别取 20ml 培养液（即游离酶）加入 100ml 30% 的蔗糖溶液中作对照。在固定化酶中加入 100ml 30% 的蔗糖溶液。置于 25.5℃，120r/min 恒温摇床反应，并考察反应情况。在反应进行 24h 后同时终止游离酶和固定化酶的反应，在 546nm 下测得各自的吸光度。

2）珠状载体固定化右旋糖酐蔗糖酶。

a. 珠状壳聚糖载体的制备。甲壳素：45% NaOH＝1：50（M/V）的比例将甲壳素与 45% NaOH 混合，在沸水浴中反应 4h，过滤，水洗至中性。按处理后的甲壳素：乙酸（一定浓度）＝1：50（M/V）的比例溶于乙酸溶液中，搅拌溶解至无固体状物。取一定量的壳聚糖乙酸溶液于分液漏斗中，以一定浓度的 NaOH 为成型剂，控制滴定高度及速度进行滴珠。

由于用不同浓度的乙酸作溶剂和壳聚糖的配比不同、NaOH 的浓度不同等对成球与否及成球质量好差有直接关系，故考察不同乙酸浓度与壳聚糖配比及 NaOH 的浓度对成球的影响，选择成球性较好的浓度和配比。

b. 珠状壳聚糖载体酶固定化。将 100ml 5% 的戊二醛加入约 15g 湿珠子中，室温下磁力搅拌，交联 4h 静置过夜，过滤并水洗至中性，加入约 100ml 水置真空高压下灭菌 15min。待冷却后无菌条件下分离出水，加入 30ml 酶液，在室温下，磁力搅拌固定化 4h，然后放置冰箱过夜分离出酶液并水洗后，待用。

c. 检测。分别将在 1.0mol/L，3.0mol/L，6.0mol/L 的 NaOH 溶液中制成的珠状壳聚糖载体进行右旋糖酐蔗糖酶的固定化，再将 100ml 30% 的蔗糖溶液分别加入含等量珠子载体的锥形瓶中，置于 25.5℃ 恒温摇床 120r/min 反应，检测每批次反应液的吸光度。

主要参考文献

蔡秀云. 纳他霉素高产菌株的选育及发酵工艺的优化 [D]. 杭州：浙江工业大学, 2009.

陈坚. 发酵工程实验技术 [M]. 北京：化学工业出版社, 2003.

陈理, 余昌喜. 重组大肠杆菌高密度发酵工艺进展 [J]. 海峡药学, 2011, 23（3）：15-18.

程良英. 纳他霉素高产菌株的构建及其发酵工艺优化 [D]. 杭州：浙江大学, 2011.

崔莉, 张德权, 张培正. 红曲色素的研究现状分析 [J]. 食品科技, 2008,（8）：115-118.

崔益清. 右旋糖酐生产新工艺—发酵液直接水解法 [J]. 药物研究, 1999, 8（6）：17.

董明辉. 固定化技术制备右旋糖酐及其相对分子质量控制 [D]. 合肥：合肥工业大学, 2007.

董文宾, 郑丹, 于琴等. 红曲霉固态发酵产生红曲色素工艺研究 [J]. 食品研究与开发, 2005（2）：57-59.

杜宇. 鸡腿菇发酵条件及其胞外多糖的研究 [D]. 合肥：安徽农业大学, 2005.

耿海义. 维生素 C 发酵工艺的研究 [D]. 天津：天津大学, 2003.

郭勇. 生物制药技术 [M]. 北京：中国轻工业出版社, 2000.

国家药典委员会. 中华人民共和国药典 [M]. 北京：化学工业出版社, 2000.

何珺珺, 周如金, 邱松山等. 燃料乙醇的发展现状和研究进展 [J]. 酿酒科技, 2011（4）：90-94.

洪剑辉. 应用于纤维素同步糖化发酵产乙醇的重组酿酒酵母的构建 [D]. 无锡：江南大学. 2006.

胡海峰, 张琴, 朱宝泉. 抗生素的耐药性与菌株的优化 [J]. 国外医药：抗生素分册, 2002, 2（3）：124-128.

李春玲, 宁宁, 李杰等. 酿酒酵母在纤维素乙醇发酵中的应用 [J]. 酿酒, 2010（3）：52-53.

李盛贤, 贾树彪, 顾立文. 利用纤维素原料生产燃料乙醇的研究进展 [J]. 酿酒, 2005（2）：13-16.

李晓慧. 生物转化合成右旋糖酐 [D]. 南宁：广西大学, 2008.

李雪. 秸秆固态发酵乙醇的研究 [D]. 北京：中国农业大学. 2001.

李雪梅, 沈兴海, 段震文, 等. 红曲霉代谢产物的研究进展 [J]. 中草药, 2011（5）：1018-1025.

梁力强. 青霉素发酵生产工艺优化及发酵液预处理的研究 [D]. 天津：天津大学, 2008.

刘进元, 张淑平, 武耀廷. 分子生物学实验指南 [M]. 2 版. 北京：清华大学出版社, 2002.

刘宁. 纳他霉素菌种选育与发酵工艺研究 [D]. 杭州：浙江大学, 2005.

娄丹. 一种新型真菌抗生素的发酵与分离 [D]. 杭州：浙江大学, 2006.

骆健美. 纳他霉素高产菌株选育、发酵条件优化、发酵动力学及溶解度的研究 [D]. 杭州：浙江大学, 2005.

丘振宇, 王亚琴, 许喜林. 红曲霉的特点及应用研究 [J]. 食品工业科技, 2006（12）：186-188.

史玉宁. 纳他霉素高产菌株的选育 [D]. 洛阳：河南科技大学, 2009.

孙逸, 贺稚非. 纤维素发酵生产乙醇的研究进展 [J]. 农产品加工·创新版, 2009（4）：70-73.

田亚红, 王丽丽, 仪宏. 维生素 C 发酵工艺研究进展 [J]. 河北化工, 2005, 5（4）：14-16.

童群义. 红曲霉产生的生理活性物质研究进展 [J]. 食品科学, 2003（1）：163-166.

王博彦, 金起荣. 发酵有机酸生产与应用手册 [M]. 北京：中国轻工业出版社, 2000.

王金字, 董文宾, 杨春红, 等. 红曲色素的研究及应用新进展 [J]. 食品科技, 2010, 35（1）：245-248.

王菁莎. 纤维素酶的制备及玉米秸秆固体发酵生产乙醇的研究 [D]. 保定：河北农业大学. 2006.

王芸, 华兆哲, 刘立明, 等. 重组毕赤酵母高密度发酵生产碱性果胶酶的策略 [J]. 生物工程学报, 2008, 24（4）：635-639.

吴根福. 发酵工程实验指导 [M]. 北京：高等教育出版社, 2006.

仪宏, 张华峰, 朱文众, 等. 维生素 C 生产技术 [J]. 中国食品添加剂, 2003（6）：76-81.

于斌, 齐鲁. 木质纤维素生产燃料乙醇的研究现状 [J]. 化工进展, 2006（3）：244-249.

余素萍. 灵芝深层发酵生产生物活性物质的研究 [D]. 南京：南京农业大学, 2004.

元英进. 现代制药工艺学：上册 [M]. 北京：化学工业出版社, 2004.

章朝晖. 右旋糖酐的制备及应用 [J]. 四川化工与腐蚀控制, 2001, 4（1）：50-52.

张菲菲, 周立平, 嘉晓勤, 等. 红曲菌应用研究进展 [J]. 酿酒科技, 2009（7）：91-94.

张洪斌, 朱春宝, 胡又佳, 等. 右旋糖酐蔗糖酶工程菌株的构建及其培养条件的研究 [J]. 微生物学报, 2008, 48（4）：492-497.

张洪斌. 酶工程技术制备右旋糖酐的研究 [D]. 合肥：合肥工业大学, 2004.

张徐兰, 吴天祥, 李鹏. 红曲霉有效成分应用研究进展 [J]. 酿酒科技, 2006（9）：78-81.

赵晶, 夏黎明. 重组酵母发酵半纤维素水解液生产乙醇的研究 [J]. 高校化学工程学报, 2010,（2）：247-251.

赵秦, 刘敏. 纤维素原料制备燃料乙醇发酵工艺探讨 [J]. 酿酒, 2008（3）：50-52.

朱素贞. 微生物制药工艺 [M]. 北京：中国医药科技出版社, 2000.